社区设备设施风险监测与防范

柳长安　史运涛　著

科学出版社
北京

内 容 简 介

社区设备设施风险的监测监控、预测预警与智能防范，是社区治理的重要内容，也是极具挑战的前沿科学问题。对社区水、电、气、热等设备设施系统风险进行精准管控能够为社区安全保障提供重要的技术支撑。本书共分 8 章，主要内容包括：社区水、电、气、热、电梯、消防设备设施系统的功能组成、风险监测与防范基础理论、社区设备设施系统风险辨识、风险评价指标体系、静态风险评估方法、应用人工智能方法进行动态风险评估实例，以及社区设备设施系统"端-边-云"风险监测技术。

书中融合了当今安全科学、控制科学，以及人工智能等学科较为先进的研究成果，理论讲解删繁就简、重点突出，相关案例实操性强。本书可供研究社区设备设施系统故障风险领域的学者及相关专业研究生参考使用，也适合对城市安全风险治理有强烈兴趣的初学者使用。

图书在版编目（CIP）数据

社区设备设施风险监测与防范 / 柳长安，史运涛著. — 北京：科学出版社，2023.3

ISBN 978-7-03-073547-8

Ⅰ. ①社… Ⅱ. ①柳… ②史… Ⅲ. ①社区－设备安全－风险管理 Ⅳ. ①X93

中国版本图书馆 CIP 数据核字（2022）第 194083 号

责任编辑：闫　悦 / 责任校对：胡小洁
责任印制：吴兆东 / 封面设计：蓝正设计

科 学 出 版 社 出版
北京东黄城根北街 16 号
邮政编码：100717
http://www.sciencep.com

北京中石油彩色印刷有限责任公司印刷
科学出版社发行　各地新华书店经销

*

2023 年 3 月第 一 版　开本：720×1 000　1/16
2023 年 3 月第一次印刷　印张：16 1/2　插页：1
字数：333 000
定价：148.00 元
（如有印装质量问题，我社负责调换）

前　　言

作为社区人员生活与生命安全的基本保障，社区基础设施及其附属设备既是水电、气、热等重要生活资源的载体，也是反映和评估社区安全风险的重要依据，社区设备设施的稳定运行对社区安全具有重要意义。与企业中严格的生产管理环境不同，社区人群成分复杂，人员密度和流动性大，社区内的设备设施种类繁多，运行条件各异，既有水、电、气等长期不间断运行的系统，也有供暖、消防、电梯等季节性和间歇性运行的设备，社区人-机-物的空间交叠造成技术故障与人因故障时有发生，引发安全事故的风险大大增加且后果严重。

以火灾为例，根据应急管理部消防救援局发布的统计数据，从 2012 年至 2021 年，全国共发生居住场所火灾 132.4 万起，造成 11634 人遇难、6738 人受伤，直接财产损失 77.7 亿元。从火灾原因来看，电气火灾占 42.7%。"11·15 上海静安区高层住宅特大火灾事故"造成 58 人遇难，70 余人受伤，事故直接原因系施工人员违规进行电焊作业引燃易燃物从而引发火灾；"11·18 北京大兴火灾事故"造成 19 人死亡，8 人受伤，起火原因系埋在聚氨酯保温材料内的电气线路故障所致。这些案例充分说明，社区设备设施实时风险的监测监控技术研究仍然是当今公共安全领域亟待解决的热点和难点问题。

从城市公共安全角度看，社区是城市生命线系统的末梢和"毛细血管"。社区各类基础设备设施依赖和衔接着所在城市的生命线系统。在城市遭受自然灾害、事故灾难、公共卫生事件、社会安全事件的威胁时，社区生命线系统首当其冲，直接承受灾害主体的猛烈冲击，社区设备设施的稳定运行是城市生命线系统能够正常运转的重要保障。

从社区风险事故产生机理看，绝大多数危害事故的发生均可归结为社区人员的不安全行为、设备设施的不安全状态，以及管理上的缺陷——"人-物-管"三要素（环境风险，包括化学、物理、自然灾害等风险不在本书考虑范围内）。根据"瑞士奶酪"模型，当人的不安全行为和设备设施的不安全状态以及管理漏洞恰好发生在同一时间和空间时，事故风险就会发生。反之，如果能够使社区风险三要素中的两要素不在同一时间和空间内相互作用，则可以有效降低事故发生概率。特别地，"人-物-管"三要素中对设备设施风险源的辨识与评估尤为关键，通过实时监测监控社区设备设施风险源状态，及时发现风险事故征兆并提前预警，同时为社区相关人员的应对措施提供前瞻性指导与行为规范，可以破坏并阻断事故灾难的孕育、生成、发展、演变、升级、失控的演化过程链，从而更好地保护人民群众生命财产安全。

对社区重点设备设施进行实时监测监控还可以延长设备设施的使用寿命，降低设备设施无益损耗，提升社区科学化、精细化和智能化的综合治理水平，能够进一步完善城市治理体系，提高城市治理能力，是满足人民日益增长的美好生活需要的重要一环。

通过实地走访北京、广州、成都等多地典型社区，发现近些年在社区设备设施风险监测与防范领域，越来越多具有创新性的科学方法与新技术已在社区得到推广应用并取得了可喜的成果，然而还存在以下问题亟待解决。

存在的问题一：社区水、电、气、热等基础设施系统的安全运行保障工作主要由各专营单位负责。因客观条件限制，几乎所有专营单位的设备设施监测与监控系统都自成体系，设备设施重要信息不对包括社区在内的直接利益攸关方开放，而是独立于社区风险管控体系之外，这种信息不透明情况极易导致管理盲区的出现，进而形成诸多风险事故隐患点。

存在的问题二：社区设备设施数据难以按需采集，所得远小于所需，数据质量提升空间小，数据挖掘效果差，风险主动预防和提前预警能力严重不足。表现在社区风险数据种类和数据采集渠道调整困难，更换成本高，低价值数据多，利用率低。

存在的问题三：缺乏对风险事故致灾因素的全链条分析，对社区内各系统间交错叠加的复杂风险进行定性和定量的研究严重不足，对于安全风险事故的监测过于简单化、片面化和感性化。表现在对风险事故的预测预警仅依赖于设备设施个别状态是否达到报警阈值，缺乏对风险事件动态演化过程的预测预警。因此，监控人员经常遇到要么"频繁报警"、要么"不报警"的监测系统误报难题，导致预测预警平台很难发挥应有的作用。

存在的问题四：对风险缺乏控制力和主动防御能力。表现在故障预警发生后，只能呼叫物业或维修人员第一时间赶赴现场，依靠个人经验处置。而在技术人员未到达的空白时间段内，平台并不能对风险源和其他致灾因素进行快速筛查和紧急布控，进而抑制风险的蔓延和发展。

存在的问题五："点、线、面"中，线和线之间、线和面之间无法有效协同，形成横向和纵向"管理孤岛"。表现在同一社区安防硬件和管理设备设施彼此孤立，门禁、车、停车场、对讲、梯控、监控、周界等不同厂家和不同软件，数据彼此不流通，上层管理平台无法有效整合各系统内部数据。出现问题时，物业需使用不同厂家软件，工程需对接多个厂家，维护成本高，工作效率低，体验差。

本书共8章，主要内容涉及社区设备设施系统风险监测与防范的关键技术与基础理论。第1章重点介绍了社区设备设施的基础概念及系统功能组成。第2章概述了风险、风险评估流程及重要方法，并介绍了应对、规避、防范社区设备设施系统风险的最新研究成果。第3章~第5章分别介绍了社区设备设施系统（水、电、气、热、电梯、消防）的风险因素辨识、风险评价指标体系及静态风险评估方法。第6

章具体介绍了人工智能与风险评估技术相结合的经典案例。第 7 章介绍了基于"端-边-云"的社区设备设施风险监测与防范系统。第 8 章对未来研究进行了展望。

特别感谢科技部国家重点研发计划项目"社区风险监测与防范关键技术研究"（项目号：2018YFC0809700）对本书的支持与资助，本书是该项目研究成果的总结。

因作者水平有限，对社区设备设施风险的研究还存在较多不足，书中不妥之处在所难免，恳请读者不吝指正！

作　者

2022 年 9 月

目　录

前言

第1章　社区设备设施系统概述···1

1.1　社区及设备设施系统···1

　1.1.1　"社区"概念··1

　1.1.2　社区设备设施分类··2

　1.1.3　社区设备设施主要功能··4

　1.1.4　社区设备设施安全与社区治理的关系··8

1.2　社区设备设施系统现状···9

　1.2.1　社区供配电系统··9

　1.2.2　社区燃气系统··18

　1.2.3　社区消防系统··22

　1.2.4　社区电梯系统··28

　1.2.5　社区给排水系统··33

　1.2.6　社区供暖系统··37

1.3　研究课题与挑战···43

1.4　本章小结···45

参考文献···45

第2章　社区设备设施风险监测与防范理论···47

2.1　风险概述···47

　2.1.1　风险简介··47

　2.1.2　风险测度··47

　2.1.3　风险评估方法··49

　2.1.4　风险控制··51

2.2　社区风险···54

　2.2.1　相关数学基础··54

　2.2.2　社区风险识别··55

　2.2.3　社区风险分析··60

　2.2.4　社区风险评价··65

2.2.5 社区风险防范 ···71

2.3 本章小结 ···84

参考文献 ···84

第3章 社区设备设施风险辨识 ···87

3.1 社区供配电系统风险辨识 ···87

3.1.1 常见事故风险概述 ···87

3.1.2 常见事故风险分析 ···88

3.1.3 风险防控与应急措施 ···90

3.2 社区燃气系统风险辨识 ···92

3.2.1 常见事故风险概述 ···92

3.2.2 常见事故风险分析 ···92

3.2.3 风险防控与应急措施 ···93

3.3 社区消防系统风险辨识 ···94

3.3.1 常见事故风险概述 ···94

3.3.2 常见事故风险分析 ···94

3.3.3 风险防控与应急措施 ···95

3.4 社区电梯系统风险辨识 ···97

3.4.1 常见事故风险概述 ···97

3.4.2 常见事故风险分析 ···97

3.4.3 风险防控与应急措施 ···99

3.5 社区给排水系统风险辨识 ··101

3.5.1 常见事故风险概述 ··101

3.5.2 常见事故风险分析 ··101

3.5.3 风险防控与应急措施 ··102

3.6 社区供暖系统风险辨识 ··104

3.6.1 常见事故风险概述 ··104

3.6.2 常见事故风险分析 ··104

3.6.3 风险防控与应急措施 ··106

3.7 本章小结 ··107

参考文献 ··107

第4章 社区设备设施安全风险评价指标体系 ·························109

4.1 社区供配电系统风险评价指标体系 ··································111

4.2 社区燃气系统风险评价指标体系 ····································113

4.3 社区消防系统风险评价指标体系 ·········116
4.4 社区电梯系统风险评价指标体系 ·········117
4.5 社区给排水系统风险评价指标体系 ·········122
4.6 社区供暖系统风险评价指标体系 ·········124
4.7 本章小结 ·········125
参考文献 ·········126
第5章 社区设备设施静态风险评估 ·········127
5.1 社区配电网系统静态风险评估分析 ·········127
5.1.1 社区配电网风险评估指标 ·········127
5.1.2 基于贝叶斯网络-层次分析法的社区配电网风险评价 ·········128
5.1.3 配电网实例风险评估 ·········131
5.2 户内燃气人因风险分析 ·········135
5.2.1 户内燃气人因风险评估指标分析 ·········135
5.2.2 户内燃气人因风险综合评价分析 ·········137
5.3 社区消防系统静态风险评估分析 ·········140
5.3.1 社区消防系统指标体系的建立 ·········140
5.3.2 模糊综合评价模型 ·········142
5.3.3 社区消防安全风险实例分析 ·········143
5.4 社区电梯系统静态风险评估分析 ·········144
5.4.1 电梯系统风险评估体系层次模型的建立 ·········144
5.4.2 基于事故树分析的电梯系统风险评估模型权重的确定 ·········145
5.5 社区给排水系统静态风险评估分析 ·········150
5.5.1 社区给排水系统风险评估体系层次模型 ·········150
5.5.2 社区给排水系统模糊综合评价 ·········151
5.6 社区供暖系统静态风险评估分析 ·········153
5.6.1 社区供暖系统风险评估体系层次模型 ·········153
5.6.2 社区供暖系统模糊综合评价 ·········154
5.7 本章小结 ·········156
参考文献 ·········156
第6章 社区设备设施动态风险评估 ·········158
6.1 人工智能与动态风险评估 ·········159
6.1.1 动态风险知识 ·········159
6.1.2 动态风险评估 ·········160

6.1.3 动态风险评估中的人工智能 ·· 161
6.1.4 结论 ·· 163
6.2 社区配电网系统动态风险评估 ·· 163
6.2.1 风险水平间的层次结构 ·· 164
6.2.2 基于FT-BN的社区配电网动态风险评估方法 ·································· 165
6.2.3 案例分析 ·· 173
6.2.4 结论 ·· 179
6.3 社区户内燃气动态风险评估 ·· 179
6.3.1 构建户内燃气知识图谱 ·· 180
6.3.2 基于图神经网络的社区户内燃气系统动态风险评估方法 ·················· 182
6.3.3 案例分析 ·· 188
6.3.4 结论 ·· 190
6.4 社区户内燃气人因风险评估 ·· 190
6.4.1 基于RF-AHP-FCE的社区户内燃气人因风险评价模型的建立 ··········· 191
6.4.2 案例分析 ·· 196
6.4.3 结论 ·· 200
6.5 社区户内燃气泄漏风险评估 ·· 200
6.5.1 社区户内燃气泄漏监测指标体系 ·· 200
6.5.2 基于SVM的社区户内燃气泄漏动态预警模型 ·································· 202
6.5.3 案例分析 ·· 204
6.5.4 结论 ·· 207
6.6 社区电梯故障风险评估 ·· 207
6.6.1 社区电梯故障外因分析与数据处理 ·· 208
6.6.2 社区电梯群聚类融合算法 ·· 210
6.6.3 社区电梯故障小样本数据预测 ·· 212
6.6.4 结论 ·· 218
6.7 本章小结 ·· 218
参考文献 ·· 219

第7章 基于"端-边-云"的社区设备设施风险监测系统 ·························· 223
7.1 总体架构 ·· 224
7.2 基于"端"的社区设备设施监测 ·· 228
7.2.1 社区设备设施风险监测系统功能 ·· 228
7.2.2 终端层功能 ·· 229
7.2.3 基于6LoWPAN的社区设备设施监测技术 ·································· 229

7.3　基于"边"的社区设备设施互联互通 ·················232
　　7.3.1　边缘层功能 ···································232
　　7.3.2　基于 NB-IoT/4G 的多协议转换网关 ·········234
7.4　基于"云"的社区设备设施情景计算 ··············236
　　7.4.1　设计目标与技术难点分析 ·····················237
　　7.4.2　一体化平台技术路线设计 ·····················237
　　7.4.3　管理系统软件架构设计 ·······················239
　　7.4.4　云计算 PaaS 技术集成风险评估模型 API ····241
　　7.4.5　管理平台各模块功能介绍 ·····················243
7.5　案例：社区消防系统实时监控 ···················248
7.6　本章小结 ······································249
参考文献 ···250

第 8 章　总结与展望 ·································251

彩图

第1章　社区设备设施系统概述

1.1　社区及设备设施系统

1.1.1　"社区"概念

社区作为我国最基层的单位组织，是组织动员人民的中坚力量，具有安全风险辨识、资源储备宣传教育的多种服务功能，是城市应急管理工作的牢固基石。当突发事件来临时，社区是事故灾难的直接承受载体也是第一时间应对事故灾难应急救援工作的一员，在整个应急救援过程中发挥着至关重要的作用。

"社区"源于拉丁语，早期意思是共同的东西和亲密的伙伴关系。19 世纪 80年代由德国的社会学家滕尼斯将其应用到社会学的研究，其含义发生了很大的变化，当时是指"由具有共同的习俗和价值观念的同质人口组成的，关系密切的社会团体或共同体"。20 世纪 30 年代初，费孝通先生在翻译滕尼斯的著作 *Community and Society* 时，将"Community"翻译为"社区"，后被国内许多学者引用。

社会学家们从不同角度给"社区"下的定义多达一百多种。尽管这些定义不尽相同，但普遍认为一个"社区"应该包括一定数量的人口、一定范围的地域、一定规模的设施、一定特征的文化、一定类型的组织。2000 年由民政部出台的《民政部关于在全国推进城市社区建设的意见》中明确指出："社区是指聚居在一定地域范围内的人们所组成的社会生活共同体"。可见，"社区"是具有某种互动关系和共同文化维系力的，在一定领域内相互关联的人群形成的共同体及其活动区域。

在各种类型社区中，居住型社区获得了广泛的关注和研究。据统计，我国城市居民平均约75%的时间在居住社区中度过，到 2035 年，我国有约70%人口生活在居住社区。居住社区也越来越成为提供社会基本公共服务、开展社会治理的基本单元，是党和政府联系、服务人民群众的"最后一公里"。特别是在新冠肺炎疫情防控期间，居住社区发挥了重要的"稳压器"作用。在我国城乡居住社区未来建设发展规划中，比较完善的居住社区应包含基层党组织、社区居民、物业服务企业、社区居委会和业主委员会。

2022 年住建部发布《完整居住社区建设指南》，进一步明确了"完整居住社区"的概念。完整居住社区是指在居民适宜步行范围内有完善的基本公共服务设施、健全的便民商业服务设施、完备的市政配套基础设施、充足的公共活动空间、全覆盖的物业管理和健全的社区管理机制，且居民归属感、认同感较强的居住社区。

完整居住社区的规模"以居民步行 5～10 分钟到达幼儿园、老年服务站等社区基本公共服务设施为原则，以城市道路网、自然地形地貌和现状居住小区等为基础，与社区居民委员会管理和服务范围相对接，因地制宜合理确定居住社区规模，原则上单个居住社区以 0.5～1.2 万人口规模为宜"。近年来，厦门、沈阳等地探索开展了完整居住社区建设工作，有效提升了基层治理的现代化水平。建设完整居住社区，就是对城市空间进行重构，对社会进行重组。

住建部于 2018 年发布的《城市居住区规划设计标准》(GB50180-2018)中，废除了居住区、居住小区、居住组团的三级空间概念，代之以按照居民在合理的步行距离内满足基本生活需求的原则进行分级，同时结合人口数量划分为十五分钟生活圈居住区、十分钟生活圈居住区、五分钟生活圈居住区，以及居住街坊四级。完整居住社区与五分钟生活圈居住区的规模大体一致。

可以预见，完整居住社区的建设和发展将在未来社区治理体系中发挥重要作用，不久的将来有望成为中小规模居住社区建设的通用标准。因此，理应依据完整居住社区的人口规模和设备设施基本情况阐述社区风险防范问题，此类研究对象体量规模适中，具有较好的代表性和一定的必要性。

如无特别说明，本书中的"社区"专指人口规模在 0.5～1.2 万的居住社区，与"完整居住社区"概念相一致。

1.1.2 社区设备设施分类

从城市规划设计角度来看，不同规模的居住区，所包含的设备设施种类也不尽相同。2015 年北京市发布的《北京市居住公共服务设施配置指标》中设立了"建设项目-社区-街区"三级配套设施指标体系，三个层级互不包含，设施类别有社区综合管理服务、交通、市政公用、教育、医疗卫生、商业服务共计 6 大类 52 小项。2019 年上海市住建委发布的《城市居住地区和居住区公共服务设施设置标准》(DG/TJ 08-55-2019)中将居住区级公共服务设施分为行政管理、文化、体育、教育、医疗卫生、商业、养老福利、绿地、市政公用设施和其他共计 10 类。

国家标准《城市居住区规划设计标准》(GB50180-2018)中强化了"配套设施"的内涵，按照居住区规模对各级居住区配套设施进行了规定，其中，五分钟生活圈居住区的配套设施主要包含社区服务设施和便民服务设施，如表 1-1 所示。因市政配套基础设施及人防等设施无统一设计标准，故该标准中未涉及此类设施。

在住建部发布的《完整居住社区建设指南》中，对完整居住社区的配套设施建设要求如下。

①基本公共服务设施：包括一个社区综合服务站、一个幼儿园、一个托儿所、一个老年服务站和一个社区卫生服务站。

表 1-1　社区服务设施与便民服务设施

类别	序号	项目	五分钟生活圈居住区
社区服务设施	1	社区服务站(含居委会、治安联防站和残疾人康复室)	▲
	2	社区食堂	△
	3	文化活动站(含青少年活动站、老年人活动站)	▲
	4	小型多功能运动(球类)场地	▲
	5	室外综合健身地(含老年户外活动场地)	▲
	6	幼儿园	▲
	7	托儿所	△
	8	老年人日间照料中心(托老所)	▲
	9	社区卫生服务站	△
	10	社区商业网点(超市、药店、洗衣店、美发店等)	▲
	11	再生资源回收点	▲
	12	生活垃圾收集站	▲
	13	公共厕所	▲
	14	公交车站	△
	15	非机动车停车场(库)	△
	16	机动车停车场(库)	△
	17	其他	△
便民服务设施	18	物业管理与服务	▲
	19	儿童、老年人活动场地	▲
	20	室外健身器械	▲
	21	便利店(菜店、日杂等)	▲
	22	邮件和快递送达设施	▲
	23	生活垃圾收集点	▲
	24	居民非机动车停车场(库)	▲
	25	居民机动车停车场(库)	▲
	26	其他	△

注：▲为应配建的项目；△为根据实际情况按需配建的项目

②便民商业服务设施：包括一个综合超市、多个邮件和快件寄递服务设施，以及其他便民商业网点。

③市政配套基础设施：包括水、电、路、气、热、信等设施、停车及充电设施、慢行系统、无障碍设施和环境卫生设施。

④公共活动场地设施：包括公共活动场地和公共绿地。

⑤物业管理与服务设施：包括物业服务和物业管理服务平台。

完整居住社区设施包含公共服务设施、商业服务设施、市政配套基础设施、公共活动场地设施，以及物业管理与服务设施。

从社区物业管理角度，日常需要维修维护的设备设施一旦发生故障，将具有更高发生危险事故的风险，因此可以分为共用部位共用设施和业主自用设施两种。两类设施发生故障事故时所影响的范围有较大差异。对于共用部位共用设施的维修和保修期满后共用设施的维保，通常需要使用社区业主共有的住宅专项维修资金来完成。

根据 1998 年建设部、财政部发布的《住宅共用部位共用设施设备维修基金管理办法》，共用设施设备是指住宅小区或单幢住宅内，建设费用已分摊进入住房销售价格的共用的上下水管道、落水管、水箱、加压水泵、电梯、天线、供电线、照明、锅炉、暖气线路、煤气线路、消防设施、绿地、道路、路灯、沟渠、池、井、非经营性车场车库、公益性文体设施和共用设施设备使用的房屋等。虽然建设部、财政部于 2008 年发布的《住宅专项维修资金管理办法》中，对"共用设施设备"重新进行了定义，但主要是出于对住宅专项维修资金使用范围的考虑，而将不在资金使用范围内的供水、供电、供气、供热、通信、有线电视等管线和设施设备从中剥离出来，但不意味着这些剥离出来的设施设备"共用"性质发生改变。

业主自用设施是指门户以内，业主自用的门窗、卫生洁具和通向总管的供水、排水、燃气管道、电线，以及水、电、气户表等设备。

从社区公共安全风险角度来看，给排水、供电、供气、供热、消防及电梯设施支撑着社区人民群众的基本生活，同时也是社区重点监测的第一类或第二类危险源，一旦发生故障或危险事故，其后果严重性要大大超过社区其他设施系统，在社区安全风险监测与防范体系中占有重要位置和作用，是本书重点研究对象。如无特别说明，本书以下章节所述"社区设备设施"专指供配电、燃气、消防、电梯、给排水和供暖设施系统及其相关设备。

1.1.3 社区设备设施主要功能

社区供配电、燃气、消防、电梯、给排水和供暖等基础设施工程是"城市生命线系统"在社区的重要延伸，对社区人民群众的生产生活起着重要的支撑与保障作用。

1. 社区供配电：是城市供电工程系统在社区的拓展与延伸

城市供电工程系统由城市电源工程、输配电工程组成。城市电源工程主要包括城市电厂、区域变电所(站)等电源设施。城市输配电工程由城市输送电网与配电网组成。城市输送电网含有城市变电所(站)和从城市电厂、区域变电所(站)接入的输送电线路等设施。输送电网具有将城市电源输入城区，并将电源变压进入城市配电网的功能。城市配电网由高压、低压配电网等组成。高压配电网具有为低压配电网变、配电源，以及直接为高压电用户送电等功能。低压配电网具有直接为用户供电的功能。

社区的电力系统是由配电网和电力用户组成的整体，是将一次能源转换成电能并输送和分配到用户的一个统一系统。输电网和配电网统称为电网，是电力系统的重要组成部分。发电厂将一次能源转换成电能，经过电网将电能输送和分配到电力用户的用电设备，从而完成电能从生产到使用的整个过程。电力系统还包括保证其安全可靠运行的继电保护装置、安全自动装置、调度自动化系统和电力通信等相应的辅助系统(一般称为二次系统)。

配电系统是由多种配电设备(或元件)和配电设施所组成的变换电压和直接向终端用户分配电能的一个电力网络系统。

在我国，配电系统可划分为高压配电系统、中压配电系统和低压配电系统三部分。由于配电系统作为电力系统的最后一个环节直接面向终端用户，因而在电力系统中具有重要的地位和作用。

(1)变电站的组成及功能。

变电站是把一些设备组装起来，用以切断或接通、改变或者调整电压，在电力系统中，变电站是输电和配电的集结点。

变电站的主要组成为：馈电线(进线、出线)和母线、隔离开关(接地开关)、断路器、电力变压器、电压互感器、电流互感器、避雷针等。

(2)开闭所功能及其应用。

随着负荷密度的增加，城市高压变配电所的数量也随之增多，而变电所的中压馈电数量由于路径条件而受到限制，因而影响了变电站的输出容量，为解决这个问题，在城市负荷密集区推行"卫星网络"，即在城市变电所中压配电馈线设置开闭所，开闭所根据负荷密集程度设置，电源分别来自变电所的两台主变压器，采用单母线分段接线方式，开闭所每段母线可以有10~20路馈线，从而满足部分一、二级负荷的供电。

开闭所是将高压或中压电力分别向周围的几个用电单位供电的电力设施，位于电力系统中变电站的下一级。高压电网中称为开关站。中压电网中的开闭所一般用于10/20kV电力的接收与分配，其特征是电源进线侧和出线侧的电压相同。

(3)中心配电房的功能及其应用。

中心配电房位于变电站或开闭所的下一级，在配电网中起到电源支撑、分配的作用，它能够合理地解决变电站或开闭所出线分散和出线线路过长的问题。

(4)配电房的组成及其功能。

配电房是高、低压成套装置集中控制，接收和分配电能的场所。配电房内的主要设备有低压配电柜，配电柜分成进线柜、计量柜、联络柜、出线柜、电容柜等。主要由空气开关、计量仪表、保护装置、电力电容器、接触器等组成。配电房在供电系统中的主要功能有：

①转换电压等级；

②调整功率因数；

③分配电能；

④计量用户用电量。

2. 社区燃气：是城市燃气工程系统在社区的拓展与延伸

城市燃气工程系统由燃气气源、储气设施、输配气管网等组成。城市燃气气源包含煤气厂、天然气门站、石油液化气气化站等设施。气源工程具有为城市提供可靠的燃气气源的功能。

燃气储气设施包括各种管道燃气的储气站、石油液化气的储存站等设施。储气站储存煤气厂生产的燃气或输送来的天然气，调节满足城市日常和高峰小时的用气需要。石油液化气储存站具有满足液化气气化站用气需求和城市石油液化气供应站的需求等功能。

燃气输配气管网包含燃气调压站、不同压力等级的燃气输送管网、配气管道。燃气输送管网的作用是中、长距离输送燃气，不直接供给用户使用；配气管道的作用是直接供给用户使用燃气。燃气调压站的作用是调节管道燃气压力，以便于燃气远距离输送，或将高压燃气降至低压，向用户供气。

我国城市天然气管道根据输气压力一般分为以下几种。

①低压天然气管道：压力小于 5kPa；

②中压天然气管道：压力为 5kPa～0.15MPa；

③次高压天然气管道：压力为 0.15MPa～0.13MPa；

④高压天然气管道：压力为 0.3MPa～0.8MPa；

⑤超高压天然气管道：压力大于 0.8MPa。

居民用户和小型公共建筑用户一般直接由低压管道供气。

中压和次高压管道必须通过区域调压室或用户专用调压室才能给城市分配管网中的低压和中压管道供气，或给工厂企业、大型公共建筑用户以及锅炉房供气。一般由城市高压天然气管道构成大城市输配管网系统的外环环网，高压天然气管道也是给大城市供气的主动脉。高压天然气必须通过调压室才能送入次高压或中压管道。超高压输气管道通常是贯穿省、地区或连接城市的长输管线，它有时也构成大型城市输配管网系统的外环环网。

社区燃气系统相比于其他燃气系统存在以下特点：燃气管路与设施相对密集，并且种类较多；普遍都有地下埋管、调压站箱、燃气井、保温台、分段截门等设备设施；老旧小区在安装天然气时普遍采用外爬管形式，情况更加复杂。

3. 社区消防：是社区设备自动化系统的重要组成部分

所谓社区消防系统就是在社区内建立的自动监控、自动灭火的自动化系统。一且社区内发生火灾,该系统承担主要灭火责任。目前,社区消防系统已经可以实现自动监测现场火情信号、确认火灾、发出声光报警信号、启动相应设备进行自动灭火、排烟、封闭着火区域、引导人员疏散等功能,还能与上级消防控制单位进行通信联络,发出救灾请求。

消防系统可以分为自动化监控与灭火两部分。该系统承担了社区火灾警情的现场监测、火灾确认、发出报警信号和启用相应设备自动灭火等功能。

另外,加强社区的消防安全管理能力,建立健全社区消防安全管理体制,全力提高居民消防安全意识也是社区消防安全工作的重中之重。

4. 社区电梯:社区中的电梯主要分为客梯、货梯和消防电梯

客梯是为运送乘客而设计的电梯。这类电梯为提高运送效率,运行速度较快,自动化程度也较高,轿厢的尺寸多为宽度大于深度,以便乘客能畅通进出。在高层住宅建筑中,电梯的额定载重量不应小于 1000kg,住宅电梯的额定速度不应小于 1m/s。并且应进行专项电梯客流分析设计,且电梯的额定速度不应小于 1.5m/s。

货梯是为运送货物而设计且通常有专人看管的电梯,主要用于两层楼以上的车间和各类仓库等场合。这类电梯自动化程度和运行速度一般较低,而载重量和轿厢尺寸的变化范围则较大。

消防电梯是在火警情况下能使消防员进入使用的电梯,非火警情况下可作为一般客梯或客货梯使用。消防电梯轿厢的有效面积应不小于 $1.4m^2$,额定载重量不得低于 630kg,厅门口宽度不得小于 0.8m,并要求以额定速度从最低一个停站直驶运行到最高一个停站(中间不停层)的运行时间不得超过 60s。

5. 社区给排水:是城市给排水工程系统在社区的拓展与延伸

城市给水工程系统由水源工程、净水工程、输配水工程等组成。水源工程包括城市水源、取水口、取水构筑物、提升原水的一级泵站等。水源工程的功能是将原水取、送到城市净水工程,为城市提供足够的水源。净水工程包括城市自来水厂、清水库、输送净水的二级泵站等设施。净水工程的功能是将原水净化处理成符合城市用水水质标准的净水,并加压输入城市供水管网。

输配水工程包括输水管道、供配水管网以及调节水量、水压的高压水池、水塔、增压泵站等设施。输配水工程的功能是将净水保质、保量、稳压地输送至用户。社区给水系统的任务是把水输送到社区各建筑用水器具(或设备)及社区需要用水的公共设施处,满足社区对水质、水量和水压的要求,并保证给水系统安全可靠且能够节约用水。

社区排水工程系统由雨水排放工程、污水处理与排放工程组成。

社区雨水排放工程包括雨水汇集和排放两部分,雨水汇集有雨水管渠、雨水收

集口、雨水检查井、雨水提升泵站等设施；雨水排放主要有排涝泵站、雨水排放口以及确保社区雨水排放所建的水闸、堤坝等设施。社区雨水排放工程的功能是及时收集与排除城区雨水等降水，抗御洪水、潮汛水侵袭。污水处理与排放工程包括污水管道、污水检查井、污水提升泵站、污水排放口等设施。污水处理与排放工程的功能是收集与处理社区各种生活污水，综合利用、妥善排放处理后的污水，控制与治理社区水污染，保护社区与相关区域的水环境。

6. 社区供暖：主要由供暖热源和传热管网组成

供暖热源包含社区热电厂(站)、区域锅炉房等设施。社区热电厂(站)能够为社区供暖提供高压蒸汽、供暖热水等；区域锅炉房主要作为部分区域的供暖热源或提供近距离的高压蒸汽。

传热管网包括热力泵站、热力调压站和不同压力等级的蒸汽管道、热水管道等设施。热力泵站主要用于远距离输送蒸汽和热水，热力调压站用于调节蒸汽管道的压力。

1.1.4　社区设备设施安全与社区治理的关系

社区在国家治理中具有特殊而重要的位置。社区是基层基础，城市治理的"最后一公里"在社区，只有基础坚固，国家大厦才能稳固。2017 年政府发布的《中共中央国务院关于加强和完善城乡社区治理的意见》中明确指出"城乡社区治理事关党和国家大政方针贯彻落实，事关居民群众切身利益，事关城乡基层和谐稳定"。社区治理的重要性在新冠疫情防控中尤为凸显。

社区设备设施具有风险因素多且复杂交叠关联的特点，社区设备设施风险的监测监控、预测预警和智能防范，是极具挑战的前沿科技问题，也是社区治理的重要内容，还是社区安全保障的重要技术支撑。

从社区众多公共安全事故案例可以发现，由社区设备设施故障或误操作所引发的事故数量占有相当大的比重。如电气短路引发火灾、燃气管线泄漏造成爆炸、电梯冲顶墩底等事故灾难直至今天仍时有发生，屡见不鲜。因此，社区设备设施安全风险监测与防范已然是社区安全的基础问题，是社区治理的重要组成部分。

同时，加强社区设备设施风险监测与防范技术的研究是推动社区治理能力现代化的重要抓手和强大推动力。通过周期性采集社区设备设施中的丰富信息，并根据事故风险成因基本规律，选择恰当的风险评估手段进行科学的分析和预测，能够提前发现事故风险征兆并做出相应的防范，进而实现设备设施事故风险的紧急规避与主动防控。以上想法的落地与实现需要借助无线通信、安全科学、故障诊断、人工智能等各领域最先进的技术。而这些技术的研究与应用必然能够带动并提升社区的现代化治理能力与水平。

1.2　社区设备设施系统现状

1.2.1　社区供配电系统

1. 配电系统基本概念

配电网是电力系统中与用户联系最为直接的环节，其覆盖范围较广，运行环境较为复杂。配电网的二次系统是配电系统的重要组成部分，主要包括：继电保护系统、控制系统和自动化系统，可以实现配电网的保护、控制、测量等功能。配电网与配电网二次系统组成的整体系统称为配电系统。配电线路分支较多，架空线和电缆线路相互混联，运行状态多样，难免会发生各种类型故障。对配电系统的基本要求为：安全性好、供电可靠性高、电能质量需满足用户需求、具备接纳分布式电源的能力、资源利用率高、配电元件与周围环境相互协调。

根据配电线路的类型不同，可以分为架空线路、电缆线路、架空线和电缆混合线路；根据所在区域不同，可以分为城市配电网和农村配电网；根据电压等级不同，可以分为低压配电网、中压配电网、高压配电网。在我国，将 220kV与 35kV 定义为高压配电网，东北地区为 66kV；将 10kV 定义为中压配电网，经济发达地区及城市工业负荷密度大地区采用 20kV；低压配电网采用三相四线制 380/220V，或者单相 220V。图 1-1 为电力系统各级电压网络划分示意图。超高压(extra high voltage，EHV)输电网络将发电厂发出的电能送到超高压/高压变电站，高压/中压变电站分别向各自对应的配电网供电，居民用户由中压/低压配电所供电。

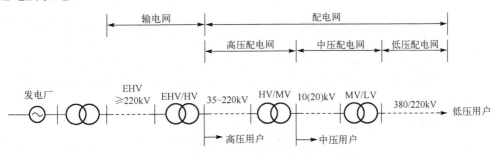

图 1-1　电力系统各级电压网络划分示意图

2. 配电网接线方式

在实际运行中，配电网的网络结构复杂，其接线方式会影响配电网对居民供电的可靠性。根据配电网应用场合和可靠性的不同，具有多种接线方式。应在满足供电可靠性前提下，尽量简化接线方式[1]。

1)架空线放射式接线方式

在负荷密度不高或用户较为分散地区采用单射式接线，如图 1-2(a)所示，线路末端没有其他能够联络的电源。这种配电网结构简单，投资较小，维护方便，可以根据需求随时扩展，接电方便，但是供电可靠性较低，因此对重要负荷采用双射式接线提高供电可靠性与电压质量，如图 1-2(b)所示。

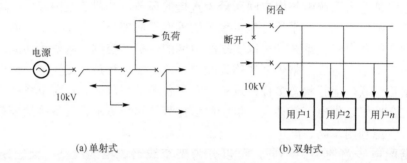

(a) 单射式   (b) 双射式

图 1-2　放射式接线方式

2)架空线环式接线方式

将同一变电站的不同母线或者不同变电站母线的多条线路连接形成环网，给沿线用户提供电能，中间采用分段开关将环网分成若干个供电区段，称为环式接线方式。这种配电网结构的投资比放射式要高些，但配电线路停电检修可以分段进行，停电范围要小得多。用户年平均停电小时数可以比放射式小些，适合于大中城市边缘，小城市、乡镇也可采用。

图 1-3(a)为架空线单环网接线图，当线路发生故障时，打开故障点两侧的开关隔离故障区段，关闭联络开关，恢复非故障线路的正常供电。单环网接线结构简单清晰，可靠性高，但是线路载流量要按照能够为环网中所有负荷安全供电进行设计，需要预留 1/2 的备用容量，容量利用率只有 50%。为了提高线路的容量利用率，可采用图 1-3(b)三分段三联络接线形式，其容量利用率可以达到 75%，这种接线形式在日本有着广泛的应用。

3)电缆单环网接线方式

相比架空线路，电缆线路不占用空间，不影响环境美观，供电可靠性高，被广泛应用于城市电网之中。图 1-4 为电缆单环网接线，当线路发生故障时，将故障点的两侧开关断开，退出故障区段电缆，而环路上所有的环网柜可继续由非故障电缆提供电能。电缆单环网接线方式结构简单，在现场应用较为广泛，单电缆容量的利用率较低。

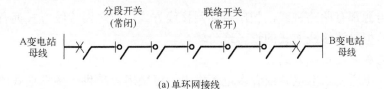

(a) 单环网接线

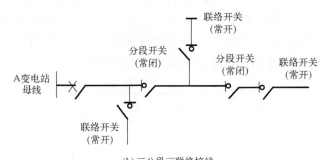

(b) 三分段三联络接线

图 1-3　环式配电网接线

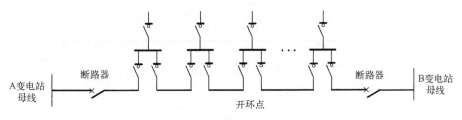

图 1-4　电缆单环网接线

4) 电缆双环网接线方式

图 1-5 为电缆双环网接线方式,该接线方式可以通过两路电源为用户进行供电,

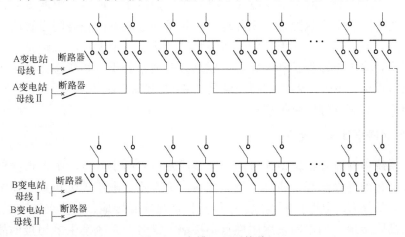

图 1-5　电缆双环网接线

并且每路电源都有两路进线，相比单环网接线方式，双环网接线方式拥有更高的供电可靠性，但是该接线方式的设备造价较高。

5) 多电源环网接线方式

部分变电所要求双电源或者多电源供电，可采用"N 供一备"形式的多电源接线。图 1-6 为电缆"三供一备"网络接线，其中，3 回线路构成电缆环网，1 回线路作为公共备用；1 回线路故障时末端断路器闭合，可以切换备用线路投入使用，正常运行状态下负载率不超过 75%。与单环网和双环网比较，该种接线模式具有更高的设备利用率，但是容易受负荷分布及地理位置的影响。

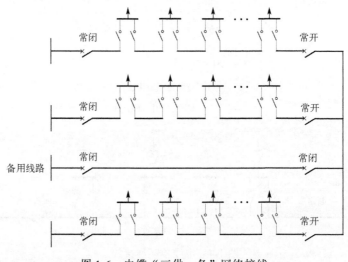

图 1-6　电缆"三供一备"网络接线

6) 花瓣接线方式

新加坡 22kV 配电网采用花瓣式接线方式，如图 1-7 所示。每两条来自同一变电站的馈线形成一个环状网络，闭环运行；且不同变电站的花瓣间设置联络开关，正常运行时打开，任一"花瓣"发生故障将自动闭合。电源点和线路负载率均控制在 50%以内，采用纵差保护和断路器；联络开关通常处于开路状态，发生故障时可恢复满负荷供电，主变压器和线路均满足"N-1"校验，在"N-2"条件下可实现部分负荷转移，具有良好的可扩展性。

3. 配电网中性点接地方式

电力系统中性点是指星型连接的变压器或发电机的中性点，中性点接地方式的选择涉及设备的绝缘水平、通信干扰、接地保护方式、电压等级和系统稳定性等诸多问题，主要分为：中性点不接地、中性点接消弧线圈接地、中性点经小电阻接地、中性点接高阻接地。当电网采用中性点不接地方式时，系统发生单相接地故障，整

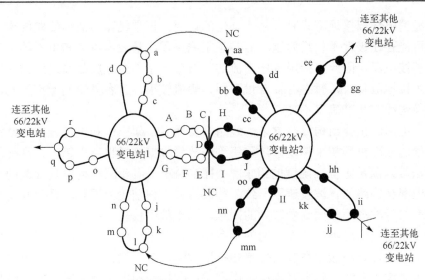

图 1-7　新加坡花瓣式接线示意图

个系统不能构成短路回路，短路电流非常小，故称其为小电流接地系统。我国对大小电流接地系统的划分标准是根据零序电抗与正序电抗的比值大小进行划分的，大电流接地系统的零序电抗与正序电抗的比值小于4~5，小电流接地系统的零序电抗与正序电抗的比值大于4~5。表 1-2 为大电流接地系统与小电流接地系统的性能对比[2, 3]。

表 1-2　两类接地方式的性能对比

对比内容	大电流接地方式	小电流接地方式	对比结果
供电可靠性	低	高	小电流接地优
过电压	低	高	大电流系统优
对通信设备影响	严重但持续时间短	轻但持续时间长	小电流系统稍优
人身安全	严重但持续时间短	轻但持续时间长	小电流系统稍优
继电保护	简单	复杂	大电流系统优
投资成本	低	高	大电流系统优
运行管理	简单	复杂	大电流系统优

　　我国配电网一般采用中性点不接地或经消弧线圈接地方式的小电流接地系统。在小电流接地系统中，单相接地故障发生的概率较高，这是电力系统各类故障中最容易发生的故障。小电流系统具有降低短路电流，便于熄灭电弧等优势，但是如果超过两至三个小时还不能清除故障，可能造成绝缘击穿，引起两相或三相短路，造成局部停电或者电网瘫痪等更严重的后果。

　　小电流系统中性点接地方式包括中性点不接地和中性点接消弧线圈接地。当系统采用经消弧线圈接地方式时，由于补偿的作用，正常线路与故障线路的零序基波电流有可能存在极性不相反问题，而且正常线路零序基波电流之和也不等于故障线路零序基波电流，因此直接用零序电流的基波分量是不能完成故障选线的。当系统发生高阻接地故障时，暂态特征含量微弱，幅值较小，且容易受到噪声影响，导致传统故障选线方法准确率不高。

由于电网的拓扑结构日益复杂，线路分支增多，架空线和电缆线路相互混联，电力系统的故障机理越来越复杂，采集到的故障数据规模也越来越大，现有的故障定位方法难以满足定位准确度的需求[2]。行波测距法需要准确地检测行波的波头和波速，但混合线路的行波波速不一致，行波的波头识别较为困难，且容易受噪声干扰，现有的行波测距法面临着较大的困难，测距效果较差。

图 1-8 为中性点不接地配电网的示意图，从图中可以看出，配电网的中性点对地悬空。当中性点不接地系统发生单相接地故障，电气量特征有：①配电网的三相电压不再对称，系统中将会有零序电压产生；②接地相电压降为零，非故障相对地电压升高为原来的线电压；③各条线路上均会有零序电流流过，非故障线路零序电流大小等于本线路三相对地电容电流之和，方向为母线流向线路，故障线路零序电流等于所有非故障线路零序电流之和，方向为线路流向母线，即故障线路的零序电流方向与正常线路的零序电流方向流向相反。

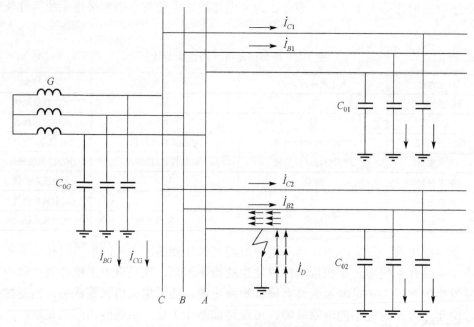

图 1-8　中性点不接地配电网

在中性点不接地系统中，接地电容较大时，故障点电弧不能自行熄灭，必须采用中性点经消弧线圈接地方式，示意图如图 1-9 所示。中性点经消弧线圈接地方式，又称为谐振接地系统。故障点电流是接地电容电流与电感线圈电流的相量和，消弧线圈可以限制故障相电压的恢复速度，给故障点绝缘恢复提供时间，降低了电弧重燃的可能性，有利于消灭故障，并且接消弧线圈可以有效防止电压互感器的铁磁谐振过电压。

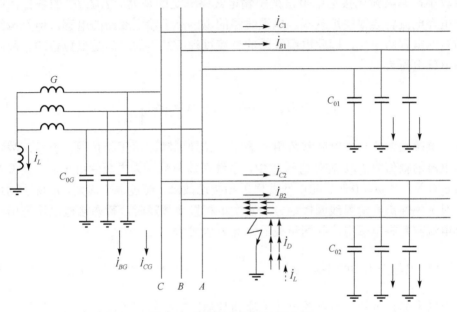

图 1-9　经消弧线圈接地配电网

小电流接地系统发生单相接地故障后，系统将进入一个短暂的暂态过程，当故障消除后，系统会再一次过渡到稳态，进入一个新的系统运行状态。在暂态过程中，系统的故障分量会有很大的提升，在故障分量中也会有很多的高频分量。图 1-10 为发生故障时的等效电路，C 为各线路三相对地电容的和，L_0 和 R_0 分别表示零序回路的等值电感和等值电阻，U_0 表示故障后系统的零序电压，R_L 和 L 分别表示消弧线圈的电阻与电感。

暂态电容电流分为两部分，分别是放电电容电流和充电电容电流，放电电流产生的原因是故障相的电压突然降低。对于图 1-10 由基尔霍夫电压定律可以得到式 (1-1)：

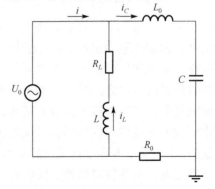

图 1-10　暂态过程的等效电路

$$R_0 i_C + L_0 \frac{di_C}{dt} + \frac{\int_0^t i_C dt}{C} = U_{\phi m} \sin(\omega t + \varphi) \tag{1-1}$$

根据电路知识可以得到,当 $R_0 < 2\sqrt{L_0/C}$ 时,回路的电流在暂态过程之中是周期性衰减的;当 $R_0 \geqslant 2\sqrt{L_0/C}$ 时,回路的电流是非周期振荡的,最后趋于稳定。在实际的架空线上,输电线路的电感很大,输电线路的对地电容较小,故障点的接地电阻较小,忽略弧光接地电阻,架空输电线路满足的是 $R_0 < 2\sqrt{L_0/C}$ 的条件,因此故障电容电流将会很快地衰减。电缆线路的电感小于输电线路的电感,但是电缆线路的对地电容却很大,因此电缆线路的过渡过程所经历的时间是很短暂的。故障时暂态电感电流为

$$i_L = I_{Lm} \left[\cos\varphi e^{-\frac{t}{\tau_L}} - \cos(\omega t + \varphi) \right] \tag{1-2}$$

式中,电感回路的衰减时间常数用 τ_L 表示,接地的瞬时电压相角用 φ 表示,故障后电感电流的幅值为 I_{Lm}。在暂态过程中,系统振荡角频率为电源的角频率,且振荡频率与 φ 有关;当 $\varphi = 0$ 时,配电网发生单相接地故障,经过半个周期,i_L 将达到最大值。对于中性点经消弧线圈接地方式发生单相接地故障时,暂态接地电流是由暂态电容电流和暂态电感电流共同组成的,其表达式为

$$i_D = i_C + i_L = (I_{Cm} - I_{Lm})\cos(\omega t + \varphi) + I_{Cm}\left(\frac{\omega_f}{\omega}\sin\varphi - \cos\varphi\cos\omega t\right)e^{-\frac{t}{T_C}} + I_{Lm}\cos\varphi e^{-\frac{t}{T_L}} \tag{1-3}$$

由以上分析可知,暂态的电容电流和故障时的初始相角决定着系统初期的暂态电流,因此暂态的零序电流在数值上是大于稳态电流的,暂态的零序电流维持的时间很短,是工频周波的一个到半个。

4. 配电网发展和新变化

2021 年 3 月,中央财经委员会第九次会议明确了实施可再生能源替代行动,深化电力体制改革,构建以新能源为主体的新型电力系统,实现"双碳"目标。在"碳达峰、碳中和"目标下,配电系统逐渐发展为具有电能汇集、传输、存储和交易功能的新型区域电力。图 1-11 描绘了配电系统发展的新态势,配电网规模增大且结构更加复杂;高比例接入的分布式电源与集中式电源相结合;电力电子化趋势明显;感知技术的进步和信息整合带来数据规模爆发式增长等。数据规模庞大、故障机理复杂、算法模型多样化是新型配电网新态势下故障分析及定位需要面临的主要问题。新型配电网中各种间歇性、随机性、模糊性因素的大量出现使系统整体不确定性显著增强,其来源几乎覆盖了配电网全部层面。

由于配电网的运行与控制方式发生了巨大转变,势必导致一系列技术和手段急

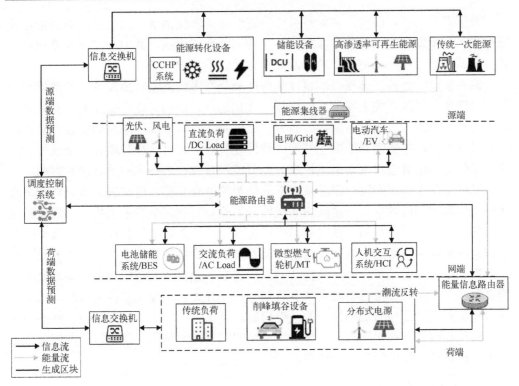

图 1-11　配电网结构的新态势

需升级换代，为新型配电网建设的进一步落实奠定理论基础。大量的分布式电源接入配电网，不仅改变了配电网的结构，而且使其运行方式也发生了很大的变化，传统的配电网故障诊断方法不再适用[4]。

　　配电网规模增大且结构更加复杂，居民用电设备发生了很大变化，间歇性分布式能源、电动汽车、可再生能源的接入，使得配电网正在从集中式确定性网络向分布式随机性网络演变，随着风能、太阳能等新能源以及柔性负荷、可控负荷、分布式电源等新元素的大规模接入，电网的复杂性和不确定性日益加剧，所以高比例分布式电源与集中式电源的接入为电网带来的影响不容忽视。可再生能源发电系统中除了中大型水力发电的可调节性能良好以外，发展迅速的风电、光伏发电的可控性较弱，其在稳态输出方面所固有的间歇性、波动性、随机性等特征对其大规模集中接入后的电力系统配电网络规划设计、调度运行、经济性分析等造成较大影响。

　　除此之外，风电和光伏发电大规模集群并网、高渗透率分散接入并重，电力系统形态随之发生较大改变，在源端强波动性、随机性与荷端包含了大量含源负荷的共同作用之下，电力系统数据表现出高随机、强互动、多耦合、复杂时空性等特征，为后续配电网的诊断与恢复带来了挑战。

　　近年来，能源互联网、多能源系统等逐渐成为研究热点，这些系统强调由各种能源分产分供发展模式转变为多类能源联合调度发展模式。其中，多能源系统已经成为能源转型过程中一种重要的能源利用方式。

　　该系统以电力系统为核心，通过其内部种类众多的能量转换设备和能源储存设备，实现各种能源系统之间的协调规划、优化运行、协同管理、交互响应和互补互济。已有的传统单一能源系统建模研究已比较完备，但多能源系统动态过程复杂，时空尺度不一，各能源系统惯性及响应特性差异较大，且又相互耦合、交互影响，异质多能源系统时空尺度动态建模成为当前能源系统仿真技术的重点研究方向。

　　虽然多源系统可实现一定区域内不同能源的耦合互补，能够满足多元负荷需求并提高能源的利用效率，但是能源系统的转型给负荷预测也带来了挑战，现有的负荷预测方法多为对负荷的单独预测，未能将多元负荷之间的耦合性和互补性结合起来构建预测模型，精准的负荷预测是能源系统调度优化的基础，单一类型的负荷预测模型难以反映多元负荷之间的耦合关系，建立多元负荷预测模型的重要性及必要性逐渐凸显。因此，考虑多源系统负荷耦合与互补关系，建立多源负荷时空随机性行为预测模型也是当前需要解决的关键问题。新型配电网中的源荷结构、网络拓扑等呈现出高度复杂性和随机性。传统配电网的源荷行为预测、故障诊断及恢复方法已不能满足新型配电网的运行要求。

1.2.2　社区燃气系统

1. 介绍

　　燃气设施是指用于燃气储备、输配和应用的场站、管网以及用户设施。社区燃气设施主要由调压站、庭院燃气管道、室内燃气系统三个部分组成。调压站将城市管线中的高压燃气调节为低压燃气并传输到社区管线内，室外燃气管线连接调压站与户内燃气系统[5]。

　　从安全角度看，燃气调压站属于易燃易爆、危险性较大的工作场所，有燃气泄漏和爆炸的风险，不得允许周围有明火，应放置明显警示标志，禁止无关人员进入，工作人员进入应严格防火绝缘、防静电，使用防爆对讲机以及不得带入手机。庭院燃气管道置于地下时，应该设立标识以免被破坏；当燃气管道埋地布置时，应尽量避免与各种地下设施、埋地电缆、热力管沟等交叉；地下燃气管道受环境影响，腐蚀相对较高，应采取相应措施；进出建筑物的燃气管道的出入口应设置防雷装置。室内燃气系统是最容易出事故的部分，需要加大对用户的宣传教育，进行全面性、经常性检测。

　　燃气设备设施是社区安全系统的重要组成部分，事关人民生命财产安全、能源供给安全、城市安全发展。

2. 社区燃气系统架构图

社区燃气系统架构如图 1-12 所示。

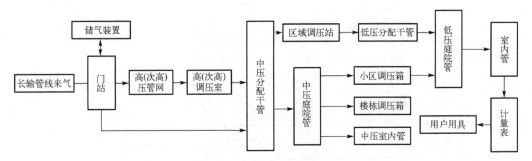

图 1-12　社区燃气系统架构

3. 子系统介绍

下面进一步介绍调压站、庭院燃气管道、室内燃气系统三个子系统。

调压站：调压站是燃气输配系统中自动调节并稳定管网中压力的设施。调压站在输配系统中除了将供气端的高压调节到用气端的低压，还需要维持整个系统的压力稳定，对下游流量进行控制，保护后方设备不被破坏。该设施对整个燃气输配系统的正常、安全运行起到了极为关键的作用。调压站可按照其使用性质分为将不同级别管网进行连接的区域性调压站和专门用于工业企业的专用型调压站；也可以依据其构筑物的特点分为地上调压站、地下调压站、调压箱以及调压柜，在建造时依据其适用特点以及经济性进行选择。考虑到燃气泄漏可能会造成的危险，一般燃气调压站不设置在地下。

庭院燃气管道：庭院燃气管网一般指主街主路管网(市街管网)分支到小区内的管网。也就是在中、低压调压站接至阀门井，再从阀门井接出后，敷设在街区和楼区内的低压燃气管道。庭院燃气管网通过引入管接入到室内燃气系统。

室内燃气系统：室内燃气系统由引入管、立管、用户支管、燃气表等组成，如图 1-13 所示。

室内燃气管道多采用水煤气钢管，属于低压管材；管道采用螺纹连接(丝扣连接)。埋地部分应涂防腐剂，明敷管道采用镀锌钢管，管道不允许有漏气。室内燃气管道要求明敷，在有可能出现冻结的地方，应采取防冻措施。

燃气表是计量燃气用量的仪表。目前，我国常用的是一种干式皮囊气流量表，它适用于室内低压燃气供应系统。

燃气用具包括厨房燃气灶和燃气热水器等。

厨房燃气灶：常见的有双火眼燃气灶，它由炉体、工作面及燃烧器三部分组成。

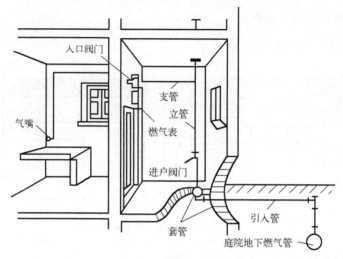

图 1-13 室内燃气系统

燃气热水器：它是一种局部供应热水的加热设备。当建筑物内无集中热水供应时，可采用燃气为热源，通过燃气热水器制备热水。由于燃气燃烧后排出的废气中含有一氧化碳，因此在设有燃气用具的房间，都应设有相应的通风设施以排除燃气燃烧后排出的废气。

4. 重要设备

调压站中的重要设备有调压器、阀门等重要装置。

调压器：调压器是调压站中的核心设备，其作用是将燃气压力从入口时的较高压力调节到需要的出口压力，并能根据用户的流量和上游压力等因素维持调压器出口压力稳定。

阀门：调压器前后需要设置阀门，当调压器、过滤器检修或发生故障时，可以将前后阀门关闭以切断燃气，调压站外与调压站保持一定距离处也应设置常开的阀门，当调压器发生故障时，可以不必靠近调压站即可关闭阀门，用于调压装置中的阀门要求关闭严密、灵敏度高。其主要类型有闸板阀、球阀、蝶阀等。

庭院燃气管道有管道、阀门井、补偿器、排水器、放散管等重要装置。

管道：根据燃气性质及工作条件选用经济可靠的管道材质，小区燃气用管道材质主要有灰口铸铁管、球墨铸铁管、无缝钢管等类型；由于小区用燃气一般为中低压，建议采用球墨铸铁管。球墨铸铁管具有强度高、优异的耐腐蚀性能、施工方便、操作简单、效益好、热性能好等优点；较高的强度，可以在内压和外压作用下都有足够的安全性；使用年限长达 40 年，管材造价、维修费用均比钢管低很多；当与热力管道交叉时，良好的耐热性能可以保证燃气管道的安全使用。

阀门井：为保证管网的安全与操作方便，地下天然气管道上的阀门一般都设置在阀门井中。阀门井应坚固耐久，有良好的防水性能，并保证检修时有必要的空间。考虑到人员的安全，井筒不宜过深。

补偿器：补偿器是调节管线因温度变化而伸长或缩短的配件。常用于架空管道和需要进行蒸汽吹扫的管道上。此外，补偿器安装在阀门的下侧(按气流方向)，利用其伸缩性能，方便阀门的拆卸和检修。

排水器：排水器是用于排除天然气管道中冷凝水和石油伴生气管道中轻质油的配件，由凝水罐、排水装置和井室三部分组成。管道敷设时应有一定坡度，以便在低处设排水器，将汇集的水或油排出。

放散管：一种专门用来排放管道内部的空气或天然气的装置。放散管设在阀门井中时，在环网中阀门的前后都应安装，而在单向供气的管道上则安装在阀门之前。

室内燃气系统有燃气灶、燃气报警器等重要装置。

燃气灶：燃气灶是指以液化石油气(液态)、人工煤气、天然气等气体燃料进行直火加热的厨房用具。燃气灶又叫煤气灶、炉盘、灶台、灶具，大众化程度较高。

燃气报警器：燃气报警器就是气体泄漏检测报警仪器。当工业环境中燃气气体泄漏，燃气报警器检测到气体浓度达到报警器设置的临界点时，燃气报警器就会发出报警信号。

5. 燃气安全技术

燃气系统主要存在燃气泄漏的风险，燃气中毒、燃气爆炸等事故大部分都是由燃气泄漏引起的。传统应对燃气泄漏的方式主要是传感器监测系统即物联网思路或者通过大数据建立风险模型。

1) 物联网监控方案

首先，燃气存在可燃性和爆炸性，当管道发生泄漏时，社区居民身体健康、生命安全必将受到威胁。采用物联网技术，可动态收集管道节点信息，根据信息掌握安全状态，评估安全等级，对于燃气泄漏监控而言，意义十分重大。结合实际情况，明确管道所有重要节点，分别装入可燃气体检测传感器，同时给管理中心监测系统配置声光报警器。由监控调度中心完成信息集中处理，全面评价燃气管道状态，做好各项预防工作。当节点出现燃气泄漏问题时，传感器可立即探测这种变化，接着利用无线传输模块将信号发送至声光报警器，此时不仅有灯光闪烁警示，而且会出现声音提示，方便维护管理中心准确快速掌握故障源头，更快实施处理，一方面能够避免事故出现，另一方面能够防止事态恶化。

其次，流量与压力监控物联网能够全面监控燃气管网的流量、压力情况。结合流量、压力信息进行处理，动态调节储配站供气流量和压力，确保供气量、压力始终保持在正常区间以内，减小安全隐患。此方案主要由管道流量计、压力表完成测量任务，利用无线技术远程采集测量信息，借助终端中继设备实施预处理及压缩，同样利用无线技术传输至监控中心服务器，利用实时监控程序，能够将管道流量、压力显示出来，方便工作人员查看了解。

最后，远程视频监控在调压站、主管道等核心设施方面，信息监测属于一项基本任务，与此同时，当事故出现后，必须随时掌握现场状况，完成事故评级，由此实施合理的指挥调度，让事故发展得到控制，所以，对于燃气管网而言，视频监控同样是保障安全的基本方式，应当受到重视。因为视频监控流量大，所以传输机制需要结合地理环境来确定，尽量选择有线传输，从而节省信息采集成本。采集点必须配备摄像机、报警器、语音对讲工具，从而及时发现事故，给出警示，尽快了解现场状况。语音对讲工具可以满足监控中心、现场人员交流需求，借此提高处理效率。管道所有节点需要通过地图直接反馈出来，实现有效定位，如果发生事故问题，能够准确掌握事故所在位置与周边环境，给事故处理创造更大便利。

2)基于燃气安全风险的大数据预警模型分析

决策树算法：决策树以树形的思维形式展现，要求展示排列出所有可能发生的情况和结果，并要注意时间先后顺序。在填选事件发生的可能结果的同时标出事件发生结果的可能性。

随机森林算法：随机森林是针对数据样本特别多的情况，根据样本情况进行分类，正是由于可能性的多样性，所以不管是部分数据还是大量数据出现丢失，很大程度上都不会影响事件的准确性。实施随机森林算法时，首先要构建决策树，并对样本数据进行分类与归纳，从而在第一时间找到相关要点，进而逐步筛选出自己想找的可行性方案。

以上两种算法在燃气安全预警模型分析方面被较多使用。选择何种算法要立足于燃气管道内外部情况，根据实际需要选择最适合的算法方案。

1.2.3　社区消防系统

1. 介绍

自动消防系统在社区防火灭火中意义重大。社区消防系统的设计、施工与应用是贯彻"预防为主，防消结合"工作指导方针的重要内容。在我国，社区消防系统的实施已经提高到法治化的高度。有关消防系统的施工、应用、管理等工作已经制定了一系列强制实施的法律法规和技术规范，必须严格执行。

2. 社区消防系统架构图

一个完整的消防系统应该包括火灾自动报警系统、灭火及消防联动系统，其组成和结构如图 1-14 所示。

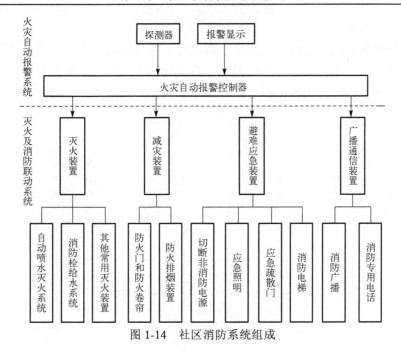

图1-14 社区消防系统组成

3. 子系统介绍

1)火灾自动报警系统

火灾自动报警系统主要由探测器、报警显示和火灾自动报警控制器构成。探测器在火灾初期监控感知烟温等的变化,实现预先报警,并在主控屏上显示报警信号。一旦确认为火灾,将启动灭火及消防联动设备。

2)灭火及消防联动系统

(1)灭火装置:灭火装置是消防系统的重要组成部分,可分为水灭火装置和其他常用灭火装置,其中,水灭火装置又分消防栓给水系统和自动喷水灭火系统;其他常用灭火装置分为二氧化碳灭火系统、干粉灭火系统、泡沫灭火系统、卤代烷灭火系统和移动式灭火器等。

灭火装置中常见的是自动喷水灭火系统和消防栓给水系统。

①自动喷水灭火系统。

自动喷水灭火系统是一种通过自动喷水灭火,同时发出火警信号的消防给水设备,大多安装在火灾风险大、起火蔓延快的场所。另外,容易自燃且无人管理的仓库以及防火要求高的建筑物也经常安装该装置。

自动喷水灭火系统按喷头开闭形式分为闭式自动喷水灭火系统和开式自动喷水灭火系统。前者有湿式、干式、干湿式和预作用自动喷水灭火系统之分,后者有雨淋喷水灭火系统、水幕消防系统和水喷雾灭火系统之分。

②消火栓给水系统。

消火栓给水系统由水枪、水龙带、消火栓、消防管道、消防水池、消防水箱、增压设备和水源等组成。如图 1-15 所示，当室外给水管网的水压不能满足室内消防要求时，会设置消防水泵和水箱。

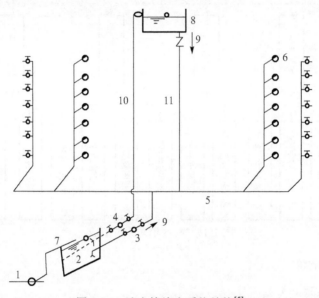

图 1-15　消火栓给水系统结构[5]

水枪：水枪常用铜、塑料、铝合金等不易锈蚀的材料制造，按有无开关分为直流式和开关式两种。室内一般采用直流式水枪。水枪喷嘴直径有 13mm、16mm、19mm 等几种。

水龙带：常用水龙带材料一般有帆布、麻布和衬胶三种。常用水龙带直径有 50mm 和 65mm 两种，长度为 15m、20m、25m 等，不超过 25m。水龙带一端与消火栓相连，另一端与水枪相接。

消火栓：消火栓是具有内扣式接口的球形阀式龙头，一端与消防立管相连，另一端与水龙带相接，有单出口和双出口之分。单出口消火栓直径有 50mm 和 65mm 两种，双出口消火栓直径为 65mm。建筑中一般采用单出口消火栓；高层建筑中采用 65mm 口径的消火栓。

消防水池：消防水池用于无室外消防水源的情况，储存火灾持续时间内的室内消防用水。消防水池设于室外地下或地面上，也有设在室内地下室或与室内游泳池、水景水池兼用。消防水池设溢水管、带有水位控制阀的进水管、通气管、泄水管、出水管及水位指示器等装置。

消防水箱：低层建筑室内消防水箱是储存扑救初期火灾消防用水的储水设备，

它提供扑救初期火灾的用水量和保证扑救初期火灾时灭火设备必要的水压。消防水箱与生活、生产水箱合用，防止水质变坏。水箱内应储存可连续使用 10min 的室内消防用水。消防与生活或生产合用水池、水箱时，应具有保证消防用水平时不作他用的技术措施。

(2) 减灾装置。

在消防系统中，不仅要妥善考虑灭火的各种问题，而且还要采取减灾措施。常用的减灾装置有防火门和防火卷帘、防排烟装置等。

① 防火门和防火卷帘。

防火门：防火门是指在一定时间内能满足耐火稳定性、完整性和隔热性要求的门，是建筑物防火分隔措施之一。通常用在防火墙上、疏散楼梯间出入口或管井开口部位。

防火卷帘：防火卷帘是一种活动的防火分隔物，一般用钢板、无机布等材料制作，以扣环或铰接的方法组成，平时卷起在门窗上口的转轴箱中，起火时将其放下展开，用来阻止火势从门窗洞口蔓延。

② 防火排烟装置。

防烟风机：防烟风机可以采用轴流风机或中、低压离心风机。风机位置应根据供电条件、风量分配均衡、新风入口不受火和烟威胁等因素确定。排烟风机可采用离心风机或采用排烟轴流风机。

防火阀：防火阀应用于有防火要求的风管上，一般安装在风管穿越防火墙处，平时处于常开状态。发生火灾时，温度超过 70℃ 或 280℃ 时，温度熔断器动作使阀门关闭，切断火势和烟气沿风管蔓延的通路，进而联动送 (补) 风机关闭。

排烟阀：排烟阀结构与防火阀类似，应用于排烟系统的风管上，平时处于关闭状态。火灾发生时，感烟探测器发出火警信号，控制装置使排烟阀打开，通过排烟口排烟。

排烟防火阀：排烟防火阀结构与防火阀类似，适用于排烟系统管道上或风机吸入口处，兼有排烟阀和防火阀的功能，平时处于关闭状态。需要排烟时，其动作和功能与排烟阀相同，可自动开启排烟。当管道气流温度达到 280℃ 时，阀门的易熔金属熔断而自动关闭，切断气流，防止火势蔓延。

挡烟垂壁：挡烟垂壁是建筑物内大空间防排烟系统中用作烟区分隔的装置，使用阻燃材料制成，分为固定式和活动式两种。

(3) 避难应急装置。

火灾发生后，为了及时通报火情、有序疏散人员、迅速扑救火灾，建筑物的消防系统需设置专用的应急照明、消防电梯等应急避难装置。

切断非消防电源：断开不是供消防用电的电源。

应急照明：应急照明属于消防系统的应急装置。完善的事故照明与紧急疏散指示标志能为火灾逃生提供良好的条件。按照规定，救生通道必须设置事故照明与紧急疏散指示系统。应急照明、疏散指示灯一般由充电器、镇流器、应急转换器、电池、光源、灯具等部分组成。其中，应急转换器的作用是把电池提供的低压直流电变换成足够高的交流电源，使灯顺利地启动并正常工作。

应急疏散门：又称紧急出口门、安全出口门、应急逃生门、安全通道门、消防疏散门、消防逃生门。

消防电梯：消防电梯属于消防系统的应急避难装置，它具有耐火封闭结构、防烟室和专用电源。为了防止烟火侵入电梯井道及轿厢之中，消防电梯必须设前室进行保护。前室既是消防队员开展灭火的基地，又是被救护伤员的暂时避难场所。因此，前室兼有保护、基地及避难三重作用。

(4)广播通信装置。

火灾广播及消防专用通信系统包括火灾事故广播、消防专用电话、对讲机等，是及时通报火灾情况、统一指挥疏散人员的必备设施。

4. 消防监测与控制

火灾监控系统是以火灾为监控对象，为及时发现和通报火情，并采取有效措施控制和扑灭火灾而设置在建筑物内的自动消防设施。它由火灾自动报警系统和联动控制灭火系统两个子系统组成。由于联动控制灭火子系统的主要作用是为了方便人员疏散和有效地灭火，所以通常把它划归为自动控制灭火部分，如图1-16所示。

火灾报警控制器用于尽早探测初期火灾并发出警报，主要控制对象包括：声和光警报器、传输设备、城市消防远程监控系统装置等。

消防联动控制器包括：消防电气控制装置、消防应急广播、消防电话等。

消防控制中心是设置火灾自动报警控制设备和消防联动控制设备的专门场所，用于接收、显示、处理火灾报警信号，控制有关的消防设施。消防控制中心的设备由火灾报警控制器、消防联动控制装置以及消防通信设备等组成。现代化建筑的消防控制中心，应设置显示屏和控制台，以便消防人员了解大楼各种自动灭火系统的运作情况，对大楼的灭火救灾活动进行有效的指挥。显示屏有逐点显示和分区显示两种显示方式。逐点显示能显示出火灾的具体位置；分区显示只能显示出火灾区域地段。为简化线路、减少设备，消防中心通常采用分区显示方式。

5. 消防安全形势分析

根据国家应急管理部统计的数据，绘制2014～2021年我国火灾事故起数和死亡人数变化趋势图，如图1-17所示。2017年火灾事故大幅降至21.9万起，相比2016年

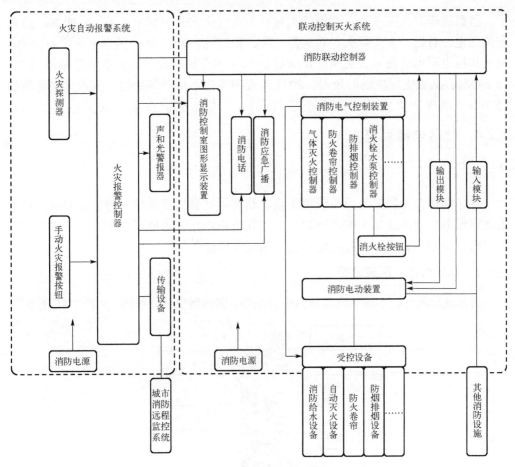

图 1-16　消防火灾监控系统

下降了 29.8%，2017～2020 年基本稳定在 25 万起以下，2021 年的火灾事故起数大幅增长至 74.8 万起，比 2017 年增长 341.55%，但是火灾死亡人数与火灾事故起数比值同比下降 45.38%。

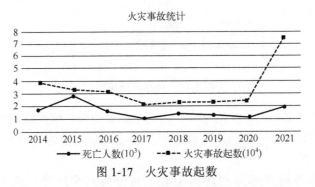

图 1-17　火灾事故起数

另据统计，火灾事故主要原因大致分为电气火灾、生活用火不慎、吸烟、违反安全规定、自燃、人为纵火、玩火等几类。据统计，2021 年全国发生火灾原因中，电气和用火不慎造成的火灾事故位居前 2 位，平均分别占我国火灾事故总量的 42.7% 和 29.8%。从火灾发生的时段看，2021 年夜间发生在居住场所的火灾占火灾总数的 28.6%，而夜间火灾的亡人率接近白天的 2 倍，因此夜间火灾更值得重视。

1.2.4 社区电梯系统

1. 介绍

社区电梯设备如果使用与管理不当，则有可能会危及乘梯人的生命安全，也会给物业服务企业造成重大的经济损失。因此为防止社区电梯因使用不当造成损坏或引起伤亡事故，必须加强社区电梯的使用安全管理[6]。

2. 社区电梯系统架构图

目前使用的住宅电梯绝大多数为电力拖动、钢丝绳曳引式结构，如图 1-18 所示[7]。

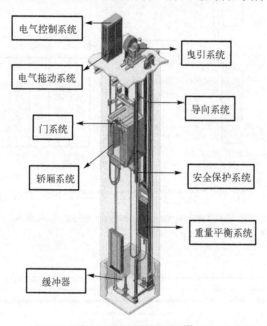

图 1-18　电梯系统图[7]

从社区电梯的空间位置使用来看，由四个部分组成：依附建筑物的机房；井道；运载乘客或货物的空间——轿厢；乘客或货物出入轿厢的地点——层站，即机房、井道、轿厢、层站。

从社区电梯各构件部分的功能上看，可分为八个部分：曳引系统、导向系统、轿厢系统、门系统、重量平衡系统、电力拖动系统、电气控制系统和安全保护系统。

由曳引式电梯的结构可以分析出,当电梯在实际运行过程中出现在电梯两侧的设备为轿厢与配重(对重)。当电梯在上升过程中,钢丝绳在受到电引机的作用下向下移动,做机械下降运动。在轿厢与配重的作用下,电梯运行过程中两侧都会产生一定的牵引力。当这些牵引力的大小相同且方向相反时,电梯会匀速运行。当电梯进出人数以及电梯停留位置存在较大差异时,轿厢与配重则会在自己所处方向产生大小不同的牵引力,这使得电梯出现不平衡的状态,而与钢丝绳打滑之间存在较大的相关性,钢丝绳与曳引绳槽之间的静摩擦力达到峰值时,使得钢丝绳容易打滑,影响了电梯的稳定性和安全性。

3. 子系统介绍

在电梯运行故障中,门系统和电气控制系统故障占大多数。

(1) 曳引系统。

现代电梯广泛采用曳引驱动方式[7]。曳引系统主要由电动机、制动器、曳引钢丝绳等组成,如图 1-19 所示。曳引机是曳引驱动的动力,钢丝绳挂在曳引机的绳轮上,一端悬吊轿厢,另一端悬吊对重装置。曳引机转动时,由钢丝绳与绳轮之间的摩擦力产生曳引力来驱使轿厢上下运动。如果发生曳引力不足就会导致电梯溜梯、打滑、蹲底等故障[8]。

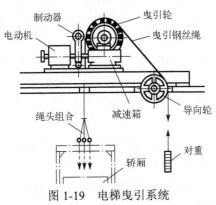

图 1-19　电梯曳引系统

(2) 轿厢系统。

轿厢是运送乘客和货物的电梯组件,是电梯的工作部分。轿厢一般由轿厢架和轿厢体组成。高度不小于 2m,宽度和深度由实际载重量决定。国标规定,载客电梯轿厢额定载重量约 350kg/m,其他电梯有不同规定。轿厢架是固定和悬吊轿厢的框架,它是轿厢的主要承载构件,由上梁、立梁、下梁、拉条组成。

轿厢超越端站事故就是指电梯在运行中越出顶层端站或者直接落于底坑中的缓

冲装置上产生足够大的惯性，致人员伤亡。轿厢超出顶层端站称为冲顶；落于缓冲装置上称之为墩底。如果突然间电梯由运行状态变为静止，轿厢的人员会因猛烈的惯性撞向箱体，导致自身关节组织受伤。

（3）门系统。

电梯门系统包括轿厢门、层门、开门机、门联锁、关门防夹装置。门系统的主要功能是乘客或货物的进出口，运行时门必须关闭，到站时才能打开。门区是电梯事故高发区，也是电梯监督检验和安全管理的重点。

电梯门系统事故主要指在电梯门的开合时所发生的安全事故，如剪切、坠落等。剪切事故主要是电梯层门和轿门均开启的情况下，电梯仍然顺势运行，导致进出途中的人员被轿厢卡住。而坠落事故则指电梯轿厢并未到指定位置，层门打开后人员直接跌落井道。

（4）电气控制系统。

电梯的电气控制系统由控制装置、操纵装置、平层装置和位置显示装置等部分组成[9]。其中，控制装置根据电梯的运行逻辑功能要求，控制电梯的运行，设置在机房中的控制柜上；操纵装置是通过轿厢内的按钮箱和厅门的召唤箱按钮来操纵电梯的运行；平层装置是发出平层控制信号，使电梯轿厢准确平层的控制装置；位置显示装置是用来显示电梯所在楼层位置的轿内和厅门的指示灯，厅门指示灯用尖头指示电梯的运行方向。

电气控制系统的故障主要表现为继电器故障、变频器故障、称重装置失效、操纵装置故障。电气控制系统故障的原因大多是维保不到位或设备老化未及时更换。

（5）安全保护系统。

安全保护系统包括机械的和电气的各种保护系统，可保护电梯安全地使用。机械方面的有：限速器和安全钳起超速保护作用，缓冲器起冲顶和撞底保护作用，还有切断总电源的极限保护装置。电气方面的安全保护在电梯的各个运行环节中都有体现。

安全保护系统的故障主要表现为底坑安全开关故障和安全开关误动作。

（6）其他子系统。

导向系统的主要功能是限制轿厢与对重的活动自由度，使轿厢与对重只能沿着导轨做升降运动。导向系统主要由导轨、导靴和导轨架组成。

重量平衡系统由对重和重量补偿装置组成。对重由对重架和对重块组成。对重将平衡轿厢自重和部分额定载重。重量补偿装置是补偿高层电梯中轿厢与对重侧曳引钢丝绳长度变化对电梯的平衡设计影响的装置。

电气拖动系统由曳引电机、供电系统、速度反馈系统、调速装置等组成，它的作用是对电梯进行速度控制。曳引电机是电梯的动力源，根据电梯配置可采用交流电机或者直流电机。供电系统是为电机提供电源的装置。速度反馈系统是为调速系统提供电梯运行速度信号，一般采用测速发电机或速度脉冲发生器与电机相连。调速装置对曳引电机进行速度控制。

4. 重要设备

1) 曳引机

电梯曳引机是电梯的动力设备，又称电梯主机。其功能是输送与传递动力使电梯运行。它由电动机、制动器、联轴器、减速箱、曳引轮、机架和导向轮及附属盘车手轮等组成。导向轮一般装在机架或机架下的承重梁上。盘车手轮有的固定在电机轴上，也有平时挂在附近墙上，使用时再套在电机轴上[10]。

曳引机应符合《电梯制造与安装安全规范》(GB 7588-2003)中第 12 章的有关规定。

曳引机在运行时不得有杂音、冲击和异常的振动。箱体内油温不宜高于 85℃。曳引机制动器线圈和电动机定子绕组的温升与最高温度，不应大于《电梯曳引机》(GB/T13435-92)的规定。

曳引机箱体分割面、窥视盖等处应紧密连接，不允许渗漏油。电梯正常工作时，蜗杆轴伸出端每小时渗漏油面积不应超过 150cm^2。

曳引机装配后应做空载和负载检验，曳引机的各项性能检验结果应符合《电梯曳引机》(GB/T13435-92)的有关规定。

2) 限速器和安全钳

限速器和安全钳是十分重要的机械安全保护装置。它的作用在于因机械或电气的某种原因，如断绳或失控使电梯超速下降时，当下降速度达到一定值时，将轿厢制停在导轨上。不论是限速器还是安全钳都不能单独完成上述任务。上述任务的完成需要靠它们相互之间的配合来实现[11]。

限速器和安全钳系统是电梯必不可少的安全装置，当电梯超速、运行失控或悬挂装置断裂时，限速器和安全钳装置迅速将电梯轿厢制停在导轨上，并保持静止状态，从而避免发生人员伤亡及设备损坏事故。

操纵轿厢安全钳装置的限速器的动作速度不应低于电梯额定速度的 115%，且应小于下列数值：

①对于不可脱落滚柱式以外的瞬时式安全钳装置为 0.8m/s；

②对于不可脱落滚柱式瞬时式安全钳装置为 1m/s；

③对于电梯额定速度不超过 1m/s 的渐进式安全钳装置为 1.5m/s；

④对于电梯额定速度超过 1m/s 的渐进式安全钳装置为 $(1.25v+0.25v)$ m/s。

轿厢应装有仅能在下行时动作的安全钳装置。在达到限速器动作速度时，或在悬挂装置断裂的情况下，安全钳装置应能夹紧导轨而使装有额定载重量的轿厢制停并保持静止状态。

3) 缓冲器

缓冲器分为弹簧缓冲器和液压缓冲器两种[12]。

弹簧缓冲器是蓄能型缓冲器。适合于额定速度在 1m/s 或以下的电梯。液压缓冲器是耗能型缓冲器,适合于任何速度的电梯。

当电梯运行到井道下部,因曳引钢丝绳打滑或超载等各种原因,使电梯超越底层层站继续下降,在下部限位和极限开关不起作用的情况下,设置在底坑中的轿厢缓冲器可以减缓轿厢对底坑的冲击。同样,当轿厢超越最高层站,而上限位上极限不起作用,对重缓冲器为了防止因电气失灵或电梯超载等原因使得电梯到达顶层或底层后仍继续运行而设置的。它是电梯中除去端站减速及限位开关以外的最后一道保护装置。

5. 电梯系统检测方法

当前市场上用于电梯安全检测的集成装置主要有 ADIASYSTEM 电梯检测系统、LiftPC 电梯检测系统、DTJ-1000-V2.0 电梯厅门强度检测仪、CDEC-1 电梯综合性能检测系统等。

1) 电梯电气控制系统检测方法

电梯控制系统故障的专业修理方法主要有计算机程序检查法、静电电阻测量法、普代法、短路法以及电位测量法等[13]。这些维修方法各有优缺点,可根据具体情况进行选择。

电梯短路故障点的确定和分析可以采用计算机程序检查法。该方法对电梯的控制系统进行全面地解析,能够较为准确地查找并定位故障点位置,在实际检修过程中被普遍使用。

2) 电梯轿厢系统检测方法

目前我国电梯远程监控系统的监控方式主要分为基于传感器采样和基于人工两种监控方式[14]。

基于传感器采样的监控方式:随着嵌入式技术的不断发展,传感器也被应用到电梯轿厢内,如通过红外光幕传感器检测轿厢门开关状态、通过红外传感器检测电梯轿厢内乘客人数、通过平层感应器检测电梯轿厢是否有异常停靠。但传感器信息不可避免地存在一些误差,并不能可靠地感知和防范事故风险。例如,通过红外光幕存在检测盲区、分辨率有限等缺陷;通过红外传感器检测人数时,当人群过于密集的情况下检测误差较大;而且传感器的精度受温度影响也较大。基于触发传感器的监控方式中较有代表性的方案是以 ARM 设备为硬件平台、Linux 为嵌入式操作系统,构建智能监控系统,利用 ZigBee 无线网络传感器对电梯内的信息进行采集,通过 CAN 总线实现数据的采集传输,但该方案存在安装困难、工程化过程复杂等缺陷。

基于人工的监控方式:当前国内使用的电梯轿厢系统普遍采用远程视频监控方

式，依靠人工监督对远程传输来的视频直接进行实时查看，这种方式直观有效，能够对异常情况做出快速有效的处理。但由于普通人的注意力高度集中的时间仅能维持 20 分钟左右，之后注意力会显著降低，因此人工监控很容易导致监控过失。

1.2.5　社区给排水系统

1. 社区给水系统介绍

由于现有城市各水厂(或管网增压站)给社区供水管网的压力不能满足高层建筑供水的需要，因此目前高层建筑供水普遍采用二次供水。二次供水是指使用水箱和加压水泵等设备和设施，对自来水进行再次加压并提升到供水点的供水模式。二次供水是高层社区供水的唯一选择，其供水设施直接影响用户用水的安全与稳定[15]。社区给水系统的安全问题主要出现在二次供水环节中[16]。

目前二次供水行业中，大部分供水设施仍采用传统的水箱(或水池)+变频泵供水方式。这种供水方式虽然具有较好的供水安全率，但同时也存在一定问题。例如，水池、水箱需要占有较大面积，土建施工难度增加；不合理的施工设计及管理上的疏漏已对水池、水箱等的使用功能产生了较大影响。虽然自来水在水厂及加压泵站已经进行了多级处理，水质能够满足正常的生产生活用水要求，但是部分二次供水泵房由于管理长期不到位甚至无人监管，使得自来水水质污染问题日益凸显[17]。

社区给水系统架构图如图 1-20 和图 1-21 所示。图 1-20 所示为社区给水系统的水源，通常取自城市给水管网，经过社区加压站后，送入社区给水管网。图 1-21 为户内给水示意图，此处为典型的二次供水方式，先将社区管网中的水经过水泵二次加压后送往楼顶水箱，再由水箱向各楼层供水。

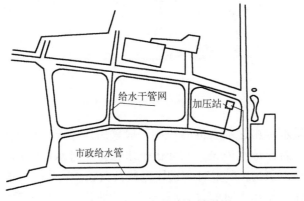

给水干管网　加压站

市政给水管

图 1-20　社区户外给水管道图

2. 社区给水系统重要设备

水泵：二次供水水泵是供水系统中的重要一环，对二次供水的水压和水质有直接的影响。水泵由泵壳、泵轴、叶轮组成，经长时间的使用泵轴易磨损变细，锈蚀也随着年代使用逐步增加。目前许多社区缺乏对泵房的维护管理，泵房内管道锈蚀，设备老化，跑冒滴漏现象严重，使二次供水成为"二次污染"，不仅影响居民用水质量，而且存在安全供水隐患[18]。

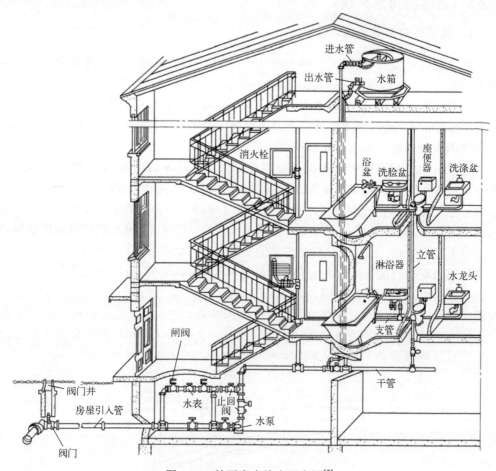

图 1-21　社区户内给水示意图[5]

　　水箱：二次供水水箱进水水位的控制一般采用浮球阀，使用浮球阀存在两种安全隐患：一方面，若浮球阀失灵，则会出现水箱持续进水的情形，如果泵房内排水不畅可能会淹没地下泵房，严重时会损坏一些公共设施；另一方面，如果水位下降，水箱立即进水会使水箱储水时间过长而导致水质恶化[19]。如果蓄水池（水箱）入孔盖管理不到位，将会有污物甚至小型动物落入蓄水池或水箱中，也无法避免不法分子投毒、蓄意破坏等恶性事件发生[20]。

　　供水管道：二次供水管道和市政供水管网是相互连通的，用户水质和水压出现问题时, 供水企业和管理二次供水的物业公司等单位往往很难界定责任单位, 影响用户的用水质量[21]。目前二次供水设计由房地产公司或单位委托设计、施工单位实施。社区的二次供水系统设计不合理, 施工质量差, 也将严重影响用户日常生活用水安全[22]。

3. 社区给水系统安全技术介绍

目前社区供水安全技术主要集中在对水泵、水箱、供水管道等设备的监管以及对水质的监测预警和管理维护[23, 24]上。

为实现社区供水设备的自动化管理和故障预警, 将物联网、云计算等新技术与二次供水系统相结合, 可以构建智慧供水管理平台。该平台由下位信息采集系统、网络通信系统和上位监控调度系统等组成。主要实现对二次供水水泵与水箱、供水管道以及水质的实时监控, 监测数据包括供水压力、供水流量、水泵运行频率和时间、设备故障以及余氯、浊度、pH 等。通过对压力、流量、水质的数据传送及阀门开关的自动控制, 降低设施故障率; 同时通过对设备故障进行实际监测预警, 提醒工作人员及时修复或更换出现故障的设备, 保障供水系统的安全稳定运行[25]。

目前, 在二次供水系统中也有使用云技术的尝试, 所搭建的云服务平台包括数据接收中心站、基础环境、系统资源管理系统和应用系统, 能够远程部署社区供水门户和社区供水管理系统等网络服务, 实现了社区二次供水水质、水压、泵房、设备工况的实时监控和异常预警。

上海某些水务公司共同构建了一个二次供水智能化管理系统, 包括二次供水实时监测系统、信息化平台和移动终端。通过在线监测、动态评估以及二次供水设施的远程通信控制, 结合移动 App, 可以实现二次供水的智能化管理。通过智能化管理, 供水企业可实时掌握相关设施的运行状态, 优化二次供水运营, 通过预警信息及时解决运行故障和水质异常问题, 提高工作效率和服务水平。政府部门也可以通过在线监测系统对二次供水设施的运行管理进行有效监管。另外, 居民也可以通过手机 App 及时反馈报修信息, 缩短故障响应时间。该系统已在上海市 15 个小区进行了试验, 小区示范应用运行稳定, 取得了良好的效果。

4. 社区排水系统介绍

社区排水包括社区生活污水、生活废水和社区雨水。社区排水系统的主要任务是接收社区内各建筑内外用水设备产生的污废水及社区屋面、地面雨水, 并经相应的处理后排至城市排水系统或水体[26]。

社区排水管系统应用过程中容易发生管道堵塞、管道漏水、管道破裂等问题, 致使排水系统无法正常运行, 严重影响了人们的日常生活。

社区排水系统中的生活污废水排放工艺流程如图 1-22 所示, 雨水排放工艺流程如图 1-23 所示[27]。

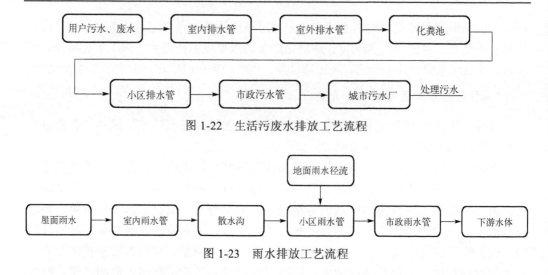

图 1-22　生活污废水排放工艺流程

图 1-23　雨水排放工艺流程

5. 社区排水系统重要设备

社区排水系统中容易出现安全隐患的设备有：室外污水管道、室外雨水管道、室内污水立管、雨水立管和检查井。

室外污水管道：污水管道管材一般分为铸铁管、陶土管、钢筋混凝土管。建筑年代较早的社区采用的污水管道管材一般为钢筋混凝土管，这类管道使用时间较长时会出现不同程度的淤积，甚至发生破损、渗漏现象。陶土管因其管材质脆易碎，存在较大安全隐患[28]。

室外雨水管道：雨水管道管材一般采用钢筋混凝土管、PVC、HDPE 管。雨水相比于污水腐蚀性较小，管道不易破损。但长期使用可能产生堵塞，在强降雨天气下，若排水不畅，可能发展为内涝，严重影响居民生活。

室内污水立管：住宅社区室内排水立管多为铸铁材质，使用时间过长导致腐蚀严重，管道内堆积物较多，管径变小，造成下水堵塞。目前新建社区均为 PVC 立管，较好地避免了管材腐蚀问题。

雨水立管：社区内室外雨水立管分为铁皮方管和 PVC 圆管。建筑年代较早的社区采用铁皮方管，易腐蚀、破损。新建社区或部分社区更换的雨水立管采用 PVC 材质，较为耐用。小区的雨水立管未配置雨水簸箕，雨水长期冲刷地面，易造成地面腐蚀。在常降雨天气，雨水立管下会滋生青苔，形成异味招引蚊虫，影响居民生活环境。

检查井：污水检查井为混凝土砖砌，井盖为铸铁材质或混凝土材质，社区井盖破损严重甚至丢失，存在严重的安全隐患。

6. 社区排水系统安全技术介绍

针对检查井井盖破损和丢失的问题，借助信息技术对井盖进行登记，开发管理平台并接入监测设备，实现了对检查井井盖的 24 小时自动监测预警，较好地解决了井盖破损和丢失问题[29]。

污废水排水管道因污废水的长期冲刷腐蚀，易发生渗漏、破损、破裂等问题，针对这一问题，张松等[30]以重庆市某中心城区片区的污废水管网为研究对象，从管道运行现状排查和水力要素实测调查这两个方向进行了探究，通过闭路电视 (closed circuit television，CCTV) 管道机器人详细了解调查区域内污水管道内部真实情况，并采用多普勒流量计获得典型管段的水力学参数实测资料，详细掌握了该片区的污水管道运行状况，为解决实际污水管网运行管理以及污水管道设计的改进提供了借鉴。

雨水排水管道若养护不当，会造成管网排水不畅、节点溢流、管段超负荷运行等问题，引起内涝，白小晶等[31]以南方某城市的一个片区为研究对象，运用物联网在线监测技术对管网过载和漫溢风险问题进行分析和识别，利用数学排水模型软件模拟运算了不同设计降雨情景下管网系统运行状况，并基于监测数据和模型模拟结果制定相应的养护措施。

1.2.6　社区供暖系统

1. 系统介绍

北京市主要的供热方式有：城市热网集中供热，区域燃煤 (气、油、电) 锅炉房供热，地热、热泵供热，另外，还有清洁能源分户式采暖、家庭小煤炉取暖。

据统计，截至 2006 年底，全市总供热面积为 51815 万平方米，其中，社区热网集中供热面积为 11327 万平方米，占 22%；燃气区域供热面积为 20152 万平方米，占 39%；燃煤区域供热面积为 18963 万平方米，占 36.4%；燃油区域供热面积为 841 万平方米，占 1.6%；其他方式供热面积 (电、地热) 为 533 万平方米，占 1%。北京已初步形成了集中供热为主导，多种能源、多种供热方式相结合的新的供热局面。

供暖系统的工作原理：在供暖系统中，承担热量传输的物质被称为热媒。常见的热媒有水和蒸汽两种。低温热媒在热源中被加热，吸收热量后，变为高温热媒，经输送管道送往室内，通过散热设备放出热量，使室内温度升高；热媒散热后温度降低，再通过回收管道返回热源，进行循环使用。如此不断循环，从而不断将热量从热源送到室内，以补充室内的热量损耗，使室内保持一定的温度。

2. 社区系统架构图

图 1-24 为社区供热系统结构图。

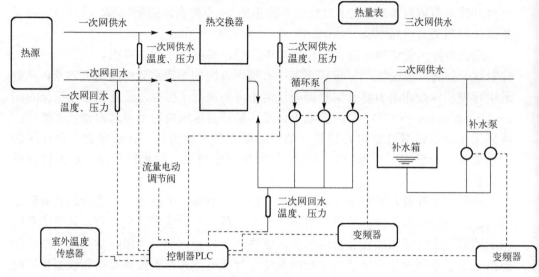

图 1-24　社区供热系统结构

3. 子系统介绍

1) 锅炉供暖系统工艺简介

整个燃气锅炉供暖系统的工作流程为：向燃烧器内供应天然气与空气的混合燃料，点燃后对锅炉内的水进行一次加热，同时，锅炉内的进口与出口的水是通过水温造成的重度差进行循环将热水传输给需要供暖的区域，对循环回来的冷水进行加热[32]。整个系统主要由管道内水循环和锅炉燃烧两部分构成。

管道内水循环：自来水经过过滤软化处理以后，经由分水器进入供暖管道内部，送入锅炉中，进行加热后，经由换热泵管网送至用户处用于取暖。经由用户处散热后，经过换热站，再次经由循环泵管网送至锅炉内加热。

锅炉燃烧系统：由鼓风机向燃烧炉内输送一定比例的天然气和空气，进行点燃后，对锅炉内的水进行加热。

2) 锅炉

锅炉是供热之源，主要用以产生蒸汽和热水。通常为区别用于动力和发电的动力锅炉，将工业和供暖用的锅炉称为供热锅炉。供热锅炉分蒸汽锅炉和热水锅炉两大类。

(1) 蒸汽锅炉中，蒸汽压力大于 70kPa 的称为高压锅炉，压力小于或等于 70 kPa 的称为低压锅炉。

(2) 在热水锅炉中，温度高于 115℃ 的称为高压锅炉，低于 115℃ 的称为低压锅炉。

(3) 低压锅炉可由铸铁或钢制造，高压锅炉则由钢制造。

　　锅炉所使用的燃料可以是煤、轻油、重油以及天然气和煤气等，使用煤作为燃料的锅炉称为燃煤锅炉，而使用油或气体作为燃料的锅炉称为燃油或燃气锅炉。

　　锅炉由锅与炉两部分组成，其中，锅是进行热量传递的汽水系统，由给水设备、省煤器、锅筒以及对流管束等组成；炉是将化学能转化成热能的燃烧设备，由锅炉、链条炉排炉、蒸汽过热器、省煤器、空气预热器等组成，如图 1-25 所示。

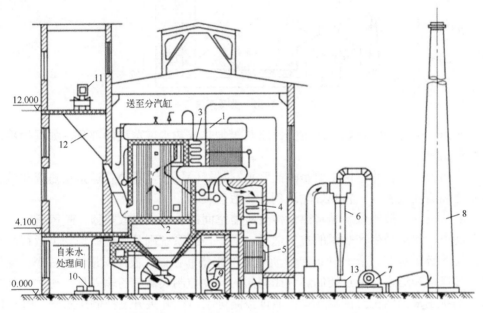

1—锅炉；2—链条排炉；3—蒸汽过热器；4—省煤器；5—空气预热器；
6—除尘器；7—引风机；8—烟囱；9—送风机；10—给水泵；
11—运煤传动带输送机；12—煤仓；13—灰车

图 1-25　锅炉房设备结构[5]

　　燃料在炉子里燃烧产生高温烟气，以对流和辐射方式，通过气锅的受热面将热量传递给气锅内温度较低的水，产生热水或蒸汽。为了充分利用高温热量，在烟气离开锅炉前，先让其通过省煤器和空气预热器，对气锅进水和炉的进风进行预热。

　　为保证锅炉的安全工作，锅炉上还应配备安全阀、压力表、水位表、高低水位警报器及超温超压报警装置等。

　　锅炉的技术性能如下：

　　①锅炉的容量是指锅炉在单位时间内产生热水或蒸汽的能力，单位为 t/h；

　　②工作压力是指锅炉出气(水)处蒸汽(热水)的额定压力，单位为 MPa；

　　③温度是指锅炉出气(水)处的蒸汽(热的水温)温度，单位为℃；

　　④热效率是指锅炉的有效利用热量与燃料输入热量的比值，它是锅炉最重要的经济指标，一般锅炉的热效率为 60%～80%。

4. 重要设备

供暖系统一般由热源、供热管网、散热设备三个主要部分组成，图 1-26 所示为供暖系统。

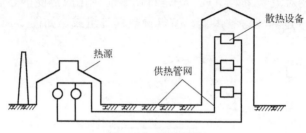

图 1-26　供暖系统

热源：热源使燃料燃烧产生热，将热媒加热成热水或蒸汽的部分，如锅炉房、热交换站等。

供热管网：供热管网主要是输热管道(热循环系统)，输热管道是指热源和散热设备之间的连接管道，将热媒输送到各个散热设备。

散热设备：散热设备是将热量传至所需空间的设备，如散热器、暖风机等。

其中，锅炉是生产热源的重要途径，锅炉控制系统则是实现锅炉安全运行与节能减排的必备系统。系统中 PLC 负责数据的采集和控制，被控变量共有三个：燃气量、鼓风量和送水。通过控制燃气比例阀的开度控制天然气的输入量；通过控制鼓风机的频率来判断空气的输入量；通过控制进水口的开关开度控制进水量。PLC 同时接收锅炉的上水位、压力和温度传感器数值，通过模拟量数据模块读入数据，进而控制锅炉的稳定运行。整个监控系统共有 97 个模拟量输入输出点，158 个数字量输入输出点。如表 1-3 所示，需要重点监测的报警信息如下。

表 1-3　系统监控变量统计表

变量类别	监控物理量	点数值	输入/输出信号
AI	锅炉压力	46	4～20mA
	锅炉水位		
	锅炉水温		
	烟道含氧量		
AO	供水阀开度	51	4～20mA
	鼓风机转速		
DI	鼓风机启停	63	0.24V
	燃气比例阀开闭		
	燃烧机启停		

续表

变量类别	监控物理量	点数值	输入/输出信号
DO	鼓风机启停	95	0.24V
	燃气比例阀开闭		
	燃烧机启停		

温度报警：对出水温度进行实时监测，出水温度与需求温度差值过大，进行报警提示。

除污器报警：除污器进出口差压过大时，进行报警提示。

漏水报警：根据补水流量、补水时间、回水压力情况判断外围是否出现漏水情况，及时进行报警提示。并可根据预设的最大功率进行异常报警。

水质报警：根据 pH 计、电导率仪对二次管网水质进行监测，异常自动报警。

液位报警：对软化水箱水位进行监测，并对超高、超低水位进行报警提示。

5. 安全技术介绍

1) 国外供热系统可靠性研究现状

北欧一些国家很重视热网可靠性研究，在设计阶段即考虑可靠性，开发的软件中也包含有可靠性分析内容。芬兰规定，热电厂出事故后，区域锅炉房必须满足供热负荷的 85%，锅炉房必须在热电厂出事故后 10 分钟内全负荷快速投入运行。在大型环网上采用区域热力站和分段阀组合形式实现故障工况下不间断供热，从而提高管网的备用水平；另外，还研究了修复过程对可靠性的影响，但可靠性评估方法采用的仍是不可修复系统模型。

2) 国内供热系统可靠性研究现状

我国关于热网可靠性的研究始于 20 世纪 90 年代，目前尚处于初级阶段。80 年代末开始见到有关译著和讨论阀门设置对可靠性影响的论文，国内学者大都是在苏联研究的基础上，对可靠性理论进行了更加深入的探索，取得了一些可实践的成果。

2000 年颁布的《城镇供热系统安全运行技术规程》(CJJ/T88)明确要求对大型供热系统应进行可靠性分析，可靠度不应低于 85%～90%。一些研究采用阀门网络的方法实现了用计算机求元件故障维修时的系统停供热量。还有学者对供热系统的故障率和可靠性指标进行了探讨，并对苏联建立的热网可靠性指标计算式进行修正，提出了故障频谱的概念，认为采暖期中每个月份的故障数对指标值的影响是不同的。

供热系统元部件故障率的研究在我国一直处于空白状态，这对研究供热系统可靠性无疑是一个障碍。国内学者提出了故障率计算方法，通过对北京市热力集团的调度日志和沈阳市铁西热网故障记录中的故障资料进行统计，给出了热网管道、阀门和套筒补偿器故障率统计值，为我国学者研究供热系统可靠性评价及工程应用提供了有力的支持。同时，在调研国内热网故障数据基础上提出了故障次数随月份变化这一可取的思想，发展出供热系统故障频谱这一新假设，具有很大的意义。它表明，供热系统元部件故障发生在不同月份所造成的系统的供热不足量是不同的，与该月份的室外平均温度有关。因此，故障频谱假设对定义系统的功能质量函数有直接影响，可靠性应用这一概念可使可靠性计算更加深入和细致。

部分学者对苏联的研究成果进行了进一步分析，探讨了作为月不可修复系统的热网系统可靠性指标，提出"月事故流参数"的概念。他们认为在采暖期不同月份运行时间内事故流参数分别保持为常数，对采暖期不同月份分别运用泊松分布公式，公式给出的供热系统可靠性评价指标是以全年总供热量为系统的功能质量指标，按采暖期各月份系统事故状态的不同指标所确定的事故流参数来计算的。该模型以采暖期不同月份运行时间内的室外平均温度为计算温度条件；系统的状态判据为：在采暖期不同月份运行时间内室外空气平均温度下，当故障元部件的修复时间超过供热系统的允许检修时间时，系统处于事故状态；该模型认为事故流参数在各个月份内分别具有稳定性，按月服从泊松分布，即认为事故在发生的月份内即可完成修复工作。可见该模型与俄罗斯的"年不可修复"模型相比，更细致一些，与系统的实际情况更接近。

国内学者应用概率与数理统计的方法分析区域热网运行的可靠性问题，推导出热网系统可靠性指标计算式，将可靠性指标规定为热网实际供出的热负荷与热网完好状态下要求供出的热负荷之比，并且对不同结构下的热力网可靠性进行了定量计算及分析。

一些学者在整个供暖系统进行抽象概括的基础上，通过建立数学模型，运用状态转移图的分析方法，从理论上导出复杂的串并联系统的综合故障率和综合修复率及整个供暖系统的可靠性参数，如可靠度、平均寿命等的计算式，并从纯数学的角度分析了复杂的供暖系统。但是所得出的结论：一是只从理论上通过状态转移图推导出并联系统及串并联系统的综合故障率和修复率的计算式；二是仅理论上推导出整个采暖系统模型的可靠度及初次故障前的平均寿命的理论计算式。

通过对北京、沈阳、哈尔滨及牡丹江的热网运行和故障情况进行调查统计，研究学者给出了这些城市热网的管道、阀门及波纹管补偿器的分管径故障率数据。对北京和沈阳热网的故障发生规律进行了管径频谱、年频谱及月频谱分析，发现中等管径(DN250~DN400)故障率最高，并指出北京和沈阳热网元件故障率可作为我国热网可靠性研究的参考数据。

一些学者将最大熵原理应用于热网元件的可靠性研究中，得到的热网元件故障概率密度函数分布是基于故障调查与统计数据偏差最小的分布，从而可为进一步用信息熵理论研究热网可靠性创造条件。王晓霞在其博士论文中针对多热源环状热网可靠性研究的特点，提出热网可靠性评估应采用可修复系统模型，引入了修复率的概念，采用状态空间法建立了可修复热网的可靠性评估模型；建立了热网可靠性评估指标体系，对热用户和网络系统分别制定了多个可靠性指标，从不同侧面全方位地描述热网的可靠性；对热用户供热可靠性进行了评估，提出通过计算热用户供热可靠性指标有利于发现热网的薄弱环节；研究了故障调度方案对热网可靠性的影响，认为热网故障工况采用只关闭故障元件所在的供水或回水管上的阀门，并且热用户实行限额供热的故障处理和调度方案可提高热网的可靠性。

综上所述，设计与建造一个可靠性的系统有两种方法可供选择，一种方法是提高系统元部件的质量，另一种方法是考虑备用元件。首先要考虑第一种方法，但是在技术上已经不可能再提高元部件的质量或者再提高元部件质量在经济上已经不合理的情况下，可以采用第二种方法。如果要求系统的可靠性高于元部件的可靠性，第二种方法就势在必行了。对于供热系统来说，可以采用双重备用、环状管网或分段管网等措施。多热源环状热网的设计正是基于以上考虑设计建造的。

随着热网技术的发展，特别是大规模的多热源环状管网的广泛应用，使热网的可靠性理论实践日益受到重视，可靠性评价和其他技术经济指标一样，成为评价系统优劣的重要指标。优化设计必须满足在系统技术可靠的基础上寻求最佳的经济方案。目前，可靠性评价的研究还不成熟，可靠性评价还是借鉴苏联的研究成果，我们国家还没有形成一整套的供热管网可靠性理论及可靠性评价指标可供利用。

1.3　研究课题与挑战

针对社区设备设施系统的安全风险，需要研究基于"智能物联"的社区设备设施运行在线监测、动态诊断和主动预警技术，以解决社区设备设施系统"端"至"云"的数据上传，以及不安全状态与风险征兆的早期辨识与发现；需要研究基于边缘计算的社区设备设施运行的主动容错和动态调控技术，以解决社区设备设施发生故障或异常情况的初始阶段如何进行风险规避与风险控制；需要研发基于本质安全的多种社区设备设施一体化运行监控装备，在硬件装备上提升对风险故障事故的抵御与预警能力，并打通社区水、电、气、热等各设备设施系统的"信息壁垒"；还需要研发社区设备设施安全运行的多层次、全周期风险管理系统软件，从而实现设备设施运行风险的一体化实时监测、自动报警、主动容错、智能防控。

在科技部国家重点研发计划项目"社区风险监测与防范关键技术研究"中，形成了以下研究技术路线，如图 1-27 所示。

1)基于智能物联的多类型社区设备设施一体化运行监控技术与装备

针对社区供配电、给排水、供暖、电梯、燃气、消防等重点设备设施，项目组研发了支持窄带物联网(narrow band internet of things，NB-IoT)、5G 与无线可寻址远程传感器高速通道(wireless highway addressable remote transducer，wireless HART)

等物联网通信协议的低功耗、低延迟实时监控装备。利用射频识别技术(radio frequency identification，RFID)、电子产品编码(electronic product code，EPC)等编码技术实现社区各类型设备设施的监控与管理；构建了社区设备设施的低延时、低功耗、本质安全的设备设施网络，实现基于智能物联和边缘计算的智能化社区设备设施实时监测监控系统。研发支持地理信息系统(geographic information system，GIS)、建筑信息模型(building information model，BIM)、北斗定位的社区设备设施的三维可视化实时监控装备。

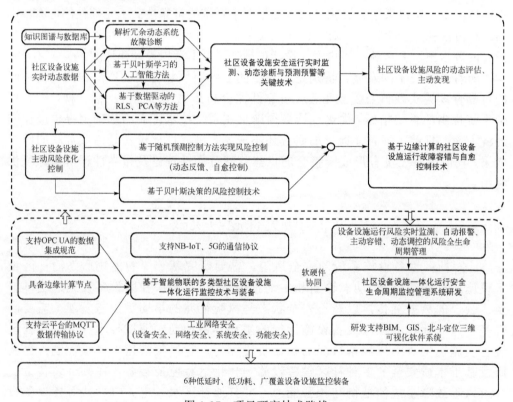

图 1-27　项目研究技术路线

2)社区设备设施安全运行实时监测、动态诊断与预测预警等关键技术

项目组研究了社区多类型设备设施安全运行的风险识别与评价方法，构建了社区设备设施安全运行的规则库、案例库与知识图谱；研究了基于设备状态监测和实时运行参数监测的数据驱动型故障诊断技术；还研究了社区不同类型设备设施运行状态间的关联关系及大数据分析方法，提出了基于贝叶斯理论的快速动态评估和预警预测技术，实现了社区设备设施安全从"故障检、周期检"到"风险检、智能检"的提升。

3）基于边缘计算的社区设备设施运行故障容错与自愈控制技术

针对社区设备设施一体化故障诊断与运行监控难题，项目组研究了基于多类型设备设施监测数据动态交互的边缘计算技术、设备设施运行的故障容错与自愈控制技术，实现了基于随机预测控制的社区多类型设备设施综合风险控制。

4）社区设备设施一体化运行安全生命周期监控管理系统研发

项目组研发了基于云平台的社区多类型设备设施一体化安全运行的大数据智能分析技术与动态防控软件系统，开发了设备设施安全生命周期的监控管理软件并集成封装，实现了社区多类型设备设施实时运行的在线监测、自动报警、主动容错、动态调控和智能防范。

1.4 本 章 小 结

本章首先对书中研究的"社区"与"设备设施系统"的概念进行了定义，明确了适用范围，进而简要介绍了社区设备设施系统的分类和主要功能，说明了社区设备设施系统在社区治理中的重要地位与作用；然后，详细介绍了对社区安全至关重要的六大设备设施系统的功能组成及当前现状；最后介绍了本书所依托科研项目的核心研究课题及挑战。

参 考 文 献

[1] 郭谋发. 配电网单相接地故障人工智能选线[M]. 北京: 中国水利水电出版社, 2020.

[2] 束洪春. 配网选线保护与故障定位[M]. 北京: 科学出版社, 2016.

[3] 徐丙垠. 配电网继电保护与自动化[M]. 北京: 中国电力出版社, 2017.

[4] 陶飞达, 黄智鹏, 王东芳, 等. 配电网故障智能诊断技术综述[J]. 机电工程技术, 2020, 49(1): 16-18.

[5] 张智慧, 董岩岩, 杨卫国. 物业设备设施管理[M]. 第 2 版. 北京: 北京理工大学出版社, 2015.

[6] 陈家盛. 电梯结构原理及安装维修[M]. 北京: 机械工业出版社, 1990.

[7] 庞浩浩. 曳引电梯结构动力学分析与性能研究[D]. 杭州: 浙江科技学院, 2021.

[8] 杨娜. 浅谈电梯安全系统与电梯常见事故[J]. 科技创新与应用, 2016, (8): 1.

[9] 李翔. 浅谈电梯的电气控制系统故障诊断及维修技术[J]. 技术与市场, 2020, 27(11): 2.

[10] 马鹏. 电梯曳引机制动器故障检测方法[J]. 设备管理与维修, 2021, (6): 32-33.

[11] 余承鹏. 电梯检验中安全钳和限速器相关问题探讨[J]. 中国设备工程, 2021, (23): 189-190.

[12] 崔闯, 赵鹏飞. 浅析新型电梯缓冲器的发展趋势[J]. 中国电梯, 2019, 30(22): 34-35, 37.

[13] 傅国德, 姬莉莉. 电梯电气控制系统故障和维修技术探讨[J]. 清洗世界, 2020, 35(12): 87-88.

[14] 肖家文. 电梯运行质量监测系统的研究与设计[D]. 苏州: 苏州大学, 2018.

[15] 董德泉, 赵清水, 李爱军. 北京市房山区二次供水卫生状况及对策[J]. 首都公共卫生, 2008, (5): 217-218.

[16] 李建宇. 二次供水改造工程与优质饮用水入户工程结合的做法探讨[J]. 中国给水排水, 2020, 36(24): 1-4.

[17] 王允志. 城市居民小区二次供水系统节能研究与优化[D]. 哈尔滨: 哈尔滨工业大学, 2018.

[18] 朱文兵, 马小英, 杨琼. 浅谈二次供水中存在的问题与对策[J]. 健康教育与健康促进, 2014, 9(2): 141-145.

[19] 马杰. 居民住宅二次供水设施提升改造工程[J]. 中国住宅设施, 2021, (2): 9-10.

[20] 李东敏, 袁建峰, 张岩. 二次供水安全问题及对策探讨[J]. 科技资讯, 2011, (19): 143.

[21] 张荣, 赵大余, 黄新生. 城镇二次供水卫生现状及发展趋势[J]. 预防医学情报杂志, 2001, (5): 346-347.

[22] 王小蔚. 二次供水存在的污染问题及对策[J]. 工会博览理论研究, 2009, (4): 63.

[23] 郭晶晶, 穆冬靖. 基于云技术的城市二次供水实时监控及预警系统探析[J]. 海河水利, 2020, (4): 64-66.

[24] 赵锂. 建筑与小区二次加压与调蓄供水水质保障技术[J]. 给水排水, 2020, 56(12): 1-5.

[25] 刘辛悦, 杨坤, 张薇薇, 等. 上海二次供水智能管理应用与实践[J]. 净水技术, 2019, 38(S1): 350-352, 395.

[26] 黄修玮. 住宅小区排水管道的设置及堵塞质量问题防控措施[J]. 黑龙江科技信息, 2015, (15): 218.

[27] 董富文. 某住宅小区室外给排水管网设计及关键问题研究[D]. 郑州: 中原工学院, 2015.

[28] 杨晓慧, 刘金涛, 柳学伟. 老旧小区排水设施改造策略研究[J]. 四川建材, 2018, 44(11): 245-247.

[29] 马艳, 周骅, 余凯华, 等. 排水管道(箱涵)检测及安全评估技术研究进展[J]. 净水技术, 2016, 35(S1): 147-149, 165.

[30] 张松, 孟均, 商旭光. 利用"互联网+"破解检查井井盖治理难题[J]. 市政技术, 2020, 38(4): 35-38.

[31] 白小晶, 冯江, 梁岩松, 等. 数学排水模型在管网养护中的应用[J]. 水电能源科学, 2020, 38(10): 79-82.

[32] 汪依锐. 锅炉供暖控制系统设计[J]. 工业控制计算机, 2021, 34(3): 129-130.

第2章 社区设备设施风险监测与防范理论

2.1 风险概述

2.1.1 风险简介

风险的直观理解是遭遇损坏的可能性以及造成的损失。尽管各领域对风险的定义存在很大差异，但基本思想是一致的，即考虑系统存在的不确定性因素，并且将风险视为研究对象无法达到既定目标或遭受最大损失的可能性。风险最早起源于金融行业，在金融行业中，人们常常将其定义为一种不确定性。对于一个金融产品或头寸，我们无法确定在未来某个时刻它的价值，这种不确定就称为风险。从近代保险业开始，风险在西方国家的投资银行、保险公司、商业银行等金融机构得到深化。

目前对风险的一般性定义为"未来结果的不确定性或损失，也即个人或群体在未来获得收益和遇到损失的可能性以及对这种可能性的判断与认知"。对于风险，其实质上是对不确定性的描述，这种不确定性是由总体情况的不确定或者损失的不确定所引起的。

2.1.2 风险测度

风险测度是指建立一套规则，将抽象的风险转化为具体的风险值，使得任何风险都对应一个数值。风险测度理论主要分为三类：

①以方差和风险因子等为主要测度指标的传统风险测度阶段；

②以现行国际标准风险测度工具——风险价值(value-at-risk，VaR)为代表的现代风险测度阶段；

③以条件风险价值(conditional value-at-risk，CVaR)为代表的一致性风险测度阶段。

1. 传统风险测度

传统风险测度工具包括：方差、半(下)方差、下偏矩(low partial moments，LPM)、久期(duration)、凸性(convexity)等，这些指标分别从不同角度反映了投资价值对风险因子的敏感程度，因此被统称为风险敏感性测度指标。风险敏感性测度指标只能在一定程度上反映风险的特征，难以全面综合地测度风险，因此只适用于特定的金融工具或只能在特定的范围内使用。

2. 风险价值（VaR）

VaR 是指在正常的市场条件、给定的置信水平以及给定的持有期间内，投资组合所面临的潜在最大损失。VaR 借助概率论和数理统计方法对风险进行量化和测度。它最大的优点是可以将多维风险映射为一个一维近似值，使得不同市场情况下的风险可以用一个通用的风险值表达出来，因此具有广泛的适用性。

但是 VaR 存在许多缺陷。首先，作为风险测度指标，VaR 不满足一致性风险测度公理中的次可加性公理，意味着当用 VaR 测度风险时，某种投资组合的风险可能会比各组成成分风险之和还要大，从而导致投资者不愿进行多样化投资；其次，VaR 不能衡量低概率高严重度事件带来的影响，与风险的含义——"发生可能性与后果严重性"存在一定差距；而且 VaR 求解过程中存在许多局部极值，这些缺陷决定着 VaR 并不是一种理想的风险测度指标。

3. 一致性风险测度

基于上述传统风险测度与风险价值测度的局限性，Artzner 等提出了一致性风险测度（coherent risk measure）[1]。他们认为一种良好定义的风险测度应该满足单调性、正齐次性、平移不变性和次可加性四条公理，并将满足这些公理的风险测度方法称为一致性风险测度。

①单调性：对任意的随机变量 $X \leqslant Y$，有 $\rho(X) \leqslant \rho(Y)$（$\rho(X)$ 代表对 X 的风险测度），即资产可能遭受的损失越大，则相应的风险值越大。

②正齐次性：对任意常数 $z \geqslant 0$，有 $\rho(zx) = z\rho(x)$，即风险值与投资的数额等比例变化。

③平移不变性：对任意常数 $b \geqslant 0$ 和随机变量 X，有 $\rho(X + br) = \rho(X) - b$（$r$ 为无风险收益率），表明确定性收益 r 的加入有助于降低风险。

④次可加性：对任意随机变量 U, V，有 $\rho(U + V) \leqslant \rho(U) + \rho(V)$，代表整体投资组合的风险不大于单项资产投资的风险之和，即采用投资组合策略能够降低风险。

一致性风险测度很快被风险测度理论界广泛接受，其中，CVaR 就是一类典型的一致性风险测度。CVaR 模型是指在正常市场条件下和一定的置信水平 α 上，在给定的时间段内损失超过 VaR 部分的条件期望值，如图 2-1 所示，其中，Mean 代表模型均值。相比于 VaR 指标，CVaR 更多地关注了低概率高严重度事件的影响，能更好地反映风险的本质，并且由于 CVaR 满足一致性风险测度的四条公理，可以基于 CVaR 进行多阶段动态风险测度，衡量未来一段时间内的总体风险水平，如图 2-2 所示。

图 2-2 中，$T_1 \sim T_n$ 代表时间阶段，简称时刻，T_i 即代表从当前时刻开始的第 i 个时刻（$i=1$ 代表当前时刻），$X_1 \sim X_n$ 代表各个时刻的系统状态，$J_1 \sim J_n$ 代表各个时刻的阶段损失，在随机因素作用下，阶段损失具有随机性，并服从潜在的概率分布。多阶段风险测度既要包含对当前阶段损失的衡量，又要对未来可能遭受的损失进行

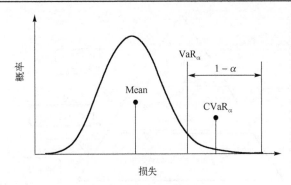

图 2-1　VaR 与 CVaR 示意图

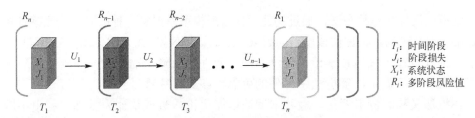

图 2-2　多阶段风险测度示意图

风险测度。即从 $T_i \sim T_j$ 的多阶段风险值等于 T_i 的阶段损失 (J_i) 叠加对未来 $j-i$ 个时刻可能的损失 $(J_{i+1} \sim J_j)$ 的风险测度,依次递推,即完成图 2-2 所示的多阶段风险测度过程。

　　风险测度理论仍需进一步提升和完善,有许多值得深入研究的课题。由于现有各种风险测度指标均存在一定的局限性,新的风险测度理论和建立在其之上的新的风险测度指标(性能优良、便于计算、合理检验)是今后值得深入研究的重点和方向。

2.1.3　风险评估方法

　　风险评估指对损失发生的概率以及其所造成的严重后果,进行提前分析与评估,因而具有预测性。因此,风险评估主要包含两个方面,一方面是评估事件出现的可能性,另一方面是评估事件后果的严重性。

　　根据风险评估的发展历程,专家学者主要从三个方向对风险评估进行研究,包括基于可靠性的风险评估、基于风险管理的风险评估,以及基于人工智能的风险评估方法[2-4],如图 2-3 所示。

1. 基于可靠性的风险评估

　　基于可靠性的风险评估是研究时间最长、理论较为成熟的一个领域,主要包括解析法与模拟法。

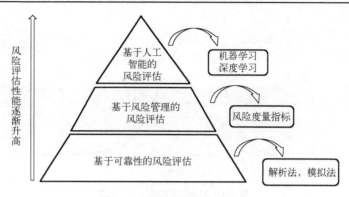

图 2-3　风险评估的主流方向

　　解析法又称状态枚举法,通过构建元件故障模型模拟每一种故障,依照某种特定的标准选取故障场景,评估该场景的后果,最后计算风险(如人因可靠性分析法[5,6])。解析法的优点在于采用数学模型刻画系统及元件的故障,物理意义明确,风险评估结果准确性高。但是,解析法中元件的可靠性参数往往难以获得。

　　模拟法又称蒙特卡罗法,蒙特卡罗法以概率论与数理统计为基础,利用不同抽样方法获得系统各元件状态或状态持续的时间,然后计算状态的响应,最后得到风险[7,8]。根据仿真元件状态是否考虑时间顺序,蒙特卡罗法可以分为序贯蒙特卡罗法和非序贯蒙特卡罗法。相比于解析法,蒙特卡罗法的抽样次数不受系统元件数量的影响,因此蒙特卡罗法更加适合大规模系统。序贯蒙特卡罗法可以模拟系统实际的运行过程,因此需要较多的运算时间和存储空间。非序贯蒙特卡罗法实现较为简单,但对元件故障率较为敏感,特别是当概率值较小时需要经过大量的抽样才能获得较为精确的结果。

　　2.　基于风险管理的风险评估

　　针对一些发生概率小,但是造成后果非常严重的事故,引入了风险管理的理念,一方面通过建立评估模型和评估指标来定性分析,另一方面通过实际数据计算各项指标,将定性分析(如风险矩阵[9, 10]、事件树分析[11, 12])与定量分析(如层次分析法[13,14])相结合。不同于传统基于可靠性的风险评估关注于系统的损失,基于风险管理的风险评估主要侧重于在新的场景下构建新指标以对风险进行评估。将 VaR 或者 CVaR 等风险测度指标引入风险评估中,利用金融领域的风险理论对风险损失和风险收益进行评估[15,16]。但是在确定指标权重的时候容易受到主观因素的影响,而且需要与实际系统的物理结构结合起来。

　　3.　基于人工智能的风险评估

　　随着人工智能技术以及硬件设备的发展,新的算法不断出现。最早,有学者尝试将人工神经网络应用到风险评估中,为风险评估提供了新思路。随后,机器学习的相关算法(如相关向量机、随机森林等)以及深度学习算法(如长短期神经网络(long short term memory network，LSTM)、卷积神经网络(convolutional neural network，CNN)、图神经网络等)都被应用到风险评估中。基于人工智能算法风险评估方法的优点在于不需要了解系统的结构，只需部分系统参数和风险评估结果就可以对网络进行训练，且具有良好的计算准确性和速度。但是，该方法严重依赖训练数据集，尤其当原始数据集出现偏差时，风险评估结果较差，且容易出现过拟合的现象。当然，新想法的出现丰富和完善了风险评估理论，但是这类方法还需要更深入的研究，距离实际运用依然有一定的距离。

2.1.4　风险控制

风险控制是在风险尚未发生或者已经发生时，采取一定的方法和手段，以减少风险损失、增加风险收益所进行的活动，风险控制常用的方法有风险分散、风险对冲、风险转移、风险规避、风险抑制、风险补偿等。其中，风险规避是在考虑到某项活动存在风险损失的可能性较大时，采取主动放弃或加以改变，以避免与该项活动相关的风险的策略[17]，是目前研究较为深入的方法之一。

　　1.　风险规避模型预测控制

风险评估为管理者提供风险的预测和预警，风险规避的策略往往需要管理者亲自制定和实施。最近有学者把一致性风险测度的思想与控制理论紧密结合，所设计的控制器可以在线计算风险值并实时给出风险规避策略。风险规避控制方法最早可以追溯到线性指数-二次高斯控制[18]和随机系统的分布式鲁棒控制方法[19]。随后Patrinos 等将风险测度应用于具有不确定转移概率的马尔可夫决策过程[20]。Chow 等将风险测度与预测控制相结合，研究了马尔可夫跳跃线性系统(Markov jumps linear system，MJLS)的风险规避预测控制方法，并探究了该控制方法下的系统稳定性条件[21]。在此基础上，Sopasakis 等将多阶段动态风险测度函数作为控制的目标函数，实现了对系统风险的动态测度与规避，并提出了一种解决多阶段风险优化问题的求解方法[22]。Hans 等进一步将多阶段风险规避的思想应用于孤岛微电网的运行控制中，预测新能源电源以及负荷的出力情况，有效降低了系统功率失衡的风险，使微电网以最佳方式运行[23]。

　　1)随机模型预测控制

在许多实际应用场景中，控制系统常常面临随机性和不确定性，若处理不当，会给系统带来明显的运行风险，严重时会导致系统的故障和崩溃。模型预测控制中针对随机性和不确定性，存在鲁棒模型预测方法和随机模型预测方法。在鲁棒模型预测中，将错误或干扰视作有界未知量进行建模，考虑在最坏情况下依然保证系统稳定[24]。然而，这种方法会过度牺牲系统性能，许多情况下过于保守。

随机模型预测控制(stochastic model predictive control,SMPC)是利用系统动态模型,预测其可能的未来发展,并选择"最佳"控制措施的一种控制方法。在 SMPC 中,假设潜在的不确定性是遵循某种概率分布的随机变量,并将控制目标设定为与该随机变量相关的统计量(如期望、方差等)[25],求解最优的控制率以有效应对随机性的干扰。通常假设随机变量服从正态分布[26],或者假设它是一个有限的马尔可夫过程[20]。

通常,SMPC 的数学定义为

$$\min_{u} \quad E_w\left[\sum_{k=0}^{N-1}\ell(\boldsymbol{y}_k,\boldsymbol{u}_k,w_k)\right]$$

$$\begin{aligned}
\text{s.t.} \quad & \boldsymbol{x}_{k+1} = \boldsymbol{A}(w_k)\boldsymbol{x}_k + \boldsymbol{B}(w_k)\boldsymbol{u}_k + f(w_k) \\
& \boldsymbol{y}_k = \boldsymbol{C}(w_k)\boldsymbol{x}_k + \boldsymbol{D}(w_k)\boldsymbol{u}_k + g(w_k) \\
& \boldsymbol{u}_{\min} \leqslant \boldsymbol{u}_k \leqslant \boldsymbol{u}_{\max} \\
& \boldsymbol{y}_{\min} \leqslant \boldsymbol{y}_k \leqslant \boldsymbol{y}_{\max} \\
& \boldsymbol{x}_0 = \boldsymbol{x}(t)
\end{aligned} \tag{2-1}$$

其中,w_k 是随机扰动、$\boldsymbol{x}(t)$ 为过程状态、$\boldsymbol{u}(t)$ 为操纵变量、$\boldsymbol{y}(t)$ 为受控输出,$\ell(\boldsymbol{y}_k,\boldsymbol{u}_k,w_k)$ 为最小化性能指标。上式表达的含义是,在满足等式约束(状态空间方程)和不等式约束(输入量和输出量的上下限)的前提下,求解性能指标的最小数学期望值,以及对应的控制率。

2) 风险规避模型预测控制

风险规避模型预测控制(model predictive control,MPC)是在 SMPC 的基础上,结合条件风险值 CVaR 得到的。相比于 SMPC,风险规避 MPC 有良好的尾部估计作用,可以更好地应对低概率高严重度事件的影响,有效降低系统风险。

风险规避框架基于 CVaR 与 Lyapunov 理论,定义了风险稳定性的概念,建立了风险大小与系统稳定性之间的联系;并将多阶段动态风险测度与模型预测控制的多步预测相统一,以多阶段风险测度函数为目标函数,在连续的控制下逐步降低系统风险,有效保证了系统的安全稳定运行。

风险规避的数学定义为

$$\min_{\pi_{k+h|k}} \quad J^i(\boldsymbol{x}_{k|k}, \pi_{k|k}, \cdots, \pi_{k+N-1|k})$$

$$\begin{aligned}
\text{s.t.} \quad & \boldsymbol{x}_{k+N-1|k} = \boldsymbol{A}(w_{k+h})\boldsymbol{x}_{k+h|k} + \boldsymbol{B}(w_{k+h})\pi_{k+h}(\boldsymbol{x}_{k+h|k}) \\
& \pi_{k+h|k}(\boldsymbol{x}_{k+h|k}) \in U, \quad \boldsymbol{x}_{k+h+1|k} \in X, \quad h \in \{0,\cdots,N-1\} \\
& \boldsymbol{x}_{k+N|k} \in \varepsilon_{\max}(\boldsymbol{W}), \quad \boldsymbol{x}_{k+h+1|k} \in S
\end{aligned} \tag{2-2}$$

其中,J 代表多阶段风险目标函数,$\boldsymbol{A},\boldsymbol{B}$ 表示控制模型的状态矩阵和输入矩阵,$\boldsymbol{x}_{k+h|k}$ 表示在 k 阶段预测的 $k+h$ 时刻的状态,$\pi_{k+h|k}:X \rightarrow U$ 表示在 k 阶段确定的要在 $k+h$

时刻处应用的控制策略。U 为凸约束集，$\varepsilon_{\max}(W) = \{x \in \mathbf{R}^{N_x} \mid x^{\mathrm{T}} W^{-1} x \leqslant 1\}$ 为满足风险稳定性的终端约束集。上式的含义是，在满足状态方程约束、输入输出约束以及风险稳定性约束的前提下，求解多阶段风险目标函数的最小值以及相应的控制率。将求得的控制率作用于系统，可以实现降低系统风险与保证系统稳定性的统一。

2. 基于博弈论与可达性的风险控制

工程系统(如通信网络、交通控制系统等)、金融、工业过程以及自然系统(如生物和生态环境)等复杂系统，均由大量的异质组件构成，且异质组件之间存在复杂的相互作用，这类系统具有明显的随机混杂特性，随机混杂模型是描述此类系统的经典方法。相比于确定性系统，随机混杂系统的分析和控制更为复杂。可达性理论是实现随机混杂系统安全性控制的重要途径。

1) 可达性

可达性是经典控制理论中的一个重要课题。可达性是指从给定的一组初始条件开始，评估系统的状态是否会在某个时间范围内达到某一集合。在安全控制问题中，系统应该保持在状态空间的安全区域内，并且通过控制作用避免进入不安全区域。在确定性环境中，可达性是一个"是"或"否"的问题，即从给定的一组初始状态开始计算系统是否会达到某一组初始状态；但随机环境中，来自每个初始状态的不同轨迹具有不同的可能性，需要评估的是系统从初始状态集合上的某个初始分布开始到达指定集合的概率。系统的演变可以通过控制输入进行影响，从而尽量降低系统状态进入不安全集的概率。

2) 可达性与安全控制的关系

20 世纪 90 年代末，Lygeros 等强调了确定性混杂系统的可达性、安全性和动态博弈之间的联系[27]，在应对飞行器冲突问题的推动下，将"控制器"和"环境"视为是博弈双方，设计了一种综合混杂系统控制器以满足安全性需求。

2004 年，Lygeros 指出了可达性(以及相关的概念，如安全性或生存能力)与确定性问题的最优控制之间的联系[28]。连续和混杂系统的可达性问题可以表述为最优控制或博弈论问题，通过偏微分方程的变体进行求解。

3) 基于博弈的可达性

动态博弈环境下分析离散时间随机混杂系统概率可达性和安全问题，通常考虑有限水平零和随机博弈，正方要保证控制状态顺利到达目标集合，同时避免进入状态空间中的不安全集，而对手具有相反的目标，在此基础上寻求实现控制目标的最大概率。

Alessandro 等研究了含控制输入的离散时间随机混杂系统在有限时域内的概率可达性问题，并将可达性问题与随机控制框架相结合，得出了在随机因素作用下、依然使系统保持在安全状态的控制策略[29]。Jerry 等提出了一种实现最大概率可达的控制算法,利用 min-max 指标,考虑博弈反方最差表现即最坏情况下的可达性实现问题,综合考虑了最优控制策略和最坏情况干扰策略[30]。

博弈论和可达性的结合,可以使系统在面临风险事件时依然保持在安全状态,或者以最大概率从不安全状态转入安全状态,实现对系统的风险控制。

2.2　社　区　风　险

2.2.1　相关数学基础

1. 风险函数

描述风险有两个变量,一是事件发生的概率或可能性(probability),二是事件发生后对项目目标的影响(impact)。风险可以用一个二元函数描述:$R(P,I) = P \times I$,其中,P 为风险事件发生的概率;I 为风险事件对项目目标的影响。

风险的大小或高低既与风险事件发生的概率成正比,也与风险事件对项目目标的影响程度成正比。

2. 风险影响

按照风险发生后对项目的影响大小,可以划分为五个影响等级,如表 2-1 所示。

表 2-1　风险的影响

影响等级	对项目目标影响程度	表示
严重影响	整个项目的目标失败	S
较大影响	对项目整体目标造成严重影响	H
中等影响	对目标造成中等影响,部分影响整体目标	M
较小影响	部分目标受到影响,不影响整体目标	L
可忽略影响	部分目标影响可忽略,不影响整体目标	N

3. 风险概率

按照风险因素发生的可能性,可以将风险概率划分为五个档次,如表 2-2 所示。

表 2-2　风险的概率档次

概率等级	发生的可能性	表示
高	81%~100%,很有可能发生	S
较高	61%~80%,可能性较大	H
中等	41%~60%,在项目中预期发生	M
较低	21%~40%,不可能发生	L
低	0~20%,非常不可能发生	N

4. 风险评价矩阵

风险的大小可以用风险评价矩阵(probability impact matrix,PIM),也称概率-影响矩阵来表示。它以风险因素发生的概率为横坐标,以风险因素发生后对项目的影响大小为纵坐标,如图 2-4 所示。

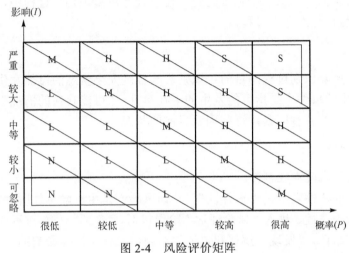

图 2-4　风险评价矩阵

5. 风险等级

综合考虑风险事件的发生可能性和后果严重性,将风险划分为五个等级,如表 2-3 所示。

表 2-3　风险等级

风险等级	发生的可能性和后果	表示
重大风险	可能性大,损失大,项目由可行转变为不可行,需要采取积极有效的防范措施	S
较大风险	可能性较大或者损失较大,损失是项目可以承受的,必须采取一定的防范措施	H
一般风险	可能性不大或者损失不大,一般不影响项目的可行性,应采取一定的防范措施	M
较小风险	可能性较小或者损失较小,不影响项目的可行性	L
微小风险	可能性很小且损失较小,对项目的影响很小	N

2.2.2　社区风险识别

1. 概念

"社区风险识别"是社区风险监测与防范流程中的重要术语,其定义为:"发现、辨认和描述社区风险的过程"。其中,社区风险识别包括对风险源、事件及其原因和潜在后果的识别。社区风险识别可能涉及历史数据、理论分析、专家意见、有见识的意见以及利益相关者的需求。

"社区风险监测与防范"过程通常包含四个子过程,即"社区风险识别""社区风险分析""社区风险评价"和"社区风险防范",本节重点介绍第一个过程——"社区风险识别"过程,其余过程将在后续小节进行介绍。"社区风险识别"是回答"社区风险监测与防范"的第一个基本问题。在"社区风险识别"过程中,应实施"监测与评审""咨询与沟通"过程。

2. 目的

实施社区风险识别过程的目的:识别影响社区安全状态的可能发生的事件或情况。"可能发生的事件"是指可能发生的潜在事件;"可能存在的情况"是指与可能发生的事件有关的各种因素,这些因素目前的状况。

3. 主要内容

1) 识别社区风险潜在事件

社区风险的特性之一是"事件性",一切风险都是由风险事件所触发的。因此,在实施风险管理过程、进入"风险评估"阶段以后,"风险识别"过程就是要识别可能发生的潜在事件,"发现、辨认和描述"对组织目标可能有影响的一切潜在事件。识别可能发生的潜在事件是"风险识别"过程的中心任务,是风险评估过程的开端,是实施风险分析、风险评价过程的必要前提。不仅在风险评估阶段,即使在企业整体的风险管理中都具有极其重要的意义。

风险识别的四项主要内容为风险源、事件、原因、潜在后果。其中,"事件"是核心,只有明确了事件,使风险源、风险发生的原因、潜在的后果有了具体所指,才能针对特定的"事件"去识别风险源、发生的原因、潜在的后果。按照术语"事件"的定义,应注意可能发生的事件与组织目标的相互关系。

2) 识别社区风险源

"风险源"为风险管理领域中的术语,定义为:"可能单独或共同引发风险的内在要素"。风险源可以是有形的,也可以是无形的。在识别潜在事件的基础上,针对特定的事件,识别事件的"风险源"。

对一个社区而言,应识别风险源是"内部"的,还是"外部"的。识别风险源的"内部""外部"对社区安全具有重要的实际意义。当"风险源"为"内部"时,社区可从源头上提出相应控制措施,实现改变风险事件发生的目的(这部分内容是组织实施风险管理的重点)。当"社区风险源"为"外部"时,社区不可能从源头上提出任何控制措施而对事件的发生施加影响,只能是被动的"响应"。

3) 识别社区风险原因

识别社区风险原因即识别潜在社区风险事件发生的原因。应注意区分"风险原因"与"风险源"两个不同概念,其中,"原因"一词对应的英语单词是"cause","风险原因"是指诱发风险事件的原因,是什么原因导致了风险事件的发生,所回答的问题是"为什么(why)";"源"对应的英语单词是"source","风险源"是诱发风险事件发生的载体,所回答的问题是"什么(what)"。以"地震"事件为例,我们容易理解发生某次地震的"震源"与产生地震的"原因"是不同的概念。在某些情况下,对特定的风险事件,"风险源"与"风险原因"可能不易区分。

在社区风险监测与防范中,还涉及风险"可控"或"不可控"的概念。所谓"可控"就是社区风险事件的"风险源"或"风险原因"在组织内部,社区可针对风险源或风险原因制定相应的控制措施,甚至改变风险源或风险原因,从而使事件的发生在组织的"控制"之下。而"不可控"就是社区风险事件的"风险源"或"风险原因"在组织外部,组织不可能制定相应的控制措施改变风险源或风险原因,一般情况下也并不清楚风险源和风险原因是什么,也就不可能针对风险源或风险原因提出相应的控制措施。对这种"不可控"的风险,不可能通过对风险源或风险原因采取措施来管理风险,而只能通过风险后果对组织自身的影响程度来实施管理。

4) 识别后果

在识别潜在社区风险事件的基础上,对风险事件可能造成的后果进行识别。识别事件的后果可能与风险源、风险原因有关,不同的风险源、风险原因可能造成不同的后果。

社区识别事件的后果应注意后果对社区目标的影响。只有对社区目标有影响的后果才是社区要识别的后果。在对社区事件后果的识别中,还有一项重要的工作,需要对一个事件后果的可能"形态"做出识别。后果的"形态"指事件后果可能导致结果的种类划分。一个社区风险事件发生后,其后果的形态通常不是一种,社区应对事件后果的多种形态进行识别,尤其要识别重要的后果形态。以地震事件为例,其发生以后,人员伤亡、信息中断、房屋倒塌、桥梁受损、公路破坏、环境污染、堰塞湖威胁等都是地震后果的可能形态。后果形态可能是有形的,也可能是无形的(如以上地震后果中的"信息中断")。从管理上来讲,区分不同形态,关注重要形态具有重要的实际意义。

在一个社区事件发生后,可通过连锁效应使原有的后果升级。对此,社区应给予识别。

"社区风险识别"过程只是"发现、辨认、描述"可能的社区风险后果,并不涉及社区风险后果的"严重程度"问题。社区风险后果的严重程度要通过"风险分析"过程来解决。可以说,社区风险识别过程是对风险后果的"定性"识别,而对后果严重程度的"定量"认识是"社区风险分析"过程中的内容。还应注意到,在"社区风险识别"过程中，要识别事件的"后果"，但没有识别事件发生"可能性"的内容。"可能性"不是识别的内容，而是分析的内容，要通过"风险分析"过程来获得事件发生的"可能性"。

5）识别后果的影响范围

在识别社区事件后果的基础上，识别后果可能影响的范围。其中，包括影响的范围有多大，是局部的、还是整体的。

①按工作职能分，可能影响的业务单元、部门、层次、人员等。

②按空间分，可能影响的区域、地点等。

③按时间分，影响的时间期限。

应识别可能影响到的社区的各种利益相关方，尤其应关注对外部利益相关方的影响。

6）识别后果的性质

后果的性质就是社区风险事件的后果对组织目标影响的性质，在确定组织的目标以后：

事件的后果对社区有正面的影响——机会，则后果具有正面的性质；

事件的后果对社区有负面的影响——威胁，则后果具有负面的性质。

应注意，必须在确定目标的前提下，才能判定后果的性质。某一事件的后果对一个目标而言，其性质可能是正面的，但对另一个目标，其性质可能是负面的。一个事件可能有多种后果，一些后果对目标的影响可能是正面的，但另一些后果对社区的影响可能是负面的。

7）识别控制措施

在识别风险事件、风险源、风险原因、潜在后果及其影响的范围、性质以后，应立即识别对该风险事件的控制措施。在风险识别阶段，对控制措施的识别包括两个方面：

①对该风险是否已制定了控制措施，控制措施是什么？

②如已制定了控制措施，该措施是否还在执行？

注意，一旦风险被识别，应立即采取相应的控制措施，满足以上两项要求。这样做十分必要，因为对识别出的风险，随时都有可能发生，而一旦发生，就可能对组织的目标产生影响。在这一意义上，需要对控制措施进行识别。未被识别出的风险当然不存在识别控制措施的问题，这就是识别风险为什么要"全面"的意义所在。

4. 风险识别应关注的重要方面

以上已论述了风险识别过程所包含的主要内容。除此以外，组织在实施风险识别时，还应关注以下重要方面。

1) 风险识别的全面性

实施社区风险识别过程的一个重要原则是识别的"全面性"，即尽可能全面地、完整地将风险识别出来，并将其列入"风险清单"。组织关注风险识别的全面性十分重要，因为在风险识别过程中未被识别的风险将不会进行后续的"风险分析"，当然也就不可能进入"风险评价"的范围。在风险识别过程中所遗漏的风险对组织而言可能意味着潜在的影响，一旦发生，将失去对风险的控制。对风险识别全面性的把握可从如下几点入手。

(1) 风险评估的范围。

应在确定社区风险评估的范围内实施风险识别(风险评估的范围与其所涉及的业务过程密切相关)。

(2) 社区风险事件的后果与目标的联系、对目标的影响程度。

(3) 社区的资源情况、对风险识别过程结果的预期。

(4) 历史的经验。

2) 风险识别的重点性

与"全面性"相对应是"重点性"。对社区风险监测与防范过程而言，存在着众多影响安全实现的不确定性，这些不确定性对目标的影响程度也会有很大差别。因此，社区在识别风险时，必须平衡"全面性"与"重点性"之间的关系。在坚持"全面性"的基础上，突出风险识别的重点，关注对目标有较大影响的特殊风险、重大风险、系统风险，以及它们的风险源、风险原因、后果的影响范围。对风险识别"全面性""重点性"的正确把握在很大程度上取决于风险评估人员对组织或特定业务过程的熟悉程度和理解程度。

3) 识别风险与识别风险源、风险原因的关系

社区风险识别包括对风险事件、风险源、风险原因的识别，但从识别的角度讲，这之间并不构成必然的联系。这就是说，不一定在已识别风险源、风险原因的前提下来识别社区风险事件。对社区而言，风险识别中识别出风险事件是最为主要的。风险的风险源、风险原因经常是不明显的，社区难以识别，有些风险事件的风险源、风险原因并不在组织内部，或根本不在组织的控制之下，但社区不能因此而放弃对风险事件的识别，因为该风险事件仍有可能影响组织目标的实现。如对全球性的金融危机而言，其风险源、风险原因显然与一个特定的经济实体无关(如一家玩具企业)，但这一风险事件爆发后，将严重影响到这一实体。

4) 关注风险的传输作用

组织对风险的管理，一是要管理风险本身，二是要管理风险的"传导链条"，尤其对系统性风险，管理好"传导链条"是重中之重。经济全球化下不确定性加剧的一个重要体现是系统性风险日益突出，而系统性风险的最突出特征就是其极大的传输作用。2008 年爆发的世界金融危机、美国大停电事件等无一例外都是系统风险的

发生，影响范围之大、后果之严重，实属罕见。在这种环境下，组织必须保持高度的警惕性，识别系统风险。

5）关注风险的两种极端情况

在风险识别中，应关注两种极端的情况：一种是风险发生的可能性很低，但一旦发生，其后果极为严重；另一种是发生的可能性很高，但每一次发生的风险后果严重程度很低。无论是第一种情况下的后果极其严重，还是第二种情况下的频繁发生所带来的后果累积效应，都会给组织造成重大影响。

2.2.3　社区风险分析

1. 概念

"社区风险分析"为社区风险管理领域中的重要术语，定义为："理解社区风险特性、确定风险等级的过程"。社区风险分析是风险评价和风险应对决策的基础，是"社区风险监测与防范"的第二个过程，为社区风险识别与评价的过渡过程。

在"社区风险分析"过程中，应实施"监测与评审""咨询与沟通"过程。从"风险分析"术语的定义看，风险分析过程主要有两个任务，一个是对风险特性的理解，这可以通过风险分析中的各项内容而实现，另一个就是确定"风险等级"。

风险分析的概念指出了"风险分析"过程与"风险评价""风险应对"过程之间的关系，"风险应对"的核心是"决策"。

在"风险分析"过程中，有时需要对风险进行数值估计。在论及风险等级 R 时要结合考虑后果 C 和可能性 P，故要求 C、P 一定是定量或半定量的，这就需要在实际工作中对 C 和 P 的数值进行估计，以获得风险等级 R 的数值。正是基于对数值的估计，才能够深化对社区风险特性的理解。

2. 目的

社区风险分析的目的是：通过社区风险分析过程建立对社区风险的理解，为社区风险评估、决策是否有必要进行风险应对、选择最恰当的风险应对战略和方法提供输入。

"社区风险分析"是"风险评价"的关键，只有通过"风险分析"过程才能建立、加深对风险的理解。如风险后果的严重程度、发生的可能性等。在社区风险管理过程中，"社区风险分析"是"建立对风险理解"的最重要过程。只有获得了对风险的全面、正确的理解，才能为风险评价、决策是否有必要进行风险应对、选择最恰当的风险应对方式提供输入。

3.　主要过程

1) 分析潜在事件、风险源、风险原因

在"社区风险识别"过程中已经对可能发生的风险事件、风险源、风险原因进行了识别，"社区风险分析"是从"分析"的角度，对风险事件、风险源、风险原因进行分析。

一方面是对在"风险识别"过程中已识别的风险事件、风险源、风险原因进行分析，得出是否正确、合理的结论。在社区风险分析过程中，是要对已识别的内部或外部的风险源、风险原因进行分析，分析的内容包括：风险源、风险原因处于组织内部或外部的结论是否正确；所识别的风险源、风险原因是否正确。

另一方面，风险识别过程中可能对风险事件、风险源、风险原因的识别有所遗漏，通过"风险分析"过程对风险事件、风险源、风险原因的"全面性"进行分析，得出是否全面的结论。

2) 分析风险后果

在识别社区风险事件后果的基础上，对社区风险事件可能造成的后果进行全面分析。分析后果包括以下内容。

(1) 后果的性质。

对特定的过程目标，事件后果对目标的影响是正面的，还是负面的。

(2) 直接后果与间接后果。

哪些是事件发生后所造成的直接后果，哪些是由直接后果而导致的间接后果。分析直接后果与间接后果有利于组织选取正确的应对方式。

(3) 后果的形态。

在"社区风险分析"过程中，当进行后果分析时，应在风险识别阶段中对后果形态识别的基础之上，对后果的可能形态进行分析。对后果形态的分析包括：形态划分是否正确，如有形的、无形的、生命的、伤害的、产品质量的、经济的、声誉的、品牌的、资产安全的、进度的、文化的、组织结构的等。

对后果形态分析还有一项重要的内容，就是要对后果形态的"重要性"进行分析，并得出结论。

(4) 后果的影响范围。

在对后果的性质和形态分析的基础上，准确判断风险事件后果可能的影响范围，为分析后果严重程度以及后续采取相应举措奠定基础。

(5) 后果的严重程度。

对风险事件后果严重程度的分析是"风险分析"过程中的重要内容。

在社区风险分析过程中，将按照已建立的"社区风险准则"，对风险清单中的所有风险进行后果大小的分析，得到风险后果的严重程度。本书以 C 来表示后果的严重程度，C 所具有的数值即体现了风险后果的大小。

(6)后果的升级。

分析在社区风险事件发生后,后果通过传输作用、连锁效应使原有后果的严重程度升级、升级的程度和范围。

3)分析发生的可能性

在识别风险事件基础上,对事件发生的可能性进行全面分析。分析发生的可能性应注意以下内容。

(1)分析发生可能性的时机。

分析发生的可能性应在识别并确定潜在风险事件、风险后果之后进行。

(2)分析发生可能性的范围。

对风险清单中的任一风险事件,均应进行发生可能性的分析。

(3)发生可能性的严重程度。

对风险事件发生可能性的分析是"风险分析"过程中重要的内容之一。在风险分析过程中,将按照已建立的"风险准则"(指"P"准则),对风险清单中的所有风险进行发生可能性大小的分析,得到发生可能性的严重程度。本书以 P 来表示发生可能性的严重程度,P 所具有的数值即体现了风险发生可能性的大小。

在以上对事件后果严重程度的分析中,指出了要对后果所含有的不同形态进行严重程度的分析,作为与"后果"并重的发生"可能性",在分析其严重程度时,一般只针对社区风险事件,而不再区分不同的形态。因为在通常情况下,事件发生的可能性(即 P 值的大小)就是后果中各种形态发生的可能性(P 值是相同的)。

如对地震事件,某级地震在某区域发生的可能性与地震发生后其后果中某一形态(如生命死亡)发生的可能性是相同的(地震一发生,这一后果形态就伴随发生),只是后果中不同形态的严重程度可能有很大的差别。当然,这里是指一般情况,可能在某种特殊情况下,不仅要区分后果形态的严重程度,还要针对不同的后果形态分析其不同的发生可能性。

4)分析影响后果、可能性的各种因素

由于"后果"和"可能性"是风险的两个最突出特征,所以分析可能影响"后果"和"可能性"大小的各种因素就显得尤为重要。通常可通过改变这些因素而改变风险及其大小。在影响因素的分析中,划分可控因素(通常在组织内部)和不可控因素(通常在组织外部)十分重要。

5)确定风险等级

如果用 R 来表示风险等级,用 P 来表示发生的可能性,用 C 来表示后果,则风险等级 R 的一般表达式可写为

$$R = R(P,C) \tag{2-3}$$

其中,风险等级 R 是可能性(P)和后果(C)二者的函数,综合考虑可能性 P 和后果

C 可以获得风险等级 R 的大小。

可以看出，P 值、C 值体现了风险事件发生可能性大小和后果大小的严重程度，但并不能体现风险的大小。只有将 P 和 C "结合"起来，确定"结合"的方式，"风险等级"才有了明确的意义，风险的大小也就有了确定的意义。

6) 评价控制措施

在社区风险识别阶段，我们已指出了识别控制措施的两个方面：

①对该风险是否已制定了控制措施，控制措施是什么？

②如已制定了控制措施，该措施是否还在执行？

"社区风险分析"过程继"社区风险识别"过程之后，在识别控制措施的基础上，对控制措施延续如下分析内容：

①控制措施对风险分析的影响；

②控制措施的有效性和效率。

"社区风险识别"中提出了为什么要识别控制措施的问题，这里又提出了要对控制措施进行评价。事实上，控制措施不仅是风险识别、风险分析中的重要内容，也是风险评估过程的重要内容，且在整个风险管理过程中具有极其重要的地位。

7) 初步分析

以上所论述的风险分析是按照"风险管理过程"的安排而进行的风险分析，是一种常见的、常规的、按程序的风险分析。在实践中，还有一种被称为"初步分析"的风险分析。初步分析是对风险事件进行筛选，识别出最重大的风险或把不太重要的、较小的风险排除。

初步分析的目的是确保组织的资源能聚焦于最重要的风险。

通过初步分析可以决定以下几点。

(1) 无须进一步评估就决定实施风险应对。

无论从历史经验、还是从组织的实际情况看，有些风险并不一定需要经过"建立环境"和"风险评估"的过程以后，再根据风险评估后所得到的重要性而决定是否实施风险应对，对其进行风险应对是"显然"的，是"共识"的，应当立即实施风险应对。这里"显然"和"共识"应建立在"初步分析"的基础之上。

对待这种"无须进一步评估就决定实施风险应对"的风险，组织应建立"初步分析"的"机制"。

(2) 搁置暂不需要应对的不重要风险。

通过"初步分析"，还应决定那些风险"暂时"是不重要的，并不需要立即实施风险应对。

(3) 继续进行更细致的风险评估。

对某些风险，不能通过"初步分析"来决定立即实施风险应对，或不需要立即实施风险应对，而是需要对其进行"更细致"的风险评估。

　　通过以上对"初步分析"的说明，我们可从中受到启发：在"正式"的"风险分析"之前，应有一个"初步分析"过程。"初步分析"的中心任务是要决定哪些风险需要立即实施风险应对、哪些风险不需要立即实施风险应对。当对一些风险不能决定是否进行风险应对时，应进入"正式"的风险评估过程。

　　4. 风险分析应该关注的重要方面

　　以上论述了社区风险分析过程所包含的主要内容。除此以外，社区在实施风险分析时，还应关注以下重要方面。

　　(1)深入对业务过程的理解。

　　风险分析的目的是要建立对风险的理解，但对风险的理解，不仅仅取决于对风险本身的理解，更依赖于对该风险所涉及的业务过程的理解。根据风险管理的"嵌入性"，社区风险分析一定是对社区风险监测与防范过程中进行的社区风险分析，风险的特性与业务过程密切相关，只有熟悉、理解特定的业务过程，才能在业务过程的"环境"下实现对风险的深入理解。

　　(2)风险分析应反映过程输出的作用、目的。

　　在"风险分析"术语中已明确了"风险分析"为风险评价和风险应对的决策提供基础。因此，在风险分析时，必须要考虑到风险分析过程输出的作用和目的。"风险评估"的核心问题是确定风险的重要程度，"风险应对"的决策包括决定哪些风险有必要进行应对、应对的优先顺序和所选择的应对方式。风险分析的内容和结果应满足这些要求。

　　(3)风险分析所采用的度量标准应与风险准则相一致。

　　社区风险后果、发生可能性的结合方式、确定风险等级的要求是组织风险准则中的重要内容。在确定风险等级时，应与风险准则的要求相一致。

　　在一些特殊情况下，对风险分析的内容未建立风险准则时，组织应适时建立风险准则，并记录这些风险准则的建立基础。

　　(4)风险等级的先决条件、假设、敏感性。

　　在社区风险分析中，确定风险等级是重要的一项内容，是对"社区风险评估"过程重要的输入。风险评价过程是在这一基础上进行风险的重要性划分。因此，研究并确定风险等级的先决条件、假设，及其敏感性分析至关重要。

　　(5)风险分析的详略程度。

　　风险分析的详略程度没有统一的标准，组织应根据自身的情况，确定风险分析的详略程度。确定风险分析详略程度应考虑的主要因素有：

　　①业务过程的复杂程度及其对业务过程的熟悉、理解程度；

　　②风险的复杂程度；

　　③组织的资源，如可获得信息、可参与的专家等情况；

　　④与风险评价相适应的风险分析的输出目的。

2.2.4　社区风险评价

1. 风险评价概述

"风险评价"是风险管理领域的重要术语,其定义为:"将社区风险分析的结果与风险准则相比较,以决定风险和/或其大小是否可接受或可容忍的过程"。风险评价有助于风险应对决策。

"风险评价"是风险评估过程所包含的四个子过程之一,且是四个子过程的第三个过程。"风险分析"过程的输出即"风险评价"过程的输入,"风险评价"过程的输出为"风险防范"过程提供输入。

在"风险评价"过程中,应实施"监测与评审""咨询与沟通"过程。

风险评价过程的目的是:协助风险应对决策。

"风险评价"概念中已指出:"风险评价有助于风险应对决策"。做出正确的风险应对决策基于风险评价的结果,所以"风险评价"过程以"协助风险应对决策"为目的。

社区风险应对决策的主要内容是:哪些风险需要应对、实施应对的优先顺序和所选择的应对方式。"风险评价"要满足风险应对过程的这些输入要求。

应注意:"社区风险评估"的目的是"协助决策",但不是实施决策。

2. 风险准则

风险准则是风险管理领域中极为重要的概念,在组织的整个风险管理中占有极其重要的地位。本节对风险准则这一重要内容进行集中论述。

1) 风险准则的概念

"风险准则"是风险管理领域中的重要术语,其定义为:"评价风险重要性的依据"。该术语后有两个注。

注 1:风险准则的确定需要基于组织的目标、外部环境和内部环境。

注 2:风险准则可以源自标准、法律、政策和其他要求。

2) 建立风险准则的依据

风险的重要性不仅取决于组织的内部环境,也可能取决于组织所处的外部环境。因此,组织在建立风险准则时,应考虑到内部、外部环境两个方面。

(1) 外部依据。

组织建立风险准则的外部依据主要是指有关风险管理的外部法律、法规、相关政策等其他要求。

①国际标准。国际标准化组织正式发布的风险管理标准,如《风险管理——原则与实施指南》(ISO31000-2009)标准等。

②国家标准。我国发布的风险管理标准，如《风险管理原则与实施指南》（GB/T24353-2009）等。

③行业、有关部门发布的风险管理指引、规范，如国务院国有资产监督管理委员会印发的《中央企业全面风险管理指引》、财政部、证监会、审计署、银监会、保监会联合发布的《企业内部控制基本规范》及配套指引等。

④其他有关风险管理的指南、框架、法案。

（2）内部依据。

组织建立风险准则的内部依据主要包括：

①组织内部有关风险管理、内部控制的文件，组织的这些文件应包括制定风险准则的要求；

②组织内部的各种管理文件。

我们在以上始终强调风险管理的"嵌入性"，强调在明确、规定业务过程的前提下实施"风险管理过程"。因此，对于明确、规定、熟悉、识别业务过程中的风险、判断风险的重要性等，这些业务过程的文件是组织建立风险准则的重要依据，应给予重视。

根据组织业务过程的复杂程度，这些文件包括：产品生产、项目、服务、公司治理、公司战略、资产安全、财务安全、环境保护、社会责任、品牌、信用等。

（3）风险准则的可能来源。

组织的风险准则可能来源于：

①过程的目标，包括业务过程、风险管理的目标；

②组织在有关文件中已识别的准则，如产品说明书、合同、设计图纸、各种制度等；

③通用的数据源，如信息网、行业的信息发布；

④普遍接受的行业准则，如行业的安全准则；

⑤对特殊设备、用途的法律及其他要求。

（4）建立风险准则的时机。

对于组织建立风险准则的时机，应注意以下几点。

①组织在建立风险管理框架时，应对组织内所需建立的风险准则提出总体性要求，对相应事项（如业务过程、职责、资源等）做出安排。

②在实施"风险管理过程"的开始就应建立与组织的业务过程相对应的风险准则。"风险管理过程"开始的过程即是"建立环境"，"建立环境"中的一项内容就是建立"风险准则"。

③在实施"风险管理过程"的开始，首先要建立组织的"外部环境"、"内部环境"、"风险管理过程的环境"和"风险准则"四种环境。建立"风险准则"应在所建立的前三种环境之后进行。特别应注意在建立"风险管理过程的环境"之后建立风险准则。

组织的"风险管理过程的环境"是组织风险管理文化的集中体现，这一环境对风险准则建立尺度的"松"或"紧"具有重要影响。对相同的业务过程，由于组织"风险管理过程的环境"不同(即风险管理文化的不同)而会导致所建立风险准则的不同。

(5)建立风险准则的前提。

组织建立风险准则的前提如下。

①明确风险准则所对应的业务过程。明确特定的业务过程，以实现风险管理的"嵌入性"。"风险准则"作为"风险管理过程"中的重要文件，针对的是特定的业务过程，只有明确特定的业务过程，才能确定管理风险的范围，识别相应的风险事件，也才能进行风险的重要性划分。

②明确组织的风险偏好。"风险偏好"是组织建立风险准则的基础，在建立风险准则之前，应明确组织的"风险偏好"(实践中，是将"风险偏好"纳入风险准则的内容，风险准则本身能够体现出组织的风险偏好)。

"风险偏好"是风险管理术语，其定义及说明见下文。

(6)风险准则应决定的内容。

通过风险准则，组织应对如下事项做出决定。

①风险后果的性质。

②风险后果的形态。

本书已对以上①、②项内容做出说明。

③如何测量后果的严重程度。

④如何测量风险发生的可能性。

以上两项可采用"定量"或"半定量"的方式进行"测量"。不能完全使用"定性"的方式来表示风险的严重程度，"定性"的方式失去"测量"的意义。

⑤如何决定风险等级。

具体指可能性 P 和后果 C 的结合方式，以获得风险等级 R 的数值。

⑥决定一个风险需要应对的准则。

对一个风险是否需要实施风险应对给出依据。注意，这里明确指出是"应对"，而不是"控制"。

⑦决定一个风险可接受、可容忍的准则。

对可接受风险和可容忍风险给出依据，详见下文。

⑧考虑是否、如何进行风险组合。

风险准则中应包括"风险组合"的内容，对是否进行风险组合、组合的条件、如何进行组合做出规定。

(7)风险准则的内容。

组织的风险准则具有较多的内容。本书提出风险准则应具有的主要内容如下。

①组织的风险偏好。

"风险偏好"是风险管理术语，其定义为"组织愿意寻求或保留的风险数量和种类"。从术语的阐述看，"风险偏好"主要指组织管理风险的"数量"和"种类"，这与通常理解的风险"偏好"主要指风险"激进"或"保守"等是不同的。"风险偏好"可能是针对一个特定业务过程的风险偏好，也可能是综合组织各个业务过程的风险偏好。风险偏好一定来源于组织的业务过程。风险准则应体现组织的"风险偏好"，在风险准则中应明确所管理风险的种类、数量。

风险事件是划分风险种类的依据。在划分种类的基础上进行风险的分级，如一级、二级、三级等。组织应对"分级"的依据做出规定和描述，然后在此基础上，确定风险的数量。

最后构建组织的"风险清单"，要求包含风险种类和数量的内容，并体现组织的"风险偏好"。

②风险后果的性质、形态。

在确定业务过程以及业务过程的目标以后，判定事件后果对目标影响是正面的，还是负面的，并对如何划分风险后果的形态做出规定。

③后果、可能性的时限。

时限即风险事件发生的时间窗口，在多长的时间范围内可能发生风险。我们强调对"目标"的影响，而组织从建立目标到实现目标要经过一定的时间，从这一意义上来讲，这一段时间是风险事件发生可能性、后果的最大时限。在一般情况下，"时限"越大，风险越大；"时限"越小，风险越小。"时限"体现了风险与"时间"的关系，风险是变化的，风险管理应是动态管理的。组织在实施风险管理时，应关注"时间"这一变量，适时地做出风险管理的正确选择、决策。

④确定风险等级。

如何确定"风险等级"是风险准则中最重要的内容之一。在风险管理实践中，"风险矩阵方法"被广泛使用。在风险矩阵方法中，一般使用发生可能性(P)与后果(C)"乘积"的结合方式。此时，风险等级 R 可具体表示为 $R = P * C$，对任一风险，只要获得其发生可能性 P 值的大小和后果 C 值的大小，即可由上式计算出该风险的风险等级数值。

⑤风险带。

风险带是以横坐标 P、纵坐标 C 所构成的二维平面上的一个封闭区域，该区域中的风险具有特定的意义。风险带的划分是表示风险重要性的一种重要方式。可通过不同风险等级数值来建立不同的风险带。

在风险管理中，以下三个风险带具有实践意义。

风险上带：无论活动能带来什么利益，风险带中的风险等级都是不可容忍的，无论应对成本多大，都必须应对；

风险中带（或称为"灰色区域"）：对该风险带中的风险，要考虑实施风险应对的成本与收益，并平衡机会与潜在的后果；

风险下带：该风险带中的风险等级微不足道，或者风险如此之小以至于无须采取风险应对。

"风险带"是风险重要性的具体表现，不同风险带中的风险具有不同的重要性。

在划分风险带之后，组织的风险分别处于所划分的不同风险带中。针对不同风险带所代表的重要程度不同，组织可实施有区别的管理。

一般情况下，不同重要性的风险对应于不同的风险应对方式。因此，位于同一风险带中的风险，其重要性相同，故对应于同一种风险应对方式。组织在选择风险带的数量时，应考虑到风险应对方式的种类、数量。

表 2-4 是一个实际例子，显示了不同风险带所对应的风险应对方式。表中对三个风险带还区分了"可控"与"不可控"，其意义在 2.2.2 节中已说明。表 2-4 对三个不同风险带还提出了"风险应对原则"，是对所选择风险应对方式的补充、说明。

表 2-4　风险带与风险应对方式的关系

风险带		风险应对方式	风险应对原则
风险上带	可控	风险控制 风险转移 风险规避 其他	优化现有内控制度和业务流程，使该风险的剩余风险落入低风险范围内。如无法将剩余风险降低到低风险范围内，可考虑寻求外部单位分担该风险，如剩余风险仍然较大，考虑规避该风险
	不可控	风险规避 风险转移、预案 风险控制、其他	考虑规避该风险，如无法规避则可寻求外部单位分担该风险，或制定事前、事中、事后应对方案，并建立预警指标体系，保持每月跟踪
风险中带	可控	风险控制	优化现有内控制度和业务流程，将风险负面后果及发生概率最小化，正面后果及发生概率最大化，使该风险的剩余风险落入低风险范围内
	不可控	风险转移、预案 风险控制	制定应急预案和预警指标，保持每月跟踪，推迟避免风险的发生或降低风险影响程度
风险下带	可控	风险接受	保持现有内控力度不放松，或相关内控措施的贯彻执行
	不可控		制定风险事后应对方案

⑥决定"风险接受""风险容忍"。

"风险接受"是风险管理领域中的重要术语，其定义为："承担某一特定风险的决定"。

该术语后有两个注。

注 1：风险接受可以不经风险应对，也可以在风险应对过程中发生；

注 2：接受的风险要受到监测和评审。

"风险容忍"是风险管理领域中的重要术语，其定义为："组织或利益相关者为实现目标在风险应对之后承担风险的意愿。

该术语后有一个注。

注：风险容忍会受到法律法规要求的影响。

对以上两个术语的认识、理解，关键在于它们与"风险应对"的关系。

在术语"风险容忍"的阐述中，明确了"在风险应对之后"，即对风险是否可以容忍针对的是"风险应对"，当实施"风险应对"之后组织可以承担的风险，就是"可容忍"的风险。当实施"风险应对"之后组织仍不能承担的风险，就是"不可容忍"的风险。应重视该术语的注，"风险容忍"不一定完全由组织内部判定，还可能受组织外部各项法律法规要求的影响。

术语"风险接受"与是否实施"风险应对"无关，在定义的阐述中，未显示"风险应对"，在其注 1 中更明确指出："风险接受可以不经风险应对，也可以在风险应对过程中发生"。理解"风险接受"术语，关键词是"决定"，是组织承担特定风险的"决定"。对一个组织而言，这种决定通常应是"文件化"的。由于"可接受"的风险可能未经"风险应对"，故定义的注 2 指出："接受的风险要受到监测和评审"，这显然十分必要。

风险是否可"接受"、可"容忍"是指风险的大小，而风险大小就是"风险等级"。因此，"风险接受""风险容忍"就概念而言，属于"风险等级"的范畴，满足"风险等级"的一般定义，只不过是赋予特殊意义下的两类"风险等级"。对于"风险等位线"，当赋以"风险接受""风险容忍"的特殊意义时，"风险等位线"就成了"风险接受线"（A 线，A 是英语单词"Accept（接受）"的首字母）、"风险容忍线"（T 线，T 是英语单词"Tolerate（容忍）"的首字母）。

组织在风险准则中，应决定"风险接受""风险容忍"风险等级的大小，并对其进行清晰的阐述。

可使用建立"风险带"的一般方法（通过"风险等位线"）来建立"风险接受"带和"风险容忍"带，只需要对一般的风险等级 R 赋予特定的意义——风险接受（以 RA 表示）、风险容忍（以 RT 表示），并做出相应的风险等位线——"风险接受线"（RA 线）、"风险容忍线"（RT 线）。

⑦风险组合。

在组织的风险准则中，应对是否进行、如何进行风险组合给出要求、做出安排。风险组合应以组织的"风险偏好"为基础，满足"风险组合"的相应条件。

⑧利益相关者的意见。

风险管理中，组织对其利益相关者的管理至关重要。因此，在风险准则的有关内容中，应体现利益相关者的意见。如组织在确定"风险偏好"时，应与"利益相关者"沟通，征求他们的意见，因为他们的"风险偏好"可能与组织的"风险偏好"不同。

3. 社区风险评估应关注的重要方面

(1)社区风险评估与决策的关系。

"社区风险评估"过程的中心任务是对风险的重要性做出划分，向"风险应对"

提供输入，"协助"做出决策。

(2)社区风险评估应考虑决策的有关方面。

社区风险评估的输出应满足风险应对决策的输入要求。对风险应对决策的各个方面，通过社区风险评估应向其提供决策的基础。

(3)社区风险评估可能导致进一步的风险识别和风险分析。

"社区风险评估"以后，并非一定实施其后面的风险应对过程，要根据其是否满足风险应对的输入需要而定。当不能满足风险应对过程的需要时，必须实施进一步的风险识别和风险分析。因此，某些风险识别和风险分析是社区风险评估所导致的。

(4)社区风险评估可能导致不进行任何风险应对的决定。

在完成社区风险评估过程、转入"风险应对"过程以后，并非一定使用某种风险应对方式，并付诸实施。

应注意：这里说的是"风险应对"，是"社区风险评估"可能导致不进行任何"社区风险决策"的决定，而正在实施的风险"控制措施"还应该继续保持。

社区风险评估的目的是为决策做支持。风险评估涉及将风险分析的结果与既定的社区风险标准进行比较，并确定需要采取何种应对措施来化解风险。社区风险评估所做的决策包括：

①不做出任何事情；

②考虑风险应对的不同选项；

③进一步对社区风险分析以便更好地理解风险；

④保持现有的控制；

⑤重新考虑目标。

决策应考虑到更广泛的环境和背景情况，以及当前和未来对内外部利益相关方的影响。风险评价的结果应该在组织的适当层面进行记录、传达和验证。

2.2.5　社区风险防范

1. 风险防范简介

1)风险防范的概念

风险防范是指某一行动有多种可能的结果，而且事先估计到采取某种行动可能导致的结果以及每种结果出现的可能性，但行动的真正结果究竟如何不能事先知道。风险防范是风险监测与防范流程的最后一步，风险防范包括风险决策。

2)风险防范的目的

风险防范的目的是选择和实施应对社区风险的方式。风险防范涉及以下过程并且进行反复优化：

①制定和选择风险应对方案；

②计划和实施风险应对方案；

③评估应对的有效性；

④确定剩余风险是否可接受；

⑤如果不能接受，采取进一步应对。

3) 选择风险防范备选方案

选择最合适的风险防范方案，涉及为实现目标实施此方案带来的潜在收益与实施成本或由此带来的不利因素之间的权衡。

在所有情况下，社区风险防范选项不一定是相互排斥或完全适合的。防范风险的方案可能涉及以下一项或多项：

①决定不启动或停止实施有社区风险的活动来避免风险；

②承担或增加风险以追求机会；

③消除风险源；

④改变可能性；

⑤改变后果；

⑥分担风险(如购买保险)；

⑦通过明智的决策保留风险。

选择风险防范的理由，不仅要单纯的考虑成本，还应该考虑到风险监管者的所有义务、自愿承诺以及利益相关方的观点。风险防范备选方案的选择应根据监管者的目标、风险准则和可用资源来进行。

在选择风险防范备选方案时，组织应考虑价值观、认知和潜在涉及的利益相关方，以及与他们沟通和咨询的最佳方式。尽管效果相同的方案，利益相关方也可能有所偏好。

即使经过精心设计和实施，风险防范方案也有可能达不到预期的效果，而且还可能产生预料之外的后果。监督和审查成为风险应对方案实施的一个组成部分，以保证不同形式的应对方案持续有效。

风险防范还可能引入需要管理的新风险。如果没有合适的防范方案或应对方案没有充分改变风险，则应记录风险并持续进行评估。

决策者和其他利益相关方应了解风险防范后剩余风险的特征和水平。剩余风险应形成记录文件并进行监测、审查，并酌情进一步处理。

4) 准备和实施风险防范计划

风险防范计划的目的是明确选择如何实施防范方案，从而让相关人员了解安排情况，并对照计划进行监测。防范计划应明确确定实施风险防范方案的顺序。

防范计划应与适当的利益相关方咨询，并纳入组织的管理计划和流程。

防范计划中提供的信息应包括：

①选择应对方案的理由，包括获得的预期效益；

②负责批准和实施计划的人员；

③建议的行动；

④所需资源，包括意外事件；

⑤绩效评估；

⑥约束；

⑦所需的报告和监测；

⑧何时开始和结束。

2. 基于博弈论与可达性的风险控制策略

城乡社区是社会治理的基本单元，社区安全是城乡平稳运行的基础，当前我国基层社区风险防控还停留在数字化阶段，智能化、精准化水平较低阶段，社区风险防范呈碎片化，迫切需要全面提升社区风险防控能力。本节以社区配电网为主要应用对象，研究基于风险规避框架下的模型预测控制方法，建立风险敏感度安全域，以及基于随机博弈与强化学习结合的可达性分析等关键技术，实现社区配电网系统在线安全分析与智能自愈，保证电网稳定可靠运行。

1) 博弈理论

在当前居民利益多元化、碎片化的情况下，公民意识、社会责任和利益博弈之间会出现矛盾和困境，社区有序治理的过程，其实质可以理解为社区多元利益主体（群体）相互争取、相互妥协，最终达到意思表达一致和利益再平衡的过程。因此，只有了解和把握参与主体的利益诉求，畅通表达渠道，明确他们的角色定位，理顺他们之间的关系，促进各种利益群体的平等协商，才能有效推进社区多元治理。

(1) 社区治理的博弈概念。

①博弈参与者。按照博弈论的基本原则，参与者是利益博弈当中决策的主体，可以是自然人，也可以是企业、政府或者组织，一般而言，在公共事务管理中，只要其决策对结果有重要影响的主体，都可以当作一个参与者。因此，政府、居民、社区、社会组织等参与者都可以作为社区治理利益博弈的参与者，并且他们两两之间，甚至多者之间的决策、行为交互发生作用。

②博弈规则。社区治理理应强调有序参与，没有规矩难成方圆，这个规矩主要分为三个层次：第一，法律法规，这是博弈进行的客观环境和制约边界，只有在符合法律法规规范的情况下，博弈才是有效的；第二，社会工作理论和公共管理理论，这是社区治理博弈的理论支撑和有效工具；第三，公序良俗，这是博弈参与主体的公共秩序和道德约束。只有符合这三个规则，才能形成"合局"的基础，促成有效博弈结果的产生。

③博弈合局。像下棋一样，社区利益博弈强调双方（多方）自愿主动参与，形成"合局"，才能通过博弈过程最终达到利益平衡。博弈"合局"，是存在于公共利益目

标下，相关利益方在主动或者被动参与协商或妥协，达到一定条件下的协议并付诸实施，否则就失去博弈的基础。

(2)博弈过程分析。

①博弈前提。社区治理各主体参与博弈的前提，即是对公共管理和公共利益的认可。社区的性质是居民自治，各参与主体的价值取向在于在共同愿景的展望中，对公共管理和对公共利益达成共识，尤其体现在对可持续发展能力和利益的塑造上，在实现公共利益的过程中实现个体价值与利益。因此，在社区治理中要通过各主体参与，建立协商和对话平台，逐渐形成对公共管理和公共事务的协商共促机制，明确公共利益并保证其制度化建设，这不仅是博弈的前提，也是社区治理持续发展的维系力量。

②博弈核心。社区治理博弈强调的是各参与主体自愿主动参与，是实际"利益相关方"的协商过程，其不是简单的群体对抗，更不是看谁强势，能在气势上、在权利上压倒谁，而是对双方或多方权利和义务的再平衡和再强化。根据博弈论，博弈结果对参与的一方而言，不仅取决于自身的行为和态度，还在很大程度上取决于其他参与方如何对待或作何反应。就长远而言，各参与主体必须摆正自己的位置，将关注的焦点放在公共利益上，建立互信机制，加强沟通协商，加强彼此认识和了解，逐渐促成合作，并通过有效合作来检验治理效果。

2)可达性分析

本节将在博弈论的思想上提出以风险概率水平的角度构建社区系统稳定运行的安全域，采用基于博弈理论与强化学习结合的可达性分析方法实现安全控制律的综合设计，可以全面而有效地控制社区系统达到稳定，为社区系统在线实时安全监视、防御和控制提供科学的辅助决策。基于博弈可达性分析方法的安全性控制主要包括安全域构建、可达性分析和可达性求解三个方面的研究。首先，根据系统的自身特性建立基于风险的安全域。然后，利用博弈可达性分析理论框架，分析系统运行于基于风险的安全域内的概率可达性。最后，采用动态规划和强化学习方法求解满足风险规避和安全域约束条件下的控制律，实现对社区系统的控制。

在随机混杂模型的背景下，将"系统控制方"与"故障方"抽象为博弈问题中对立的两方，"系统控制方"的控制策略是控制系统达到安全域，同时避免不安全区域。"故障方"则是完全相反的控制策略，阻止系统的正常运行。博弈的最终目标是，针对系统的故障环节，给出最优的防御策略使系统的状态维持在安全域内，并达到使系统运行风险级别由高风险级别降到中风险级别的目的。分析系统到达安全域的概率可达性，采取多阶段风险测度手段实时获取系统风险水平作为强化学习Q-learning 的值函数，以 min-max 的方式实现最优控制策略的求解。框图如图 2-5所示。

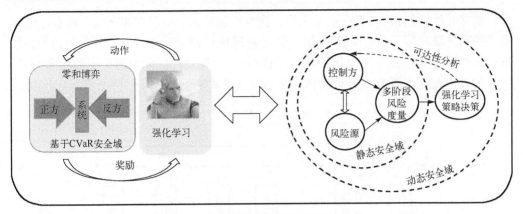

图 2-5　基于博弈论思想的可达性分析

　　在动态博弈环境下，社区系统的控制策略与故障可以与博弈相关联，每种模式都产生一系列根本不同的解决方案，两者的策略形成了社区系统一系列阶段中的演变。可达性分析是一个核心的数学工具，它可以使连续状态动力系统的控制器具有安全性。给定一个社区动态系统，其演化可以通过控制输入受到影响，它可以确定初始条件集和适当的控制策略，从而在避免意外故障条件的同时，将社区系统状态驱动到安全域。随机因素的混杂系统的可达性分析是一个极具挑战性的问题，建立研究概率安全问题的理论框架，将一类具有状态约束的随机可达性问题转化为随机最优控制问题。

　　考虑到随机博弈问题的求解难度，使用强化学习方法求解，以最大概率到达安全域为控制目标，找到符合所建模型特点的可达性控制求解方法，保障系统在安全域内稳定运行。可达性控制的目的是使系统在最短时间内由不安全域过渡到安全域内，并以最短时间跟踪系统安全运行情况下的给定输出范围。由于在随机博弈框架下系统的模型存在极大的不确定性，且存在不确定性模型之间的跳变问题，同时可以考虑采用强化学习中具有模型无关性与收敛性的状态反馈 Q-learning 方法，使用Bellman 方程实现求解最优控制策略，从而实现社区系统高风险情况下的随机博弈可达性控制。

　　3. 基于风险规避模型预测控制的主动容错控制策略

　　1) 社区配电网风险指标体系

　　系统或实物功能的强弱或性能的好坏，不是由某项指标决定的，而是由它的系统结构、指令系统、硬件组成、软件配置等多方面的因素综合决定的。针对不同场景，可以从不同方面刻画指标，从而实现对目标性能的大体评价。以社区配电网的风险评估为例，建立社区配电网的风险指标体系：通过对社区配电网运行中主要的潜在风险源(小扰动型和故障型)进行分析以及社区配电网可能面临的关键风险场景，建立6种性能指标（静态电压风险、静态电流风险、电压越限风险、暂态电流风险、频率失稳风险、功角失稳风险），评价社区配电网风险值，并将其分为两类：静态安全风险和暂态安全风险指标，并从故障和事件找到社区配电网对应的状态变量，建立的社区配电网安全运行评价指标体系如图2-6所示。

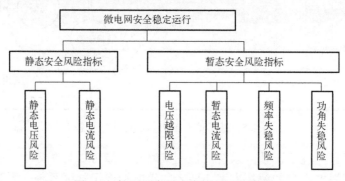

图 2-6　社区配电网安全运行评价指标

（1）静态安全风险指标。

静态安全风险指标用于分析小扰动类型风险源对社区配电网安全运行的影响，包括负荷波动、电源出力不均引起的静态电压安全风险和静态电流安全风险。首先基于负荷和分布式电源出力的动态概率模型，运用动态概率潮流算法计算电网状态变量的概率分布，然后提出状态变量的严重度函数，再结合风险定义，得到城市电网静态安全风险指标的计算模型：

$$R(Y_t \mid E, L) = \sum_{i=1}^{n} \iint P(Y_t \mid E_i, L) \times S(Y_t) \mathrm{d}E_i \mathrm{d}Y_t \qquad (2\text{-}4)$$

式中，Y_t为特定的运行状态（静态电压U和静态电流I）；E_i为未来时刻t发生的小扰动或故障；L为时刻t系统的负荷状况；$P(Y_t \mid E_i, L)$为发生事故E_i后系统运行状态的概率分布；$S(Y_t)$描述了在状态Y_t时事故的严重程度；$R(Y_t \mid E, L)$为风险指标；n为扰动数量。

静态安全风险指标的控制往往发生在电网系统警戒状态（系统安全水平下降或故障干扰的可能性增加）下，在这种状态下，电力系统运行状态系统变量仍在允许的范围内，所有的约束条件都能得到满足。然而此时系统已到了很脆弱的程度，一次偶然事故的发生便会造成设备的过负荷，从而使系统进入紧急状态。因此可以采取预防措施，如改变发电出力（安全调度）或增加备用容量等将系统恢复到正常状态。

（2）暂态安全风险指标。

电力系统是复杂的动态系统。暂态安全性反映了电网受到大扰动之后的功角、频率、电压稳定性。暂态安全风险指标分为电压越限风险指标、暂态电流风险指标、频率失稳风险指标以及功角失稳风险指标。计算过程中通过电压、功率、功角等动态概率模型，运用动态概率潮流算法计算电网状态变量的概率分布，再结合风险定义，得到城市电网暂态安全风险指标的计算模型为

$$R(Y_t \mid E, L) = \sum_{i=1}^{n} P(E_i) \int P(Y_t \mid E_i, L) \times S(Y_t) \mathrm{d}Y_t \tag{2-5}$$

式中，Y_t 为特定的运行状态(静态电压 U 和静态电流 I)；E_i 为未来时刻 t 发生的小扰动或故障；L 为时刻 t 系统的负荷状况；$P(E_i)$ 为 E_i 发生的概率；$P(Y_t \mid E_i, L)$ 为发生事故 E_i 后系统运行状态的概率分布；$S(Y_t)$ 描述了在状态 Y_t 时事故的严重程度；$R(Y_t \mid E, L)$ 为风险指标；n 为扰动数量。

当电网系统进入紧急状态或极限状态时，通过暂态安全风险指标计算模型能够预先知道电力系统稳定情况，明确系统可能发生稳定问题的概率及系统失稳后导致的严重后果，通过采取一些控制措施，如切负荷与解列的紧急协调控制，以使系统避免发生大的事故或减小事故风险，对保证电网安全稳定运行具有重要的作用。

(3)综合风险指标。

由于定义的各项指标的危害度取值范围不同，为了能综合分析每项指标对综合指标的影响，按各指标模型求得各项指标后，利用极差正规化法将指标进行归一化，然后将静态稳定风险指标和暂态稳定风险指标加权求和得到电网运行状态综合风险值，电网运行状态综合风险值的计算公式为

$$R = \omega_1 R_U + \omega_2 R_I + \omega_3 R_f + \omega_4 R_\delta \tag{2-6}$$

$$\sum_{i=1}^{5} \omega_i = 1 \tag{2-7}$$

其中，R 为综合风险指标，R_U、R_I、R_f、R_δ 分别为电压风险值、电流风险值、暂态频率风险值、暂态功角风险值。静态 R 越大表示风险等级水平越高，ω_i 表示各个风险指标在风险分级中所占权重，可根据研究对象侧重点需要进行给定。

故障诊断是检测和识别故障的存在、位置以及类型的方法，是系统稳定运行的检测机制。故障检测的方法主要有三种类型：基于硬件系统、基于模型，以及基于历史数据的检测方法。本书重点探讨基于模型的故障诊断方法。

基于模型的故障诊断方法分两个阶段实现。首先，它将实际社区配电网的运行状态与理想模型的预测状态进行比较，以产生称为"残差"的信号。若没有故障，残差会保持在较低的水平；当系统发生故障时，残差会显著升高。将残差反馈到决策单元，通过设定故障的等级阈值便可以判断系统的故障类型。

通过分析故障系统与理想模型的 v-间隙度量[31]距离，将故障分为不同等级：

微小故障：$\sigma(P, \overline{P}) \leqslant \xi_1$；

小故障：$\xi_1 \leqslant \sigma(P,\overline{P}) \leqslant \xi_2$；

中等故障：$\xi_2 \leqslant \sigma(P,\overline{P}) \leqslant \xi_3$；

大故障：$\sigma(P,\overline{P}) \geqslant \xi_3$。

2) 社区正常状况下的风险规避预防控制

当社区配电网未出现明显故障时，采用基于风险规避 MPC 方法，选取"性能期望–风险控制"折中的性能指标，并研究风险稳定性及其约束条件，在保证社区配电网稳定运行的同时，不断降低运行风险，极大减少故障发生的可能性和后果严重性，保障社区的安全与稳定，如图 2-7 所示。

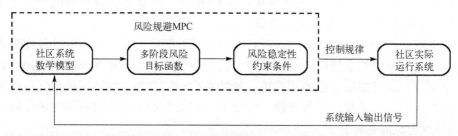

图 2-7　风险规避 MPC 方案

（1）"性能期望–风险控制"权衡的性能指标。

数学期望指标可以反映系统性能的总体平均水平，但容易忽视低概率高严重性的"黑天鹅""灰犀牛"事件的影响；以 min-max 指标为基础的考虑系统最坏情况的控制方法，则会因过分关注低概率高严重度事件，导致过多地牺牲系统性能。以 CVaR 为代表的考虑期望与风险控制权衡的性能指标，既可以反映低概率高严重度事件带来的影响，又克服了 min-max 指标的保守性，是实施风险控制的关键指标，如图 2-8 所示。

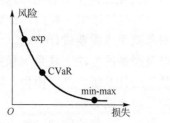

图 2-8　"性能期望–风险控制"指标示意图

（2）风险稳定性定义。

随机系统的稳定性定义包括均方稳定、指数均方稳定、随机稳定等，这些稳定性指标在传统的随机系统稳定性研究中发挥了重要作用，但这类稳定性定义均是以数学期望为基础来判断系统的稳定性，如上文所述，数学期望仅能反映系统的总体平均水平，难以验证系统在风险事件下的稳定性情况。本书以 CVaR 指标为基础，结合指数均方稳定性指标，定义系统的风险稳定性如下：

$$\overline{\rho}_k[\| \Phi(k,\boldsymbol{x}_0,i_k)\|^2] \leqslant \lambda\beta^{k+1}\| \boldsymbol{x}_0\|^2 \tag{2-8}$$

其中，$\boldsymbol{x}_0$ 为控制系统的初始状态，i_k 为切换系统在 k 时刻所处的模式，$\Phi(k,\boldsymbol{x}_0,i_k)$ 是

$k+1$ 时刻状态变量 x 可能的取值，$\overline{\rho_k}$ 是对 Φ 从 0 至 k 时刻的风险度量(原本为数学期望 E)，λ 和 β 为常数，其中，λ 大于 0，β 取值范围为 [0,1)。

该风险稳定性的含义是，当系统遭遇风险事件时，存在合理的控制手段，使得系统故障的风险值(偏离理想运行状态的可能性以及偏离的严重程度)以指数级别衰减，从而使系统的运行状态逐步趋近理想运行状态，最大限度降低系统发生故障的风险，保障系统的安全和稳定。

(3) 风险稳定性约束条件与风险规避 MPC。

本书采用风险规避 MPC 方法作为降低系统风险的主要控制方法。传统的 MPC 方法通过终端代价函数与终端约束集来保证系统的稳定性，终端约束集的性质包括以下几点。

①控制不变性。一旦系统状态进入终端约束集，存在合理的控制规律，使得下一时刻的系统状态依然保持在终端约束集内。

②约束容许性。终端约束集与其他约束互不冲突，通常终端约束集包含于其他约束集中，是最严格的约束条件。

③李雅普诺夫递减性。存在合适的李雅普诺夫函数，在系统运行过程中，以一定幅度不断递减，使系统状态与理想状态的差值不断减小，即系统状态不断趋近理想状态。

在社区实际应用中，根据具体情况，选取合适的风险测度函数作为李雅普诺夫函数，将风险稳定性与终端约束条件相结合，通过 MPC 的终端约束条件保证系统的风险稳定性。

风险规避 MPC 在传统 MPC 方法基础上，引入风险测度理论，利用多阶段风险测度函数衡量社区配电网在未来一段时间内的总体风险水平，利用终端约束条件保证风险稳定性，在 MPC 的滚动优化中不断降低系统运行风险，实现对社区配电网的风险规避预防控制。

3) 社区故障状况下的主动容错控制

故障下的主动容错控制是以风险规避的预防控制方法为基础，增加故障诊断以及故障下的新模型：随机混杂模型(stochastic hybrid systems，SHS)、新约束条件、新性能指标三要素重组的容错控制方法，具体方法如图 2-9 所示。

(1) 模型重组。

首先建立典型故障下的故障模型集，当系统发生故障时，确定适用于当前情况的社区配电网数学模型，实现故障下社区配电网模型的在线重组和调整，为后续控制手段的实施奠定基础。

(2) 约束条件重组。

约束条件主要包括风险稳定性约束与安全性约束。当系统发生故障时，可以动

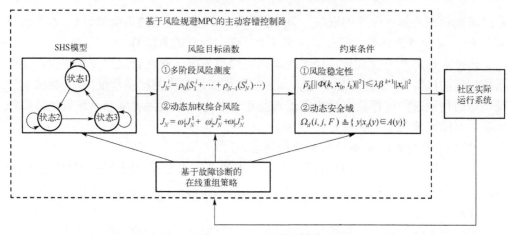

图 2-9　主动容错控制

态设定 CVaR 指标的置信度参数，同时结合故障模型，实时计算状态变量的终端约束集，在线重组风险稳定性约束条件。采用动态安全域保证社区配电网的安全性，动态安全域是故障下系统暂态稳定的最大边界。在系统发生故障时，通过实时计算动态安全域，实现安全性约束条件的在线重组。

(3)性能指标重组。

不同类型故障对社区配电网风险有不同程度的影响，因此需要根据实际情况动态调整风险目标函数。以社区配电网为例，社区配电网主要通过考察节点电压安全、供电可靠水平和频率合格度三个方面来衡量总体的风险水平，通过加权求和得到社区配电网的综合风险，综合风险的计算公式为

$$J_N = \omega_1^i J_N^1 + \omega_2^i J_N^2 + \omega_3^i J_N^3 \qquad (2\text{-}9)$$

其中，J_N^1，J_N^2，J_N^3 分别为社区配电网电压安全风险、供电不可靠风险以及频率失稳风险；J_N 为社区配电网综合风险；$\omega^i = \{\omega_1^i, \omega_2^i, \omega_3^i\}$ 为动态风险权值，$\sum_j^3 \omega_j^i = 1$。

不同故障对三类风险有不同的影响程度，因此综合风险的权值需要动态调整，同时加权系数的变化会造成目标函数的改变，需要考虑系统的风险稳定性与安全性约束。根据故障诊断结果，动态更新风险权值，可以实现性能指标的在线重组。

①根据故障诊断结果，重组、改变社区配电网的数学模型，以适应社区不同的运行状态与故障状态；

②根据故障诊断结果，重组、改变风险规避 MPC 的风险稳定性约束和安全性约束，计算相应故障状态下的终端约束集，保证控制系统的稳定性和安全性；

③根据故障诊断结果，重组、改变风险性能指标函数(即目标函数)，动态调整各类风险的权重值，有针对性地处理不同类型和不同程度的故障。

通过故障情况下的"模型-约束条件-性能指标"三要素重组，实现社区配电网的主动容错控制。

4) 风险规避 MPC 的求解过程

传统的有限时间最优控制、模型预测控制等考虑未来多个时刻状态量变化的控制方法，其目标函数大多是预测时域内各个时间阶段的阶段代价函数之和，可以通过经典的黎卡提方程或动态规划方法求取使目标函数达到最小值(或最大值)的最优控制率。

风险规避 MPC 的目标函数为

$$\min_{u_0}\ell(\boldsymbol{x}_0,\boldsymbol{u}_0,i_0)+\rho_{i_0}[\inf_{u_1}\ell(\boldsymbol{x}_1,\boldsymbol{u}_1,i_1)+\rho_{i_1}[\inf_{u_2}\ell(\boldsymbol{x}_2,\boldsymbol{u}_2,i_2)+\cdots$$
$$+\rho_{i_{N-1}}[\ell_N(\boldsymbol{x}_N,i_N);i_N]\cdots;i_2];i_1] \tag{2-10}$$

其中，$\boldsymbol{x}_k$ 为时刻 k 的系统状态，$\boldsymbol{u}_k$ 为时刻 k 的控制率，i_k 为时刻 k 所有可能的马尔可夫状态，$\rho(Z)$ 为风险测度 CVaR(Z)，$\ell(\boldsymbol{x}_k,\boldsymbol{u}_k,i_k)$ 为时刻 k 的阶段代价函数，$\ell_N(\boldsymbol{x}_N,i_N)$ 为终端代价函数。

该目标函数的数学形式不再是简单的各个阶段代价函数之和，而是多层嵌套的泛函形式，因此其最值的求解极其复杂。

求解风险规避 MPC 的控制率，关键在于将风险目标函数由多层嵌套的泛函形式，转化为普通的各个代价函数的累加形式，然后便可以利用传统动态规划问题的解法进一步求解。

风险目标函数的解嵌套过程主要包括三步：第一步将风险泛函 CVaR 变换为易于计算的形式，为解嵌套奠定基础；第二步对单步风险泛函进行简化，简化后的目标函数更利于解除函数嵌套；最后利用动态规划思想，从预测时域的末端开始，逆向递推，直至将多层嵌套的泛函形式完全转化为普通的递归形式。

(1) CVaR 的定义及其简化过程。

CVaR 是损失大于 VaR 部分的条件期望，其中，VaR 的定义为：给定随机变量 Z (代表损失)和置信度 $1-\alpha$，Z 不超过 VaR 的概率为 $1-\alpha$。从数学意义上，VaR 等于 Z 的上 α 分位数，数学表达为

$$P(Z<\mathrm{VaR}_\alpha(Z))=1-\alpha \tag{2-11}$$

相应地，CVaR 定义为

$$\mathrm{CVaR}_\alpha(Z)=\mathbb{E}[Z\,|\,Z\geqslant\mathrm{VaR}_\alpha(Z)]=\frac{\int_{Z\geqslant\mathrm{VaR}_\alpha}Z\cdot P(Z)\mathrm{d}Z}{P[Z\geqslant\mathrm{VaR}_\alpha(Z)]}=\frac{1}{\alpha}\int_{Z\geqslant\mathrm{VaR}_\alpha}Z\cdot P(Z)\mathrm{d}Z \tag{2-12}$$

又可以表达为

$$\mathrm{CVaR}_\alpha(Z) = \mathrm{VaR}_\alpha(Z) + \frac{1}{\alpha} \int_{Z \in R} [Z - \mathrm{VaR}_\alpha(Z)]_+ \cdot P(Z) \mathrm{d}Z \tag{2-13}$$

简写为

$$\mathrm{CVaR}_\alpha(Z) = \mathrm{VaR}_\alpha(Z) + \alpha^{-1} \mathbb{E}[Z - \mathrm{VaR}_\alpha(Z)]_+ \tag{2-14}$$

由于 VaR 与 CVaR 的求解较为复杂，Rockafellar 等提出并证明了一项定理[32]：构造函数 $F_\alpha(Z,t) = t + \alpha^{-1} \mathbb{E}[Z-t]_+$，有

$$\mathrm{CVaR}_\alpha(Z) = \min F_\alpha(Z,t) = \min\{t + \alpha^{-1} \mathbb{E}[Z-t]_+\} \tag{2-15}$$

综上，将 $\mathrm{CVaR}_\alpha(Z)$ 记作 $\rho(Z)$，定义为

$$\rho(Z) = \begin{cases} \min_{t \in \mathbb{R}}\{t + \alpha^{-1} \mathbb{E}_p[Z-t]_+\}, & \alpha \in (0,1] \\ \mathrm{essmax}(Z), & \alpha = 0 \end{cases} \tag{2-16}$$

式 (2-16) 为 CVaR 的经典定义，该定义很好地反映了 CVaR 的物理意义，但该函数属于分段函数，且取正函数 $[\ ]_+$ 不属于初等函数，在数学计算上较为复杂，因此，Alexander 等将其转化为[33]

$$\rho(Z) = \max_{\mu \in \mathcal{A}(p)} \mathbb{E}_\mu[Z] \tag{2-17}$$

其中，$\mathcal{A}_\alpha(p) = \left\{ \mu \in \mathbb{R}^n \mid \sum_{i=1}^n \mu_i = 1, \quad \mu_i \geqslant 0, \quad \alpha\mu_i \leqslant p_i \right\}$ 是以概率向量 p 为基础的多面体。

相比于 CVaR 的原始定义，这种计算形式去除了取正函数 $[\ ]_+$，避免了函数分段，更有利于运算和求解。

(2) 单步风险泛函的简化过程。

解嵌套的第一步是将最里层的风险泛函转化为普通函数，最里层泛函为 $\Phi^l = \rho_{i^l}[\ell_N(x^\eta, i^\eta); i^\eta]$，表示从时刻 l 到时刻 η 对终端代价函数 $\ell_N(x^\eta, i^\eta)$ 的风险测度，即将 $\ell_N(x^\eta, i^\eta)$ 视为一个随机变量，求解其风险值 $\mathrm{CVaR}_\alpha[\ell_N(x^\eta, i^\eta)]$。

根据 CVaR 的定义，有

$$\Phi^l = \rho_{i^l}[\ell_N(x^\eta, i^\eta); i^\eta] = \max_{\mu^\eta \in \mathcal{A}(p)} \sum \mu^\eta \ell_N(x^\eta, i^\eta) \tag{2-18}$$

根据文献[22]，令 $\ell_N(x,i) = \inf_{\ell_N(x,i) \leqslant \tau} \tau$，则有

$$\Phi^l = \max_{\mu^\eta \in \mathcal{A}(p)} \inf_{\ell_N(x^\eta, i^\eta) \leqslant \tau} \sum \mu^\eta \tau \tag{2-19}$$

因风险映射 $\max_{\mu^\eta \in \mathcal{A}(p)} \sum \mu^\eta \ell_N(x^\eta, i^\eta)$ 是有界的，且其定义域 $\mathcal{A}(p)$ 为紧集(有界闭集)，根据文献[34]，运算符 max 和 min 在此处可以互换位置，即

$$\Phi^l = \inf_{\ell_N(x^\eta, i^\eta) \leqslant \tau} \max_{\mu^\eta \in \mathcal{A}(p)} \sum \mu^\eta \tau \tag{2-20}$$

$\max_{\mu^\eta \in \mathcal{A}(p)} \sum \mu^\eta \tau$ 是一个线性规划问题，线性规划具有对偶性质，即原问题与对偶问题具有相同的解，数学形式如下。

原问题：

$$\max z = \sum_{j=1}^{n} c_j \boldsymbol{x}_j$$

$$\text{s.t.} \begin{cases} \sum_{j=1}^{n} a_{ij} \boldsymbol{x}_j \leqslant b_i, & (i=1,\cdots,m) \\ \boldsymbol{x}_j \geqslant 0, & (j=1,\cdots,n) \end{cases} \tag{2-21}$$

对偶问题：

$$\min w = \sum_{i=1}^{m} b_i \boldsymbol{y}_i$$

$$\text{s.t.} \begin{cases} \sum_{i=1}^{m} a_{ij} \boldsymbol{y}_i \geqslant c_j, & (j=1,\cdots,n) \\ \boldsymbol{y}_i \geqslant 0, & (i=1,\cdots,m) \end{cases} \tag{2-22}$$

此处，

$$\mathcal{A}_\alpha(\boldsymbol{p}) = \left\{ \mu \in \mathbb{R}^n \mid \sum_{i=1}^{n} \mu_i = 1, \quad F(\boldsymbol{p})\mu \leqslant b(\boldsymbol{p}) \right\}$$

即

$$\mathcal{A}_\alpha(\boldsymbol{p}) = \left\{ \mu \in \mathbb{R}^n \mid \sum_{i=1}^{n} \mu_i = 1, \quad \mu_i \geqslant 0, \quad \alpha\mu_i \leqslant p_i \right\}$$

结合式(2-20)，将 μ 对应于标准线性规划形式中的 $\boldsymbol{x}$；α 对应于 a；$\boldsymbol{p}$ 对应于 b；τ 对应于 c；$\boldsymbol{y}+\lambda$ 对应于 $\boldsymbol{y}$，因此 $\max_{\mu^n \in \mathcal{A}(\boldsymbol{p})} \sum \mu^n \tau$ 可以转化为其对偶形式 $\inf_{\tau=F(\boldsymbol{p})^{\mathrm{T}} y+\lambda} b(\boldsymbol{p})^{\mathrm{T}} \boldsymbol{y}+\lambda$。

综上，$\varPhi^l$ 最终简化为

$$\varPhi^l = \inf_{\ell(\boldsymbol{x}^n, i^n) \leqslant \tau, \tau = F(\boldsymbol{p})^{\mathrm{T}} y+\lambda} b(\boldsymbol{p})^{\mathrm{T}} \boldsymbol{y}+\lambda \tag{2-23}$$

(3)动态规划解嵌套。

动态规划的基本思想，是把一个 N 步决策问题，看作一个单步决策加后续 $N-1$ 步决策问题，后续 $N-1$ 步决策问题同样可以划分为 1 步决策加后续 $N-2$ 步决策问题，依次递推至末端；然后求得末端的单步决策问题的解，再求得最后两步决策问题的解，依次逆向递推，直至求得完整的决策序列。

借助动态规划思想，在前文将末端时刻的风险泛函转化为线性规划问题的基础上，考虑最后两个时刻总体的风险泛函，可以表达为

$$\varPhi^k = \rho_{i^k} [\ell(\boldsymbol{x}^l, \boldsymbol{u}^l, i^l) + \varPhi^l; i^l]$$

与前文类似，可以将目标函数的一部分转入约束，即

$$\ell(\boldsymbol{x}^l,\boldsymbol{u}^l,i^l)+\varPhi^l=\inf\nolimits_{\ell(\boldsymbol{x}^l,\boldsymbol{u}^l,i^l)+\varPhi^l\leqslant\tau}\tau$$

则有

$$\varPhi^k=\inf_{\ell(\boldsymbol{x}^l,\boldsymbol{u}^l,i^l)+\varPhi^l\leqslant\tau,\tau=F(\boldsymbol{p})^{\mathrm{T}}\boldsymbol{y}+\lambda}b(\boldsymbol{p})^{\mathrm{T}}\boldsymbol{y}+\lambda \tag{2-24}$$

依次逆向递推，可将式(2-10)所示的多阶段嵌套风险泛函转化为如下形式：

$$\begin{aligned}
\min_{x,u,y\geqslant0,\lambda,\tau}\quad & \ell(\boldsymbol{x}_0,\boldsymbol{u}^1,i_0)+b(\boldsymbol{p}_{i^1})^{\mathrm{T}}\boldsymbol{y}^1+\lambda^1\\
\mathrm{s.t.}\quad & \ell_N(\boldsymbol{p}^l,i^\eta)\leqslant\tau_\eta^l,\quad\eta\in\mathbf{ch}(l),\quad l\in\varOmega_N\\
& \tau^l=F(\boldsymbol{p}_{i^1})^{\mathrm{T}}\boldsymbol{y}^l+\lambda^l1_q\\
& \ell(\boldsymbol{x}^l,\boldsymbol{u}^\eta,i^\eta)+b(\boldsymbol{p}_{i^\eta})^{\mathrm{T}}\boldsymbol{y}^\eta+\lambda^\eta\leqslant\tau_\eta^l\\
& \boldsymbol{x}^\eta=f(\boldsymbol{x}^l,\boldsymbol{u}^\eta,i^\eta)\\
& \eta\in\mathbf{ch}(l),\quad l\in\varOmega_k,\quad k\in\mathbb{N}_{[0,N]}
\end{aligned} \tag{2-25}$$

至此，风险目标函数已由多层嵌套的形式转化为了普通的递归形式，可由一般的动态规划求解方法进行求解。而当阶段代价函数与终端代价函数均选择二次型指标时，上式归属于二次约束二次规划(quadratical constraint quadratic programming, QCQP)问题，可以利用线性矩阵不等式(linear matrix inequality, LMI)进行求解。求解上式会获得预测时域内各个时刻的控制率，即控制序列，取其中第一项控制率应用于被控对象，而在下一时刻，重复计算新的控制序列并只取相应的第一项控制率，如此反复，在滚动优化中逐步降低系统风险，实现风险规避预测控制。

2.3　本 章 小 结

本章对风险理论进行了综合阐述，主要分为两个方面，一方面从传统风险理论出发，概述了风险的基本概念、传统的风险测度与风险评估方法，以及新型的风险控制方法，其中，包括风险规避模型预测控制方法，以及基于博弈论、可达性的风险控制方法；另一方面讲述了风险理论在社区场景下的应用过程，主要划分为风险识别、风险分析、风险评价与风险防范四个步骤，并详细说明了各步骤的实施过程。本章是对风险理论及其社区应用的综合介绍，更加具体的社区设备设施风险监测与防范过程详见后续章节。

参 考 文 献

[1]　Artzner P, Delbaen F, Eber J M, et al. Coherent measures of risk[J]. Mathematical Finance, 1999, 9(3): 203-207.

[2]　陈鸥翔. 一致波动性度量与一致风险度量的研究[D]. 合肥: 中国科学技术大学, 2019.

[3]　毛子林, 刘姜. 基于机器学习方法的信用风险评估综述[J]. 经济研究导刊, 2021, (23): 117-119.

[4]　殷加洙, 赵冬梅. 基于全概率风险度量的电力系统备用风险评估方法[J]. 电力自动化设备, 2020, 40(1): 156-162.

[5]　Wang A, Luo Y, Tu G, et al. Quantitative evaluation of human-reliability based on fuzzy-clonal selection[J]. IEEE Transactions on Reliability, 2011, 60(3): 517-527.

[6]　Jung W, Park J, Kim J, et al. Analysis of an operators' performance time and its application to a human reliability analysis in nuclear power plants[J]. IEEE Transactions on Nuclear Science, 2007, 54(5): 1801-1811.

[7]　Leite D, Milhorance D. Risk assessment in probabilistic load flow via Monte Carlo simulation and cross-entropy method[J]. IEEE Transactions on Power Systems, 2019, 34(2): 1193-1202.

[8]　Li W, Zhou J, Xie K, et al. Power system risk assessment using a hybrid method of fuzzy set and Monte Carlo simulation[J]. IEEE Transactions on Power Systems, 2008, 23(2): 336-343.

[9]　Qazi A, Dikmen I. From risk matrices to risk networks in construction projects[J]. IEEE Transactions on Engineering Management, 2021, 68(5): 1449-1460.

[10]　Yu J X, Chen H C, Wu S B, et al. A novel risk matrix approach based on cloud model for risk assessment under uncertainty[J]. IEEE Access, 2021, 9: 27884-27896.

[11]　Andrews J D, Dunnett S J. Event-tree analysis using binary decision diagrams[J]. IEEE Transactions on Reliability, 2000, 49(2): 230-238.

[12]　D'Onorio M, Glingler T, Giannetti F, et al. Dynamic event tree analysis as a tool for risk assessment in nuclear fusion plants using RAVEN and MELCOR[J]. IEEE Transactions on Plasma Science, 2022: 1-7.

[13]　Huang W, Li X, Hu B, et al. A data mining approach for transformer failure rate modeling based on daily oil chromatographic data[J]. IEEE Access, 2020, 8: 174009-174022.

[14]　刘晓君, 孟凡文. 模糊层次分析法在房地产投资风险评价中的应用[J]. 西安建筑科技大学学报(自然科学版), 2005, 1(3): 135-137.

[15]　Kim J H, Lee J, Joo S K. Conditional value-at-risk-based method for evaluating the economic risk of superconducting fault current limiter installation[J]. IEEE Transactions on Applied Superconductivity, 2015, 25(3): 1-4.

[16]　Zhao J, Abedi S, He M, et al. Quantifying risk of wind power ramps in ERCOT[J]. IEEE Transactions on Power Systems, 2017, 32(6): 4970-4971.

[17]　毕晓丹. 商业银行风险控制方法与途径[J]. 经济研究导刊, 2014, 14: 191-192.

[18]　Jacobson D. Optimal stochastic linear systems with exponential performance criteria and their relation to deterministic differential games[J]. IEEE Transactions on Automatic Control, 1972,

18(2): 124-131.

[19] Goh J, Sim M. Distributionally robust optimization and its tractable approximations[J]. Operations Research, 2010, 58(4): 902-917.

[20] Patrinos P, Sopasakis P, Sarimveis H, et al. Stochastic model predictive control for constrained discrete-time Markovian switching systems[J]. Automatica, 2014, 50(10): 2504-2514.

[21] Chow Y L, Pavone M. A framework for time-consistent, risk-averse model predictive control: Theory and algorithms[C]// 2014 American Control Conference, 2014: 4204-4211.

[22] Sopasakis P, Herceg D, Bemporad A, et al. Risk-averse model predictive control[J]. Automatica, 2019, (100): 281-288.

[23] Hans C, Sopasakis P, Raisch J, et al. Risk-Averse model predictive operation control of islanded microgrids[J]. IEEE Transactions on Control Systems Technology, 2020, 28(6): 2136-2151.

[24] Rawlings J, Mayne D, Diehl M. Model Predictive Control: Theory, Computation, and Design[M]. Madison: Nob Hill Publishing, 2017.

[25] Mesbah A. Stochastic model predictive control: An overview and perspectives for future research[J]. IEEE Control Systems Magazine, 2016, 36(6): 30-44.

[26] Hokayem P, Cinquemani E, Chatterjee D, et al. Stochastic receding horizon control with output feedback and bounded controls[J]. Automatica, 2012, 48(1): 77-88.

[27] Lygeros J, Tomlin C, Shankar S. Controllers for reachability specifications for hybrid systems[J]. Automatica, 1999, 35(3): 349-370.

[28] Lygeros J. On reachability and minimum cost optimal control[J]. Automatica, 2004, 40(6): 917-927.

[29] Alessandro A, Maria P, John L, et al. Probabilistic reachability and safety for controlled discrete time stochastic hybrid systems[J]. Automatica, 2008, 44(11): 2724-2734.

[30] Jerry D, Maryam K, Sean S, et al. A stochastic games framework for verification and control of discrete time stochastic hybrid systems[J]. Automatica, 2013, 49(9): 2665-2674.

[31] 周克敏. 故障诊断与容错控制的一个新框架[J]. 自动化学报, 2021, 47(5): 1035-1042.

[32] Rockafellar R T, Uryasev S. Optimization of conditional value-at-risk[J]. The Journal of Risk, 2000, 3(2): 21-41.

[33] Alexander S, Darinka D, Andrzej R. Lectures on Stochastic Programming[M]. Philadelphia: Society for Industrial and Applied Mathematics, 2014.

[34] Bertsekas D, Nedić A, Ozdaglar A. Convex Analysis and Optimization[M]. Nashua: Athena Scientific, 2003.

第3章 社区设备设施风险辨识

风险辨识是确定风险存在并描述其特性的过程，目的在于辨识人员、财产、环境等暴露于一个或多个危险场景的所有状况及其后果。对于社区水、电、气、热等设备设施系统，风险辨识与评估内容进一步明确为：针对不同事故种类及特点，识别存在的危险、危害因素，分析事故可能产生的直接后果以及次生、衍生后果，评估各种后果的危害程度和影响范围，提出防范和控制事故风险措施的过程[1]。风险辨识是实现风险管理的第一步，设备设施系统中存在的危险与系统本身的状态及其环境相关，是系统自身的一种属性。在着手进行事故风险评估前，辨识危险尤为重要，它是能否顺利完成风险评估的关键。设备设施危险识别的方法很多，每种方法有其目的性和适用范围，各种方法相互配合可以识别出系统中的大多数危险。危险识别过程中，应结合具体场景使用。主要方法如下。

（1）相关标准。通过国家相关标准中的安全要求可进行危险的识别。

（2）安全检查表。查阅已编制好的安全检查表，辨识出系统中存在的危险。该方法使风险辨识过程更为迅捷。

（3）查阅和收集故障、事故的记录。查阅有关系统的故障、事故的历史记录，可获得能够帮助定性和定量分析的信息和数据。通过事故树分析等方法寻找与事故发生有关的原因、条件和规律，由此可辨识出系统中导致事故发生的有关危险。

（4）专家咨询。通过询问对于该领域安全评价具有丰富经验的人员，也可分析出系统中存在的某些危险。

（5）实践检验。由熟悉安全技术知识和安全法规标准的人员对系统进行现场观察，可发现一些存在的危险，并进行数据搜集。

（6）借鉴同类系统的经验。从类似系统中获取有关危险的信息，加以分析、归纳和整理，可辨识出存在的危险。

其他还有工作危害分析(job hazard analysis，JHA)、故障类型及影响分析、危险与可操作性研究、假设分析、图解法等危险识别方法[2]。

3.1 社区供配电系统风险辨识

3.1.1 常见事故风险概述

据不完全统计，社区电力系统中 80%以上的故障来自于社区配电系统。社区里的供配电系统可能发生的事故有雷击危险、触电危险、电气火灾和爆炸危险、主变压器故障、断电危险、低温危害等事故类型。

3.1.2　常见事故风险分析

1. 雷击危险

社区里的室外变电站变配电装置、配线(缆)、构架、箱式配电站及电气室都有遭受雷击的可能,若防雷设计不合理、施工不规范、接地电阻值不符合规范要求,则雷电过电压在雷电波及范围内会严重破坏社区建筑物及社区设备设施,并有可能危及人身安全,过量的雷电流流入地下,会在雷击点及其连接的金属部分产生极高的对地电压,可能导致接触电压或跨步电压的触电事故;雷电流的热效应也可能引起电气火灾及爆炸[3]。造成变压器设备损坏,影响社区内正常的生活环境,严重时会危害社区居民的生命安全。

2. 触电危险

社区里的供配电设备设施在生产运行中如果不慎被触及,可能导致发生电击、电灼伤等触电危险,其主要原因包括:产品质量不佳,绝缘性能不好;现场环境恶劣(高温、潮湿、腐蚀、振动)、运行不当、机械损伤、维护不善导致绝缘老化破损;设计不合理、安装工艺不规范、各种电气安全净距离不够;安全措施和安全技术措施不完备、违章操作、保护失灵等[4]。特别是高压设备和线路,因其电压值过高,电场强度大,触电的潜在危险更大。由于外力(雷电、大风、人为因素)的作用,建筑物避雷针的接地点或导线断落点附近将有大量的扩散电流流入大地,使周围地面上分布着不同的电位差。当社区人员进入这些存有不同电位差的区域时,会引起跨步电压触电。

3. 电气火灾和爆炸危险

社区内各种高低压配电装置、电气设备、电器、照明设施、电缆、电气线路等,在安装不当、外部火源移近、运行中正常的闭合与分断、不正常的运行过负荷、短路、过电压、接地故障、接触不良等情况下,均可产生电气火花、电弧或者过热,若防护不当,可能发生电气火灾或引燃周围的可燃物质,造成火灾事故;在有过载电流流过时,还可能使导线(含母线、开关)过热,金属迅速气化而引起爆炸;充油电气设备(油浸式电力变压器、电压互感器等)火灾危害性更大,还有可能引起爆炸,危害居民的生命财产安全[5]。

4. 主变压器故障

社区中变压器长期超负荷运行,引起线圈发热,使绝缘逐渐老化,可能造成匝间短路、相间短路或对地短路；变压器铁芯叠装不良、芯片间绝缘老化，可能引起铁损增加，造成变压器过热；如保护系统失灵或整定值调整过大，也会引起变压器燃烧爆炸。

变压器线圈受到机械损伤或受潮，引起层间、匝间或对地短路，或硅钢片之间绝缘老化，或者紧夹铁芯的螺栓套管损坏，使铁芯产生很大涡流，可能引起发热而导致温度升高，引发火灾事故。若变压器绝缘油在储存、运输或运行维护中不慎而使水分、杂质或其他油污等混入油中后，会使绝缘强度大幅度降低，当其绝缘强度降低到一定值时就会发生短路而引发火灾、爆炸事故。在吊芯检修时，若不慎将线圈的绝缘和瓷套管损坏，如继续运行，轻则闪络，重则短路造成火灾。

线圈内部的接头、线圈之间的连接点和引至高、低压瓷套管的接点及分接开关上各接点，如果接触不良会产生局部过热、破坏线圈绝缘，从而发生短路或断路。此时所产生的高温电弧，同样会使绝缘油迅速分解，产生大量气体，使压力骤增而引起燃烧、爆炸，破坏力极大，后果十分严重。接触不良主要是由于螺栓松动、焊接不牢、分接开关接点损坏等原因造成的。

当变压器负载发生短路时，变压器将承受相当大的短路电流，如果保护系统失灵或整定值过大，就有可能烧毁变压器[6]。

油浸式变压器的三相负载不平衡时，接地线上就会出现电流。如果这一电流过大而接地点接触电阻又较大时，接地点会出现高温。如果变压器周围存有可燃物质，高温会引燃周围可燃物质而发生火灾。

油浸电力变压器的电流，大多由架空线引来，容易遭到雷击产生的过电压的侵袭，击穿变压器的绝缘，甚至烧毁变压器，引发火灾和爆炸。

变压器油箱、套管等渗油、漏油，形成表面污垢，遇到明火容易引发火灾。

以上的变压器故障轻则影响社区居民正常的生活，严重时则会危及居民生命财产的安全。

5. 断电危险

社区内对于一级用电负荷，如消防水泵、水灾探测、报警和人员疏散指示、危险和有害气体的检测及泄漏的探测、安全出口照明、烟尘排放等要求连续可靠供电的设备、设施及场所，一旦供电中断发生事故，将危及人员健康与生命安全。

6. 低温危害

由于变压器等配电设备设施大多处于室外环境，在低温环境下金属设备部件可能会发生晶型转变，甚至引起破裂，导致机械运转失衡；机箱油受冷空气影响会产生冷凝，造成机械不能正常运转等危险，导致设备出现故障，造成设备损坏及经济损失，影响居民的正常生活。

3.1.3　风险防控与应急措施

社区供配电系统针对可能发生的雷击危险、触电危险、电气火灾和爆炸危险、主变压器故障、断电危险、低温危害等事故类型，制订相应的风险防控和应急措施。

1. 雷击危险事故预防措施

完整的防雷系统包括两个方面：直接雷击的防护和感应雷击的防护。缺少任何一方面都是不完整的、有缺陷的和有潜在危险的。一般将其分为外部避雷和内部避雷两部分。

(1)外部防雷系统：由避雷针、引下线和接地系统构成外部防雷系统，主要是为了保护供配电系统设备设施免受雷击，从而避免由雷击引发的火灾事故及人身安全事故。

(2)内部防雷系统则是防止雷电和其他形式的过电压侵入设备中所造成的损坏，这是外部防雷系统无法保证的。为了实现内部避雷，需对设备进出的电缆，金属管道等安装过电压保护器进行保护并良好接地。

2. 触电危险事故预防措施

(1)保证电气设备的安装质量。装设保护接地装置。在电气设备的带电部位安装防护罩或将其装在不易触及的地点，或者采用联锁装置。

(2)加强用电管理，建立健全安全工作规程和制度，并严格执行。

(3)使用、维护、检修电气设备，严格遵守有关安全规程和操作规程。

(4)尽量不进行带电作业，特别是在危险场所(如高温、潮湿地点)，严禁带电工作；必须带电工作时，应使用各种安全防护工具，如使用绝缘棒、绝缘钳和必要的仪表，戴绝缘手套，穿绝缘靴等，并设专人监护。

(5)对各种电气设备按规定进行定期检查，如发现绝缘损坏、漏电和其他故障，应及时处理；无法修复的设备不可勉强运行，应予以更换。

(6)根据生产现场情况，在不宜使用 380/220V 电压的场所，应使用 12～36V 的安全电压。

(7)禁止非电工人员乱装乱拆电气设备，更不能乱接导线。

(8)加强技术培训，普及安全用电知识，开展以预防为主的反事故演习。

3. 火灾、爆炸事故预防措施

(1)建立健全消防管理制度和安全操作规程，制定切实可行的灭火应急救援预案，严格组织实施并进行定期演练。

(2)建立应急救援组织，配备相关人员以及必要的设备设施等急救器材，能够满足事故预防和阻止事故扩大的基本条件。

(3)严格按照有关规定安装、配置消防设施和灭火器材,充分利用好现有的监控设备,做好日常维护、管理、保养工作,确保设备、消防器材 24 小时处于完好有效状态,一旦发生火险能够及时发挥作用。

(4)加强日常安全教育及培训工作,提高消防安全意识和自我防范能力。

(5)加强明火管理,严禁无证动火;动火区域制定完善的安全消防措施,确保安全动火。

4. 主变压器故障事故预防措施

(1)电气绝缘等级应与使用电压、环境、运行条件相符,并定期检查、检测、维护、维修,保持完好状态。

(2)采用遮拦、护罩等防护措施,防止人体接触带电体。

(3)强电设备及其检修作业需保持安全距离。

(4)严格按标准要求对电气设备做好保护接地、重复接地或保护接零。

(5)建立健全并严格执行电气安全规章制度和电气操作规程。

(6)对防雷防火措施进行定期检查、检测,保持完好、可靠状态。

5. 断电危险事故预防措施

(1)对一级用电负荷,要有备用供电设备,增强电厂后备电力,尽量不采用单一供电。

(2)定期检修,检查排除设备及线路的各种隐患。

(3)根据线路及负荷的实际情况,及时调整开关保护整定。整定由专职技术员进行,确保各种保护整定精确、动作灵敏可靠。

(4)加强对老旧设备、线路的更新改造。

6. 低温危害事故预防措施

(1)出现低温天气时加强对设备的维修、保养,保证设备处于正常运转的温度条件。

(2)做好输送电线路和高低压设备的防冻、防雪措施,确保供电系统安全可靠。

表 3-1 所示为供配电系统事故风险分级表。

表 3-1　供配电系统事故风险分级

危险有害因素	事故类型	事故后果	风险等级划分
雷击危险	自然环境有害因素	严重破坏社区建筑物及社区设备设施,并有可能危及人身安全乃至有致命的危险	可参考标准《雷电易发区及雷电灾害风险等级划分》(DB23/T 2172-2018)
触电危险	可能引发触电事故	人员伤亡、设备损坏	可参考标准《电工电子设备防触电保护分类》(GBT2501-1990)

续表

危险有害因素	事故类型	事故后果	风险等级划分
火灾和爆炸危险	可能引发电气火灾、爆炸事故	造成人员伤亡、设备损坏及经济损失	可参考标准《爆炸危险环境电力装置设计规范》（GB 50058-2014）
主变压器故障	可能引发变压器着火、爆炸事故	造成人员伤亡、设备损坏及经济损失	可参考标准《配电室安全管理规范》（DB11/T 527-2021）
断电危险	可能引发断电危险事故	危及人员健康与生命安全	可参考标准《供配电系统设计规范》（GB 50052-2009）
低温危害	自然环境有害因素	造成设备损坏及经济损失	可参考标准《供配电系统设计规范》（GB 50052-2009）

3.2　社区燃气系统风险辨识

3.2.1　常见事故风险概述

随着社区生产与消费规模的急剧扩张，燃气使用场所、使用方式越来越多样，社区违规违章建设、施工、储存、经营、操作等难以彻底根除，规避监管的手法、手段正在向隐蔽化、复杂化发展，燃气管线安全隐患日益凸显，相关安全事故屡有发生。面对日趋严峻的燃气行业安全监管形势，现有管理手段及设备已很难跟上燃气事业飞速发展的步伐。如不及时创新管理理念、管理手段和管理方式，加强对社区燃气设施和从业人员的监管，极有可能发生重特大安全事故，严重威胁社区安全[7]。

构建合理、完善、实用、符合国情的社区管网安全综合风险评估，建立"预防型"安全管理思路，提供多种切实可行的方法，制订完善的规范，有利于管理者科学地制定方案，合理调配资源，有计划、有步骤地开展系统安全管理。

社区里的燃气系统可能发生的事故类型有中毒窒息事故和火灾爆炸事故。

3.2.2　常见事故风险分析

燃气属于易燃易爆气体。在燃气系统输送或居民使用过程中，均有可能发生燃气泄漏。居民生活环境中甲烷、一氧化碳等气体含量一旦超标，低浓度中毒将使附近人员感觉身体不适；若高浓度吸入会出现头痛、恶心、眼痛、咳嗽、呼吸困难等严重症状；当燃气达到一定浓度时则有可能引发爆炸事故。引发燃气泄漏的主要原因包括：火灾爆炸、燃气气化系统阀门或管线连接不牢靠、气化系统超压、配管及接线松动或脱落、电器设施损坏、居民在燃气使用过程中忘记关闭燃气阀门、使用不当和违反操作规程等。

3.2.3　风险防控与应急措施

1. 中毒窒息事故预防措施

(1)加强燃气管理人员及社区居民的安全培训,做到燃气管理人员定期排查安全隐患、社区居民正确使用燃气。

(2)强化技术监控手段,保证监控设施可靠,监控信息及时处理。可以设置有毒气体及可燃气体检测探头,并将所有检测信号引至控制室。岗位人员应对监控情况进行严格检查,及时发出安全报警。

(3)有限空间作业应严格遵照安全规程,按照"先检测,后作业"的原则,凡进入受限空间危险作业场所作业,必须根据实际情况事先测定氧气、有害气体的浓度,符合要求后方可进入,未准确测定的严禁进入该场所作业。

(4)确保受限空间危险作业现场的空气质量,氧气含量应在18%以上、23.5%以下,有毒有害气体浓度必须符合国家标准的安全要求。

(5)在受限空间危险作业进行过程中,应加强通风换气。有害气体浓度可能发生变化的危险作业应保持连续监测或必要的测定次数。

(6)作业时所用的一切电气设备,必须符合有关用电安全技术操作规程。照明应使用12V以下的安全灯,使用超过安全电压的手持电动工具,必须按规定配备漏电保护器。

(7)作业人员进入受限空间危险作业场所作业前和离开时应准确清点人数,作业人员应与监护人员事前规定明确的联络信号。

(8)严禁无关人员进入受限空间危险作业场所,并在醒目处设置警示标志。在受限空间危险作业场所配备必要的抢救器材,当发现有缺氧症时,作业人员应立即组织急救和联系医疗处理[8]。

2. 火灾爆炸事故预防措施

(1)建立健全消防管理制定和安全操作规程,制订切实可行的灭火应急救援预案,严格组织实施和进行定期演练。

(2)建立应急救援组织,并从人员、设备、设施等急救器材上给予配备,满足事故预防和阻止事故扩大的基本条件。

(3)严格按照有关规定安装、配置消防设施和灭火器材,充分利用好现有的监控设备,做好日常维护、管理、保养工作,确保设备、消防器材24小时处于完好有效状态,一旦发生火险能够及时发挥作用。

(4)加强有关日常安全教育、培训工作,提高消防安全意识和自我防范能力。

(5)加强居民生活用气管控,定期培训居民安全用气常识。厨房等动火区域制定完善的安全消防措施，注意通风，确保安全动火[9]。

表 3-2 为燃气系统事故风险分级表。

表 3-2　燃气系统事故风险分级

危险有害因素	事故类型	事故后果	风险等级划分
中毒窒息	可能引发中毒窒息事故	人员伤亡	可参考标准《燃气系统运行安全评价标准》（GB/T 50811-2012）与《城镇燃气设计规范（2020 年版）》（GB50028-2006）
火灾爆炸	可能引发容器爆炸事故	人员伤亡、设备损坏	可参考标准《燃气系统运行安全评价标准》（GB/T 50811-2012）与 《城镇燃气设计规范》（2020 年版）（GB50028-2006）

3.3　社区消防系统风险辨识

3.3.1　常见事故风险概述

火灾事故给社区的消防安全治理敲响了警钟。虽然火灾事故的发生有其偶然性，难以预测何时、何地发生，但在火灾的事后追责、教训总结时有相当大的概率可以找到消防安全管理上的漏洞。因此，很有必要对社区消防系统的常见事故风险进行细致分析。社区里的消防系统可能发生的事故类型有消防安全治理缺陷、消防设施维护保养不到位与管理不善、人员消防意识和消防知识技能薄弱等事故[10]。

3.3.2　常见事故风险分析

1. 消防安全治理缺陷

社区的消防安全治理难度大、推进困难，可能涉及社会诸多方面因素，具体分析如下。

(1)社区内建筑密度高、人口密度大，供电、供气、取暖等线路密布，供应负荷大，使得存在多重致灾因素，消防安全治理难度大。

(2)社区作为城市末端交通压力大。交通路网不畅以及交通阻塞等问题，必然导致灭火应急救援迟缓。消防安全治理问题也将涉及城市路网的规划与建设问题。

(3)社区火灾高危单位相对集中。使用到的易燃易爆危险化学品、有害有毒物质可能触发人员群死群伤以及重大财产损失的恶性火灾事故风险高。而对于易燃易爆危险化学品、有害有毒物质的管理属安全生产方面的问题，专业性强，消防安全治理需与安全生产管理相结合[11]。

(4)业主的消防安全意识不强，存在诸多私搭乱建的违章建筑。例如，占用防火间距或消防车通道搭建，采用耐火等级低的建筑构件加建等情况不在少数。

(5)老旧社区年代久远，建筑耐火等级低，无防火分隔措施，无消防设施，存在的火灾隐患多。另外，近年来大型建筑综合体、超高层建筑、地下建筑等不断出现。这些建筑功能复杂，设施设备种类繁多，对消防系统的依赖度高，消防安全管理专业性强、任务烦琐。而且这类建筑的火灾扑救及人员疏散问题目前仍是一个世界性难题。

(6)社区中存在"老旧市场""城中村""三合一场所""密集的出租屋群"等，这部分区域的防火间距不足，消防设施缺失，消防车通道不畅，成为影响区域火灾安全的"顽疾"。

2. 消防设施维护保养不到位与管理不善

消防设施是建筑物的主动防火要素，是抵御火灾危险性、降低火灾风险最有效与最直接的保障措施。尤其对于高层建筑、大型复杂建筑，其作用非常关键。但目前社区中消防设施维护保养不到位、管理不善的现象仍非常普遍，导致发生火灾事故时无法及时应对和处理。

(1)无应急疏散标志或损坏。未按规范配备应急疏散标志或没有及时检查，致使不能发挥应有作用。

(2)消防通道堵塞、消防器材过期、擅自在消防通道堆放杂物或关闭疏散门，未按要求检查消防器材。

3. 人员消防意识和消防知识技能薄弱

(1)思想重视程度不够，消防安全宣传工作表面化、形式化现象比较突出。消防安全培训工作仅仅停留在制作台账，应付消防监督检查上。

(2)消防安全宣传的覆盖面不够宽。存在以下四点问题：一是不同社会群体对消防安全常识的掌握参差不齐；二是民众的消防安全防范意识还有待加强；三是民众对火场自救逃生知识和火灾扑救技能存在认知盲点；四是全面系统的消防培训覆盖面不广。

(3)消防从业人员的业务知识培训不到位。

3.3.3　风险防控与应急措施

1. 针对消防安全治理缺陷的预防措施

(1)建立消防管理制度。按施工总平面布置，确定消防重点部位。消防器材专人管理，定期检查，确保消防器材完好。进行消防专项教育，进行必要的消防演练。

(2)社区内进行施工，必须遵守当地的防火规定，并配备必要的消防器材。动用明火或进行焊接时，必须划定工作范围，清除易燃杂物，并设专人监护。社区重点部位必须配备必要的消防设备和器材。消防器材应按照有关要求定期进行检查。

(3)电气设备附近应配备适用于扑灭电气火灾的消防器[12]。

2. 针对消防设施维保不到位的预防措施

(1)按照规定定期维护保养消防设施,包括火灾自动报警系统、自动喷淋系统、消火栓系统、防火排烟系统、气体灭火系统和应急照明、疏散指示标志。配备责任心强、具有较高专业知识人员负责消防设备设施的维护保养工作,其他不具资质人员不得随意维修保养消防设备设施。

(2)消防值班人员每周对消防控制设备进行检查,发现异常情况立刻通知维护人员处理,并做好记录。

(3)应委托具有消防设施维护保养能力的单位,定期对消防设施维护保养,并出具月报告书。

(4)消防安全设施周围严禁堆放各类物品。

(5)自动消防设施的操控设施周围应保持整洁、畅通,不得进行遮挡和堵塞。

(6)不得擅自改变防火门的工作状态,同时严禁在防火门周围堆放物品。

(7)严禁在消火栓、水泵接合器周围、消防通道停放车辆和摆放物品。

3. 针对人员消防意识和消防知识技能薄弱的预防措施

(1)进行《中华人民共和国消防法》《高层民用建筑消防安全管理规定》等有关消防法规、消防安全制度和保障消防安全的操作规程的培训。

(2)普及社区火灾典型事故案例的宣传。

(3)加强安全消防火灾危险性和防火措施基本知识的宣传教育。

(4)培训灭火器的正确使用方法、报火警的注意事项、扑救初起火灾以及人员逃生疏散等基础知识和技能。

表3-3所示为消防系统事故风险分级表。

表3-3　消防系统事故风险分级

危险有害因素	事故类型	事故后果	风险等级划分
消防安全治理缺陷	导致火灾增长、蔓延	不能有效阻遏火情,造成人员伤亡和财产损失的扩大	可参考标准《人员密集场所消防安全管理》(GB/T 40248-2021)、《消防设施通用规范》(GB 55036-2022)
消防设施维护保养不到位与管理不善	导致火灾增长、蔓延	不能有效阻遏火情,造成人员伤亡和财产损失的扩大	可参考标准《消防设施通用规范》(GB 55036-2022)、《建筑消防设施维护保养规程》(DB14/T 2489-2022)、《消防设施维护保养规程》(DB45/T 2473-2022)
人员消防意识和消防知识技能薄弱	引发火灾,导致火灾增长、蔓延	造成人员伤亡和财产损失	可根据调查问卷结果进行风险等级划分

3.4 社区电梯系统风险辨识

3.4.1 常见事故风险概述

电梯系统安全主要指消除不可接受的风险，需要通过充分降低风险来实现。电梯系统很难绝对安全，某些风险在系统中是可以残留的，这类风险被定义为遗留风险。例如，电梯系统中的人员、设备或过程(如操作、使用、检查、测试或维护)只能达到相对安全。

电梯系统的安全受到众多因素的影响，要实现电梯系统安全需要使以下因素达到最佳平衡：理想的绝对安全、产品或过程所需要的功能、使用者的利益、成本、有关的社会惯例等。有些危险对电梯系统功能而言是固有的，而有些是非固有的。

电梯系统中对固有危险的识别需要考虑的因素有：电梯设备的物理状态、与电梯相关的人员及其操作、伤害事件的类型等。社区里的电梯系统可能发生的事故有人员坠落，电气短路火灾，剪切、挤压，冲顶、蹲底，关人事故等事故类型[13]。

电梯系统中非固有的危险包括下列各项：与电梯系统、电梯部件(零件)或涉及安全的系统(部件)的故障相关的危险；与外界影响有关的危险，如环境、温度、火焰、气候情况、闪电、雨、风、雪、地震、电磁兼容性(electromagnetic compatibility, EMC)、建筑物的状况及其用途等；与不正确的操作、使用、维护、修理、改造、清洁程序或在电梯或部件上进行其他操作相关的危险，以及与误用系统或过程相关的危险。另外，忽视人类工效学的相关原则也会影响安全。

3.4.2 常见事故风险分析

1. 电梯设备的物理状态

包括电梯系统的结构、电梯系统及其子系统的物理状态等。根据电梯系统的结构，并参照电梯行业的习惯、电梯标准和法规的划分惯例，按照其空间位置，兼以考虑功能描述的方便，将电梯的危险源分为井道、机房和滑轮间、轿厢、层门、对重、电梯驱动主机、电气设备和控制系统、导轨、悬挂装置、缓冲器、轿厢超速保护装置等部分；电梯系统及其子系统的物理状态包括了几何尺寸、材料特性、运动状态、部件特征等。

2. 与电梯相关的人员及其操作

与电梯相关的人员有：以运输为目的使用电梯的人员；在电梯部件所在区域内或运行区域内的人员，或能进入该区域的人员；对电梯或在附近进行作业的人员；有某种身体残障的人员；行使特殊职能的人员，如消防人员和医院运送患者的人员。

与电梯相关的操作有安装、测试、更换、使用、维护、修理、改造、清洁等。

3. 伤害事件的类型

伤害事件的类型众多，按照伤害来源可分为机械原因、电气原因、热原因、化学原因以及忽视人类工效学等。

具体伤害事故如下。

(1) 人员坠落。

人员坠落是指失足坠入井道。坠落事故发生的地点有层门、轿厢、轿顶、机房。坠落事故涉及的人员有乘客、管理人员、维修人员、安装人员。

事故原因如下：使用单位对特种设备管理混乱，无必要的规章制度；电梯三角钥匙管理不严是导致事故的重要原因；电梯司机在擅离岗位后不采取任何安全措施，造成其他人员擅自动用电梯；乘客自身原因。

建议对垂直电梯三角钥匙设立专用台账，对每把三角钥匙进行编号并对应到个人，三角钥匙不准外借给他人(包括维保人员)。

需要注意的事项有：认识层门自闭装置的重要性；认识层门门锁的重要性；建立电梯钥匙管理制度并认真执行；无论什么原因打开层门，首先要确认轿厢是否停在该层；电梯困人，实施救援，一定要盘车到平层位置。

(2) 电气短路火灾。

电梯电气设备如输电设备、线路、照明设备等，若发生短路、漏电、接地不良、过负荷等故障时，产生的电弧、电火花、高热易引燃可燃物质。

电梯电气控制系统短路故障的主要原因是电器元件质量和维修保养不到位。接触器或继电器的机械和电器连锁失效，可能产生接触器或继电器抢动造成短路；接触器的主接点接通或断开时，产生的电弧使周围的介质击穿而产生短路；电气元件绝缘材料老化、失效、受潮也会造成短路。其他造成短路故障的原因还有：电梯电线老化、配管与接线松动或脱落、电器设施损坏、违反操作规程等。

(3) 剪切、挤压。

剪切：当乘客踏入或踏出轿门的瞬间，轿厢突然起动，使受害人在轿门与层门之间的上下门坎处被剪切。

挤压：常见的挤压事故，一是受害人被挤压在轿厢围板与井道壁之间；二是受害人被挤压在底坑的缓冲器上，或是人的胶体部分(比如手)被挤压在转动的轮槽中。

剪切挤压事故发生的地点为轿门与层门之间、轿厢围板与井道壁之间。剪切挤压事故的原因有短接门锁、进轿顶、底坑未打"检修"、逃生不当、电梯失控等。剪切挤压事故伤害的人群有安装人员、维保人员、电梯司机、乘客。

(4) 冲顶、蹲底。

冲顶是指电梯失去控制飞快上升而碰撞电梯井，是为最严重的事故。蹲底指轿厢蹲到底坑的缓冲器上。为防止冲顶、蹲底事故发生要严格做好以下内容：按要求调整和测试平衡系数，防止超载；按时检查制动器，保持曳引钢丝绳松紧度一致；及时清洗曳引轮、曳引钢丝绳上的油污；曳引轮绳槽、曳引钢丝绳磨损严重应及时维修或更换；确保防越程保护有效、限速器安全钳有效。

(5) 关人事故。

关人事故主要是由于电梯超载保护装置灵敏度不够，乘客进入轿厢后电梯未发出超载报警，电梯运行后微动开关工作，电梯遂停止运行，导致乘客被困。关人事故会导致乘客因缺氧而窒息等危险。电梯使用单位应按规定设置管理机构或管理人员，电梯轿厢报警装置能使其组织机构有效应答。电梯由取得许可的单位维保，维保单位设 24 小时值班电话，接到故障通知要按时到达[14]。

3.4.3　风险防控与应急措施

1. 乘客的安全空间

在乘坐电梯的过程中，与乘客有关的空间共三个：一是楼层(在不同高度上的水平空间)；二是井道(连接各楼层的竖直空间)；三是轿厢(运送乘客的封闭空间)。一般地，楼层是安全空间，轿厢内被设计为安全空间，而井道是危险空间。通常安全电梯确保乘客在楼层上或轿厢里，而不能进入井道。如果乘客身体的一部分在楼层上，而另一部分在轿厢里，此时轿厢应严禁剧烈运动，用以防止乘客在进入或走出电梯时，门系统对其造成跌入井道或是被剪切的伤害。

2. 轿厢的安全加(减)速

在乘坐电梯的过程中，可能会因非正常的加(减)速度产生的失重、超重和冲击等对乘客造成伤害。通常电梯应在曳引机制动器制停时、上行超速制停时、安全钳制停时、缓冲器制停时等正常情况下，确保乘客承受的加(减)速度保持在安全范围内。

3. 持续有效的安全性

安全电梯应具有在机械和电气两方面的本质安全性，并设置严密的专门安全保护系统，以保护使用人员、维护和检查人员及在电梯井道、机房或滑轮间外面的人员；还要保护轿厢中的装载物、电梯的零部件及安装电梯的建筑；并且还必须保证安全保护系统的性能一直处于持续有效的状态。无论是电梯的本质安全性，还是电梯安全保护系统功能的持续有效性，都需要通过规范的技术检验来验证和保障。

4. 技术与管理、教育并重

在安保思想体系中非常重视管理和教育的作用。可以说，技术、管理与教育三者的结合是电梯安保思想的重要特征。

在风险要素辨识过程中还应考虑以下要素。

（1）安全功能的可靠性。

风险辨识中应考虑部件和系统的可靠性，需要识别导致不同后果和伤害的情况，如部件失效、供电系统故障、电气干扰等。如果有多个装置对安全性能产生影响，那么在考虑这些装置的可靠性时，应使这些装置具有一致的性能。当防护措施还包括工作方式、特定行为、警示、个人防护装备的应用、技能或培训时，在风险评估中应考虑这些措施与已证实的技术性防护措施相比具有较低的可靠性[15]。

（2）使防护措施失效或不采用防护措施的可能性。

风险评估应考虑使防护措施失效或不采用防护措施的可能性和动机。使防护措施失效的可能性取决于防护措施的设计特性和类型，如选择可调整的或可移去的防护装置，选择可编程的安全装置而不选择非可编程的安全装置。

（3）维持防护措施的能力。

风险评估应考虑防护措施所提供的保护是否能保持在有效的状态，以达到需要的防护等级。如果防护措施不易保持在其正确的工作状态，则可能促使人员取消或不采用防护措施，并继续使用电梯而不进行必要的修理。

（4）可预见的误用、故意损坏行为和人为错误的影响。

基于与普通电梯或特殊电梯场所有关的经验，风险辨识应考虑电梯或其部件对于可预见误用和故意损坏行为的敏感性。这适用于设计、符合性评定程序或任何其他程序的风险评估。可预见误用和故意损坏行为包括：强行进入、超载、拆除部件、点火、喷漆、水浇入井道、撞坏层门及使井道入口无防护等。在辨识中应考虑人为错误的可能性，如忘记执行安全程序。

表 3-4 所示为电梯系统事故风险分级表。

表 3-4　电梯系统事故风险分级

危险有害因素	事故类型	事故后果	风险等级划分
人员坠落	管理不善	管理不善	可参考标准《特种设备使用管理规则》（TSG 08-2017）
电气短路火灾	火灾	人员伤亡以及中毒窒息事故	可参考标准《电梯制造与安装安全规范 第 1 部分：乘客电梯和载货电梯》（GB/T 7588.1-2020）、《电梯制造与安装安全规范 第 2 部分：电梯部件的设计原则、计算和检验》（GB/T 7588.2-2020）、《电梯维护保养规则》（TSG T 5002-2017）
剪切、挤压	机械伤害	人员伤亡及设备损坏	可参考标准《电梯制造与安装安全规范 第 1 部分：乘客电梯和载货电梯》（GB/T 7588.1-2020）、《电梯制造与安装安全规范 第 2 部分：电梯部件的设计原则、计算和检验》（GB/T 7588.1-2020）、《特种设备使用管理规则》（TSG 08-2017）

续表

危险有害因素	事故类型	事故后果	风险等级划分
冲顶、蹾底	冲顶(对重顶到缓冲器上)、蹾底(轿厢蹾到缓冲器上)事故	人员伤亡	可参考标准《电梯维护保养规则》(TSG T 5002-2017)
电梯关人	电梯关人事故	人员窒息晕厥事件	可参考标准《特种设备使用管理规则》(TSG 08-2017)、《电梯维护保养规则》(TSG T 5002-2017)

3.5　社区给排水系统风险辨识

3.5.1　常见事故风险概述

社区给排水系统的危险源主要是：排水系统设计排水能力不足导致社区内涝；给水系统中的水源受到污染可能会致使人员中毒；以及在泵房存在的给排水设备如生产水泵、排水泵、消防给水主泵和消防稳压装置等，这些设备容易造成灼烫、触电、机械事故、火灾爆炸等。

3.5.2　常见事故风险分析

1. 社区内涝

社区遭受暴雨而发生内涝灾害。社区中人口众多且基础设施密布，这些都增加了涝灾风险。另外社区排水系统在使用过程中随着时间的推移会发生老化，在后续维修过程中因未严格遵守施工要求而使得排水管衔接处出现问题造成淤积，这些都将增加社区内涝的风险。

2. 机械事故

泵房中的机械设备运动部件、工具等直接与人体接触引起的夹击、碰撞、剪切、卷入、绞、碾等伤害。另外对于转动的机械设备，如水泵等在检修和操作中若缺少防护措施，均可能对检修或操作作业人员造成意外伤害[16]。

3. 火灾

社区泵房内存在生产水泵、排水泵、消防给水主泵以及消防稳压装置等，这些电气设备可能会发生电气火灾。引起电气设备发生火灾危险的主要原因可能是电器、电线老化；配管、接线松动或脱落；违反操作规程；电气设备发生短路、漏电、接地不良、过负荷等故障产生电弧、电火花引起火灾等。

另外在泵房中有消防给水主泵以及消防稳压装置等设备，如果这些设备出现故障，且没有及时解决，当社区发生火灾后消防设施不能及时出水，导致火灾无法得到有效遏制而产生更加严重的后果。

4. 触电

当社区泵房中的设备无防护措施或失灵、设备绝缘外壳损坏等导致设备不能可靠接地或接零保护，若发生漏电有造成人员触电的危险。工作人员误操作也有可能引起触电。

5. 中毒

社区供水源受到污染，社区居民误食用污染水源，则会导致中毒事件。另外社区因供水管道自身的腐蚀、结垢等原因，对供水水质有较大影响，导致其中浊度、菌落总数及铁浓度等指标偏高甚至超标，同样也会导致社区居民用水中毒。

6. 井盖破损或丢失

社区中排水系统使用大量的井盖，井盖丢失会导致过往人员不注意躲避而引发危险，也容易引发交通事故。另外井盖破损丢失会导致下水溢出，影响居民出行，更破坏了社区环境。

3.5.3 风险防控与应急措施

1. 社区内涝事故预防措施

应及时关注天气变化，提前做好防范措施。如果确定有大雨，暴雨天气，应提前组织相关人员进行排查；建立较完整的应急机制，保证大雨、暴雨来临时有规范的应急预案；畅通水道防堵塞。在暴雨来临之前，加强在社区的巡视，在固定时间段内进行巡查，派专人进行检查，以确保各水道畅通，防止垃圾、杂物等堵塞水道，造成积水；在社区进行宣传安全教育培训，强化社区人员的安全意识，增强社区人员的应急处置能力，提高自我保护能力；社区内要有专人收集天气及洪涝预警信息，及时将预警信息通知社区居民，特别是做好社区内老弱病残者的保护工作。

2. 机械伤害事故预防措施

严格遵守机械设备岗位安全操作规程；凡是有可能对人体造成机械伤害的传动装置的外露部分，如传动轴、转轮等必须设置安全防护装置，做到"有轴必有套，有轮必有罩"；检修设备应先关闭设备，切断动力电源，并等设备完全停止运行后进行作业；设备在运行过程中，禁止人员对其转动部分进行检修、加油和清扫等工作；设备运行时，严禁人员从运动的机件部位横穿或跨过[17]。

3. 火灾事故预防措施

建立健全消防管理制定和安全操作规程,制订切实可行的灭火应急救援方案,严格组织实施和定期进行消防演练;在泵房内严格按照有关规定安装、配置消防设施和灭火器材,充分利用监控设备,做好日常维护、管理、保养工作,确保设备、消防器材时刻处于完好有效状态,当出现火险时能够及时发挥作用;在社区进行宣传安全教育培训,强化社区人员的消防安全意识,增强社区人员的应急处置能力,提高自我防范能力;对泵房中的消防给水主泵、消防稳压装置等加大设备检查的次数,并对每次检查的结果进行记录,若发现存在问题或有发生故障的隐患应及时进行处理。

4. 触电事故预防措施

保证电气设备的安全质量,装设保护接地装置,在电气设备的带电部位安装防护罩等;加强用电管理,建立健全安全工作规程和制度,严格按照规章要求执行;使用、维护、检修电气设备时,应严格遵守有关安全规程和操作规则;对电气设备按规定进行定期维护和检查,如果发现绝缘损坏或漏电等其他故障,应及时处理;对不能修复的设备,应予以更换;对防雷防静电措施进行定期检查、检测,保证其运行在可靠状态;加强技术培训,普及安全用电知识。

5. 中毒事故预防措施

对社区内供水源定期进行水质检测,防止因水源污染误饮用造成人员中毒;对社区水箱定期进行消毒、水源进行过滤等,减少水中的毒害物质;检修人孔、通气管、溢流管等应有防止生物进入社区水池或水箱的措施;采用社区直饮水和自来水分离的方式,直饮水无负压设备应 24 小时监测,并且按要求分管道截取监测,提升社区所用循环水的安全及健康系数。

6. 井盖破损或丢失引发事故防范措施

由社区的负责单位对社区中存在沉陷、缺损、丢失的井盖进行统计,并在周围做好防护措施,及时进行更换;建立健全管理体系,加强对社区设施的监管;井盖安装 GPS 定位仪,若井盖被偷或者移动会发出报警信息,并跟踪定位井盖去向[18]。

表 3-5 所示为给排水系统事故风险分级表。

表 3-5　给排水系统事故风险分级

危险有害因素	事故类型	事故后果	风险等级划分
社区内涝	引发内涝	造成人员伤亡,生命财产遭受损害	可参考标准《建筑给水排水设计标准》(GB 50015-2019)
机械伤害	可能引起机械伤害事故	造成人员伤亡	可参考标准《机械安全 风险评估 实施指南和方法举例》(GB/T 16856-2015)、《机械安全生产设备安全通则》(GB/T 35076-2018)

危险有害因素	事故类型	事故后果	风险等级划分
火灾	引发火灾	造成人员伤亡,生命财产遭受损害	可参考标准《国家电气设备安全技术规范》(GB 19517-2009)、《消防给水及消火栓系统技术规范》(GB 50974-2014)、《消防设施通用规范》(GB 55036-2022)
触电	可能引发人员触电事故	造成人员伤亡	可参考标准《电工电子设备防触电保护分类》(GBT2501-1990)、《国家电气设备安全技术规范》(GB 19517-2009)
中毒	可能引发人员中毒	造成人员伤亡	可参考标准《城市供水水质标准》(CJ/T 206-2005)、《建筑给水排水设计标准》(GB 50015-2019)
井盖破损或丢失	可能引发人员伤亡	造成人员伤亡	可参考标准《检查井盖》(GB/T 23858-2009)、《智能井盖》(GB/T 41401-2022)

3.6　社区供暖系统风险辨识

3.6.1　常见事故风险概述

供暖、通风与空气调节是暖通空调系统的三个方面。暖通空调系统是集水、电、气及机械设备于一体的综合应用系统,具有大功率、大范围、多危险源等特点,安全隐患众多。社区供暖系统的风险辨识通常基于社区暖通空调系统开展。社区暖通系统发生的风险事故按风险来源分类,有用电的不安全因素、制冷剂的不安全因素、水的不安全因素、燃气的不安全因素、空气洁净度的不安全因素和火灾隐患等。

3.6.2　常见事故风险分析

1. 用电的不安全因素

用电安全:暖通空调系统一般采用交流 380V 三相动力电源供电,电压高、功率大,必须确保供配电系统的安全可靠,需要具有隔离、绝缘、接地、过载保护、短路保护、漏电保护等安全防护措施,确保人身安全,防止触电事故的发生。

设备安全:暖通空调系统既有压缩机、水泵、风机等大功率设备,又有传感器、控制器、微机等微电子器件及系统,必须保证各电气设备及系统不同的电压、电流供给,以及必要的隔离、绝缘、防潮、防水、接地等防护措施,确保电气设备的安全运行[19]。

2. 制冷剂的不安全因素

暖通空调系统使用大量的制冷剂,存在泄漏风险和存储运输过程中的爆炸风险等不安全因素。

制冷剂泄漏危害：一旦发生制冷剂泄漏，人体皮肤接触到制冷剂会造成冻伤，若吸入制冷剂会造成窒息、昏迷甚至中毒死亡事故。

制冷剂存储运输过程中的爆炸危险：制冷剂钢瓶在存储、运输过程中应避免磕碰，避免日光暴晒，远离火源，远离热源，避免制冷剂大量泄漏与制冷剂钢瓶爆炸事故的发生。

制冷剂循环系统超压危险：压缩式制冷机组中大量的制冷剂封闭在循环系统中，若在运行中出现管路阻塞、超温、超压等情况，极易发生物理爆炸。

3. 水的不安全因素

暖通空调系统存在着冷却水系统、冷冻水系统和热水系统等多种循环水系统，大量的水通过循环进行热量的传递，拥有冷凝器、蒸发器、冷却塔、水泵、阀门、管道等设施，循环水系统具有水量大、管路多、覆盖广、跨度大等特点，容易发生渗漏、爆管等事故，造成设备及房间的浸水危害。

4. 燃气的不安全因素

采用压缩式冷水机组的暖通空调系统在冬天制热时大都采用燃气锅炉提供热源，溴化锂直燃机组则直接使用燃气作为燃料进行制冷制热，因此燃气使用不当会造成中毒或爆炸等安全危害[20]。

5. 空气洁净度的不安全因素

暖通空调系统为人们提供舒适的工作生活空气环境，其首要任务是保持室内空气的温度恒定，其次是满足空气的湿度和洁净度要求。温度和湿度这两个参数是比较好检测和控制的参数，而洁净度往往被忽视，不洁空气直接影响着空调房间内人们的身体健康。

送回风管道的清洁：暖通空调系统随着使用时间的累积，在送回风管道内会积累大量的灰尘，大量的灰尘会滋生细菌、产生异味，成为病菌的滋生扩散源，因此必须定期清洁送回风管道，及时更换、清洗过滤网，确保提供洁净的空气。

有害气体的扩散：在集中式暖通空调系统中，一旦某个房间或部位出现有毒有害气体，会从回风口进入循环风系统，从而扩散到整个系统的各个房间或角落，危害范围迅速扩大。

6. 火灾隐患

空调机房火灾：空调机房使用大量的电气设备，很容易造成电气火灾，一旦出现火灾隐患或灾情应根据实际情况及时处理或扑救，必要时紧急停机及报警。

空调房间火灾：一旦发现某个房间出现火灾应及时关闭暖通空调系统或关闭防火门、启动排烟系统，防止火灾及有害烟气向其他房间或区域扩散。

3.6.3　风险防控与应急措施

暖通空调系统属于制冷设备，按照国家规定制冷作业属于特种作业，从业人员必须经过培训持证上岗。针对暖通空调系统存在的诸多不安全因素，要求从业人员必须熟悉暖通空调系统结构原理，充分了解暖通空调系统的不安全因素，严格遵守各项操作规程和规章制度，掌握突发事件的应急处理方法。应从以下几方面确保暖通空调系统的安全运行。

从业人员持证上岗：所有从事暖通空调系统安装、运行、维护及管理的人员必须经过国家认可的专业培训机构进行培训，取得特种作业制冷作业的操作证方可上岗。

完善规章制度：建立各项规章制度，如制冷机组操作规程、安全用电规章制度、制冷剂安全操作管理制度、空调系统清洗制度、巡回检查制度、交接班制度、受压容器安全阀和压力表定期检测制度、防护用品安全用具管理制度等规章制度。

制订应急预案：制订突发事件的应急预案，如制冷剂泄漏应急预案、火灾应急预案、水管爆管应急预案、疾病传播应急预案等。并对工作人员进行定期培训演练，以便从容有序应对突发事件。

配备防护用具：配备必要的防护用品与安全用具，如防护服、防毒面具、防护手套、冻伤膏、灭火器材等。妥善进行管理，并掌握其正确使用方法。

保持空调清洁：定期对风管系统、循环水系统进行卫生学检查和清洗，必要时进行消毒处理，防止病菌的滋生扩散，确保空调房内人员的健康安全。

加强安全意识：对暖通空调系统存在的危险源进行排查、宣贯，实施防范措施，并进行培训考核。对重要部位加强定期检查和日常巡检工作，发现问题及时处理。

表 3-6 所示为供暖系统事故风险分级表。

表 3-6　供暖系统事故风险分级表

危险有害因素	事故类型	事故后果	风险等级划分
用电的不安全因素	设备事故、火灾事故	造成人员伤亡、设备损坏及经济损失	可参考标准《民用建筑供暖通风与空气调节设计规范》（GB 50736-2012）
制冷剂的不安全因素	中毒、爆炸等	造成人员伤亡、设备损坏及经济损失	可参考标准《制冷剂编号方法和安全性分类》（GB/T 7778-2017）、《民用建筑供暖通风与空气调节设计规范》（GB 50736-2012）
水的不安全因素	渗漏、爆管、浸水事故	设备损坏、物品淋湿、冷热供应中断、电气短路、人员紧张等	可参考标准《民用建筑供暖通风与空气调节设计规范》（GB 50736-2012）
燃气的不安全因素	中毒、爆炸事故	人员伤亡和财产损失	可参考标准《民用建筑供暖通风与空气调节设计规范》（GB 50736-2012）、《建筑设计防火规范（2018 年版）》（GB 50016-2014）

续表

危险有害因素	事故类型	事故后果	风险等级划分
空气洁净度的不安全因素	中毒事故、健康事故	不洁空气影响空调房中人们的身体健康，毒气通过循环系统扩散，会使更多人群中毒	可参考标准《民用建筑供暖通风与空气调节设计规范》（GB 50736-2012）
火灾隐患	火灾事故	人员伤亡和财产损失	可参考标准《民用建筑供暖通风与空气调节设计规范》（GB 50736-2012）、《建筑设计防火规范（2018 年版）》（GB 50016-2014）、《建筑防烟排烟系统技术标准》（GB 51251-2017）

3.7　本 章 小 结

本章介绍了社区供配电系统、社区燃气系统、社区消防系统、社区电梯系统、社区给排水系统和社区供暖系统六大系统的常见事故风险和主要防控应急手段。逐一介绍各系统主要危险，详细阐述了各危险事故原因、事故类型、事故后果和具体防范措施，最后给出系统事故风险分级简表。本章为第 4 章风险评估指标建立和第 5 章静态风险评估计算奠定了基础。

参 考 文 献

[1]　国家安全生产监督管理总局. 生产安全事故应急预案管理办法[DB/OL]. [2022-02-08]. https://www. mem. gov.cn/gk/tzgg/bl/201907/t20190718_321228.shtml.

[2]　张鹏. 电梯安全状况综合评价方法研究[D]. 上海: 上海交通大学, 2009.

[3]　朱翔. 社区配电系统风险管控[D]. 北京: 北方工业大学, 2020.

[4]　李成镇. 隔震核电站应急供配电系统地震风险分析[D]. 南京: 东南大学, 2021.

[5]　铸造项目安全预评价报告[DB/OL]. [2021-09-08]. https://wenku.baidu.com/view/035d2d8ecc 17552706220828.

[6]　供配电系统危险有害因素分析 [DB/OL]. [2021-09-08]. https://wenku.baidu.com/view/f1fb 23340042a 8956bec0975f46527d3250ca6f2.

[7]　乔亮. 社区户内燃气的人因风险评价与预测模型研究[D]. 北京: 北方工业大学, 2021.

[8]　邓小宝. 社区燃气设施风险监测和预警系统设计[D]. 北京: 北方工业大学, 2021.

[9]　党亚光. 基于机器学习的社区燃气系统动态风险评估[D]. 北京: 北方工业大学, 2021.

[10]　王彩焕. 如何做好社区消防工作的"最后一公里"[J]. 消防界(电子版), 2022, 8(11): 93-94, 97.

[11]　倪凯, 龙显淼. 一种城市社区消防安全风险评估方法[J].消防界(电子版), 2022, 8(3): 28-31.

[12] 张松. 社区消防风险监测关键技术研究[D]. 北京: 北方工业大学, 2021.

[13] 风电项目重大危险源分报告[DB/OL]. [2021-09-08]. https://jz.docin.com/p-2502539454.html.

[14] 顾徐毅. 基于风险的电梯安全评价方法研究[D]. 上海: 上海交通大学, 2009.

[15] 电梯常见故障分析判定及事故案例分析详细版[DB/OL]. [2022-01-09]. http://www.doc88.com/p-54287015852345.html.

[16] 变配电装置的火灾预防详细版[DB/OL]. [2021-09-08]. https://wenku.baidu.com/view/cd0a6e77f66527d3240c844769eae009581ba2b8.

[17] 司小辉. 视频监控项目设计要点分析[J]. 中国新通信, 2019, 21(22): 67.

[18] 化工有限公司生产安全事故风险评估报告[DB/OL]. [2021-07-08]. https://www.docin.com/p-2078496329.html.

[19] 生产安全事故风险评估报告书[DB/OL]. [2021-09-08]. https://wenku.baidu.com/view/ 502fd4b2950590c69ec3d5bbfd0a79563c1ed440.html.

[20] 裴玉萍. 生物质+空气源热泵联合供暖系统在北方新农村社区的应用研究[D]. 青岛: 青岛理工大学, 2018.

第4章 社区设备设施安全风险评价指标体系

社区的正常运转需要多种多样的设备设施做支撑，常见的社区设备设施系统有供配电系统、燃气系统、消防系统、电梯系统、给排水系统、供暖系统等。不同的设备设施系统在工作过程中，引发其安全风险的诱因各不相同，因此，有必要对不同的社区设备设施安全风险因素进行分析，给出具体、合理、有效的风险评价指标体系，作为风险分析、风险评估等的基础[1]。

1) 指标体系构建原则

就指标体系构建而言，所选择的每项指标都应该尽可能地有效体现评价对象在某一方面的信息，同时各项指标之间要尽量避免重复。针对社区设备设施安全风险评价指标体系构建，本章给出如下原则。

(1) 科学性——评价指标选取应能够体现社区设备设施安全风险要素的内涵与主要内容，反映社区设备设施安全风险的主要特点。

(2) 代表性——评价指标选取应能较全面反映某类设备设施的风险水平。

(3) 可考核性——评价指标的选取应明确每个指标的含义与考核方法。

(4) 全面性——指标体系应能够全面并综合地反映评价系统的各因素。

(5) 稳定可比性——设置的指标要有稳定的数据来源，所得的指标经过加工处理后能够易于比较，另外，还要考虑历史资料的可比性。

(6) 层次性——评价系统往往为复杂系统，一般由多个子系统组成。在不同的层次上应有不同的指标体系，方便决策者在不同层次上对风险进行研究。

(7) 定性与定量相结合——指标体系尽量量化，对于一些难以量化、但意义重大的指标，则可采用定性指标描述。

2) 指标体系评价原则

对社区设备设施安全风险评价指标体系构建效果开展评价，应遵循如下原则。

(1) 全生命周期原则——所构建的社区设备设施安全风险评价指标体系可应用于社区设备设施全生命周期中的各阶段，包括规划设计、实施及验收、运行及维护、变更或调整等。

(2) 按需选用原则——指标体系应可根据具体的社区设备设施水平、设备设施特点和评价方式按需选取。

(3) 主客观结合原则——应该以客观指标为主、主观指标为辅，综合评价社区设备设施安全风险水平，对于可以量化的风险信息采取客观评价方法，对于难以量化的风险信息采取主观评价方法。

(4)动态与静态结合原则——应该全面考虑动态风险指标和静态风险指标，对于实时变化的风险信息采用动态指标，对于不变化或者变化非常缓慢的风险信息采用静态指标。

3)指标体系的基本构成

社区设备设施安全风险评价指标体系包括设备设施安全运行风险、社区人员不安全行为风险、社区设备设施安全管理水平三个一级指标，每个一级指标下又包含若干二级指标，如表4-1所示。

表4-1 社区设备设施安全风险评价指标体系说明

一级指标	二级指标	释义
设备设施安全运行风险	系统安全可控	设备设施安全稳定运行，重要信息系统、涉密信息系统的安全防护水平
	监测、预警与应急	设备实时安全管理、态势监测、预警和应急处理的能力
	网络安全	网络安全管理机制的健全性
	数据安全	设备设施重要信息使用管理和安全水平
社区人员不安全行为风险	维修工人	不同类型、不同权限人员行为造成的安全隐患
	操作人员	
	普通居民	
	管理人员	
社区设备设施安全管理水平	管理制度	管理制度(安全宣传教育、操作规程、应急预案、防火防涝制度等是否精准)、跨部门协同度、管理者管理决策能力、环境水平、社区居民整体素质等影响的社区设备设施风险水平
	跨部门协同度	
	管理决策能力	
	环境水平	
	社区居民素质	

4)指标体系通用结构模型

指标体系从构建到使用是一个不断修改、完善的动态过程，指标体系创建维度如图4-1所示。时间维上，分为多个阶段，如初始阶段、修改阶段、完善阶段、使用阶段、更新阶段，每一阶段都以上一阶段为基础，时间维描述了指标体系构建的整个时间进程。方法维包含指标体系构建过程中的各种方法和技术，如头脑风暴、分析与归纳、问卷调查、专家讨论等。逻辑维是在时间维的每一个阶段内进行指标分析时应遵循的思维程序，按照"物理-事理-人理"系统法对每项指标从内因和外因两方面进行分析。

为方便指标体系的定量研究与评价，需要建立指标体系在一般意义上的通用数学模型，图4-2为包含 m 级指标的指标体系结构模型。

在上述原则与理论指导下，本章将为社区常见设备设施系统构建风险评价指标体系。

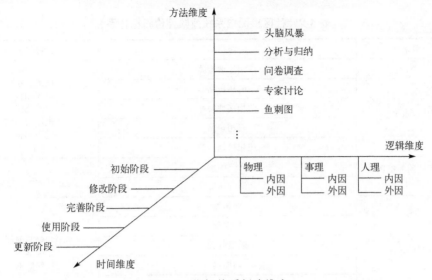

图 4-1　指标体系创建维度

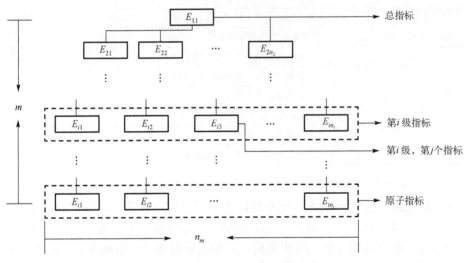

图 4-2　m 级指标体系通用结构模型

4.1　社区供配电系统风险评价指标体系

在标准可靠性指标的基础上，综合考虑影响社区供配电系统的风险因素，为社区供配电系统构建一种风险评价指标体系，如表 4-2 所示，由馈电线路风险、外部风险、元器件风险、负荷点风险和系统风险 5 个一级指标组成。在每个一级指标下，又设计有若干二级指标评价要素，代表对相关一级指标某一个侧重面的考量依据。

表 4-2　社区供配电系统风险评价指标体系

一级指标	二级指标	三级指标
社区配电网馈电线路风险水平	单相接地短路	电流大小 电流相位 电流相序 电压大小 电压相位
	两相短路	
	两相接地短路	
	三相短路	
	三相接地短路	
社区配电网外部风险水平	天气因素	无
	运行年限	
社区配电网线路元器件风险水平	变压器	年故障率 平均修复时间 年检修率 检修时间
	断路器	
	隔离开关	
	熔断器	
	馈电线路	
社区配电网负荷点风险水平	社区配电网负荷点年故障停运率	无
	社区配电网负荷点平均停电持续时间	
	社区配电网负荷点年平均停电时间	
社区配电网系统风险水平	社区配电系统平均停电频率	无
	社区配电系统平均停电持续时间	
	社区用户平均停电持续时间	
	社区配电系统平均供电可用率	
	社区配电系统电量不足指标	
	社区配电系统平均缺电指标	

（1）社区配电网馈电线路风险水平。

社区配电网中的短路故障是馈电线路的主要风险。短路时，电流往往达到正常电流值的十倍甚至几十倍，对社区配电网稳定运行造成严重危害。配电网馈电线短路故障包括：单相接地短路、两相短路、两相接地短路、三相短路、三相接地短路，不同类型的短路故障对馈电线路故障率的影响程度不同。社区配电网在日常运行中发生单相接地短路故障频率较高，但一般对配电网线路的物理损坏较小；三相短路故障事件则会对配电网稳定运行形成严重冲击，一旦发生，对配电网馈电线路造成的损坏是无法恢复的[2, 3]。

（2）社区配电网外部风险水平。

社区配电网外部风险水平主要考虑天气因素和运行年限两个方面。根据 IEEE Std 859-1987 标准，天气状态被划分为正常天气、恶劣天气和灾害天气三种状态[4, 5]，天气的好坏对社区配电网物理元器件的故障率有较大的影响。此外，配电网自身的运行年限也是影响故障率的主要因素，一般情况下，社区配电网物理元器件的有效寿命期在 30 年左右，在元器件运行初期，由于设备尚处于磨合期，可能会因为设计、加工以及安装等缺陷，致使设备不正常工作的概率较高[6]；随着设备的持续运行，故障率随之降低，直至下降到一个相对稳定的状态，此阶段被认为是平稳期，在这一阶段，设备的故障率趋于恒定；设备寿命周期的后期被认为是设备的衰耗期[7, 8]，由于设备的老化、磨损等，故障率明显增加，往往会迅速上升到一个较高的水平。

(3)社区配电网线路元器件风险水平。

社区配电网中的主要物理元器件包括变压器、断路器、隔离开关、熔断器和馈电线路。对常见配电网故障事故进行分析发现，如果能够在故障初期对故障元器件制定相应的维护措施，则可以最大限度地降低风险发生的可能性。因此，分析社区配电网物理元器件的故障率对于社区配电网安全稳定运行十分必要[9]。

(4)社区配电网负荷点风险水平。

负荷点在社区配电网中非常重要，一旦发生故障将导致整个社区配电网系统服务中断，同时，由于各类负荷点负载比例不同，很难用数学模型对其特性进行描述，往往采用可靠性指标定量反映社区配电网中各类负载点的可靠性水平。可靠性指标包括：社区配电网负荷点年故障停运率 λ（次数/年）、社区配电网负荷点平均停电持续时间 r（小时/年）、社区配电网负荷点年平均停电时间 U（小时/年)等。

(5)社区配电网系统风险水平。

系统可靠性指标可以从宏观角度反映配电网系统的运行水平，从而为系统性能提供全面的评估。通过综合各个负荷点可靠性指标，可以计算得出表征系统可靠性运行水平的一系列指标，主要包括系统平均停电频率(system average interruption frequency index，SAIFI)、系统平均停电持续时间(system average interruption duration index，SAIDI)、用户平均停电持续时间(customer average interruption duration index，CAIDI)、系统平均供电可用率(system average service availability index，SASAI)、系统电量不足指标(system energy not supplied，SENS)、系统平均缺电指标(system average energy not supplied，SAENS)。利用系统可靠性指标不仅可以对整个配电网系统的运行状态进行综合性能评价，还可以计算得到社区配电网的停电风险值。

4.2　社区燃气系统风险评价指标体系

社区燃气系统风险评价指标体系设置户内燃气可靠性、调压箱/柜可靠性、埋地管道可靠性和架空管道可靠性四个一级指标，如表 4-3 所示。户内燃气可靠性指标分为燃气设备设施可靠性、用气环境可靠性、燃气用户可靠性、管理因素可靠性四个二级指标；调压箱/柜可靠性指标分为安全附属装置可靠性、调压器可靠性、检修人员可靠性三个二级指标；埋地管道可靠性指标分为管道自身可靠性、管道检修可靠性、第三方破坏、管道腐蚀四个二级指标；架空管道可靠性指标分为架空管道自身可靠性和架空管道腐蚀两个二级指标。这些二级指标又下分为 36 个三级指标。

表 4-3　社区燃气系统风险评价指标体系

一级指标	二级指标	三级指标
户内燃气可靠性	燃气设备设施可靠性	燃气设备可靠性
		燃气附件可靠性
		燃气报警器可靠性
	用气环境可靠性	燃气热水器安装位置可靠性
		可燃气体浓度
	燃气用户可靠性	用户用气习惯可靠性
		用户私改行为可靠性
		用户人因可靠性
	管理因素可靠性	安全教育知识宣传力度
		入户检修频率
调压箱/柜可靠性	安全附属装置可靠性	安全放散阀可靠性
		安全切断阀可靠性
		监控器(备用调压器)可靠性
	调压器可靠性	调压器阀门可靠性
		过滤器可靠性
		调压器皮膜可靠性
		法兰可靠性
	检修人员可靠性	检修频率可靠性
		检修人员人因可靠性(工龄、文化程度)
埋地管道可靠性	管道自身可靠性	管道寿命可靠性
		管道材质可靠性
	管道检修可靠性	管道检修频率可靠性
		管道检修人员可靠性
		管道温度场可靠性
	第三方破坏	第三方施工可靠性
		违章占压
		燃气管道警示标志可靠性
	管道腐蚀	阴极保护可靠性
		绝缘防腐层可靠性
		土壤电阻率
		土壤含盐率
		土壤含水率
架空管道可靠性	架空管道自身可靠性	管道外保护层可靠性
		管道材质可靠性
	架空管道腐蚀	管道所处安装环境
		管道防腐层可靠性

(1) 户内燃气可靠性。

通过对 2016~2020 年全国燃气事故统计数据以及户内典型燃气安全事故进行分析, 同时结合专家意见, 构建户内燃气风险评价二级指标包括燃气设备设施可靠性、用气环境可靠性、燃气用户可靠性以及管理因素可靠性。其中, 燃气设备设施可靠性包括燃气设备可靠性、燃气附件可靠性、燃气报警器可靠性等; 用气环境风险指由设备设施安装不当、可燃气体浓度过高等引起的安全风险; 燃气用户可靠性涉及用户的用气习惯(如用气时无人看管、使用燃气后未及时关闭阀门或关闭不到位、超期使用燃气设施等)、私改行为(未经批准私改燃气设施)、用户人因(安全、责任意识状况, 年龄、身体生理因素, 情绪、认知心理因素, 文化程度、应急技能生活素质, 安全行为、自我控制行为能力)三方面, 均可能引起燃气系统风险; 管理因素主要是指由燃气单位管理缺陷而引发的风险问题, 如燃气公司未按照规定进入户内进行周期检修、宣教不到位等。

(2) 调压箱/柜可靠性。

燃气调压箱/柜是燃气输配系统的重要组成部分, 在燃气运输过程中起着至关重要的作用。构建调压箱/柜可靠性二级指标包括安全附属装置可靠性、调压器可靠性和检修人员可靠性。调压箱/柜必须设置安全放散阀、安全切断阀以及监控器等安全附属装置来保证调压箱/柜正常工作。调压器是调压箱/柜中最为关键的元件, 主要构成包括调压器阀门、过滤器、调压器皮膜、法兰等。调压箱/柜需由专人负责日常巡视、维护和检查工作, 检修人员应熟练掌握调压箱安全操作规程、调压器的工作原理及检修方法来保证二级指标中检修人员的可靠性。

(3) 埋地管道可靠性。

埋地燃气管道是城市建设的重要组成部分, 其运行的可靠性和完整性直接影响人民群众的日常生活[10]。构建埋地管道可靠性二级指标包括管道自身可靠性、管道检修可靠性、第三方破坏、管道腐蚀。其中, 管道自身可靠性可分为管道寿命可靠性和管道材质可靠性; 管道检修要求定期开展, 包括对其温度场的检测, 同时要求检修人员有较高的专业素养; 第三方破坏常见的有施工、违章占压、燃气管道警示标志缺失等; 管道腐蚀是引发埋地输气管道事故最主要的原因之一[11], 管道腐蚀三级指标包括阴极保护可靠性、绝缘防腐层可靠性、土壤电阻率、土壤含盐率、土壤含水率等。

(4) 架空管道可靠性。

随着国内用户端燃气需求量的不断增加, 大型输气干线管道的输送任务日益艰巨, 输气管道系统运行可靠性问题也愈受关注[12]。架空管道可靠性主要是由架空管道自身可靠性和架空管道腐蚀两个二级指标组成。燃气架空管道一旦破裂, 释放的能量大、波及范围广, 加上社区人口密集, 因此要充分保证管道外保护层和管道材质的质量, 并且在管道安装过程中, 要考虑管道安装条件的腐蚀性并且给管道添加防腐层来增加管道的使用年限, 提高架空管道的可靠性。

4.3 社区消防系统风险评价指标体系

以降低社区火灾风险为出发点,根据社区设备设施通用风险评价模型,为社区消防系统风险评价指标体系设立两个一级指标:社区火灾可能性和社区火灾危害性,其中,社区火灾可能性一级指标下设九个二级指标,社区火灾危害性一级指标下设八个二级指标。在实际工作中,火灾风险抵御能力二级指标对指导消防规划与建设有着重要的作用,所以仅对该指标进行三级划分,设立八个三级指标,即消防站能力覆盖情况、消防站装备配备情况、公共消防设施建设情况、灭火救援预案情况、同医疗与交通部门应急联动情况、重点消防单位消防自建情况、消防安全管理情况、道路拥挤情况。社区消防系统风险评价指标体系如表 4-4 所示。

表 4-4 社区消防系统风险评价指标体系

一级指标	二级指标	三级指标
社区火灾可能性	人口密度	无
	人口素质	
	建筑耐火等级分布	
	用电线路负荷	
	用电线路老化	
	重点防火单位防火巡查	
	建筑建设年限及分布	
	消防安全宣传情况	
	时间因素	
社区火灾危害性	火灾风险抵御能力	消防站能力覆盖情况
		消防站装备配备情况
		公共消防设施建设情况
		灭火救援预案情况
		同医疗与交通部门应急联动情况
		重点消防单位消防自建情况
		消防安全管理情况
		道路拥挤情况
	高层建筑数量及面积情况	无
	地下人流密集空间面积	
	易燃易爆仓储分布情况	
	建筑密度	
	经济密度	
	重点防火单位数量	
	用地属性及面积	

(1)社区火灾可能性。

分析我国大多数社区火灾产生的原因，社区火灾可能性的二级指标应包括人口密度、人口素质、建筑耐火等级分布、用电线路负荷、用电线路老化、重点防火单位防火巡查、建筑建设年限及分布、消防安全宣传情况和时间因素。目前我国大部分社区功能建设多元化，随着社区规模的扩大以及常住人口数量的增加，家用电器使用量增加，引起用电负荷，加速电器线路的老化，增大了社区火灾的潜在风险。

(2)社区火灾危害性。

随着我国城镇化、社区化进程的不断加快，社区火灾防控形式愈发严峻。以社区火灾风险评估为出发点，将社区火灾危害性二级指标分为火灾风险抵御能力、高层建筑数量及面积情况、地下人流密集空间面积、易燃易爆仓储分布情况、建筑密度、经济密度、重点防火单位数量，以及用地属性及面积。其中，火灾风险抵御能力对社区火灾的预防以及紧急处理具有指导意义，消防站能力覆盖、装备配备情况以及公共消防设施建设情况的完善可以更快速准确地处理社区火灾，避免火情的扩散。社区应该提前做好消防安全管理，进行消防自建，一旦出现社区火情，消防部门应当做好灭火救援预案，与医疗、交通部门紧急联动，避开交通拥堵路段，及时到达火灾现场展开救援，最大程度避免人员伤亡以及财产损失。

4.4　社区电梯系统风险评价指标体系

电梯是社区生活必不可少的元素，对电梯系统进行安全分析，为其风险评价指标体系设置十个一级指标，分别为使用管理及日常维护保养状况、基本情况、机房与井道、曳引系统、电气系统、导向和重量平衡系统、轿厢、门系统、功能试验、乘运质量及无机房电梯附加项目。在各一级指标下，又具体划分有二级指标和进一步的三级指标，如表 4-5 所示。

表 4-5　社区电梯系统风险评价指标体系

一级指标	二级指标	三级指标
使用管理及日常维护保养状况	电梯规格	速度
		载重(人数)
	使用环境	层数
		使用场合(人流量)
	运行情况	已运行年限
		日平均运行时间
		年平均启动速度
	单位使用情况	使用职责履行

续表

一级指标	二级指标	三级指标
使用管理及日常维护保养状况	维保单位	资质
		负责电梯不合格率
	维保相关资料	合同及内容
		维保记录
	维保人员	资质、能力
		专业培训
		应急演练
	维保效果	维保职责履行情况
		及时性
基本情况	制作单位的品牌	品牌等级
		该品牌电梯定检不合格率
		工艺水平
	安装自检结果	检验员水平
		自检项目内容设置
		检验结论
机房与井道	机房环境	机房专用
		机房照明
		机房插座
		机房温度
	井道环境	井道封闭性
		井道内防护
		井道电气照明
		井道安全门
曳引系统	减速箱	速比
		噪音
		效率
	制动器	制动弹簧的制动力情况
		制动闸瓦及其制动轮
		线圈升温情况
		制动器电磁铁的维持电压
		制动器型式
		制动器机械部件的装设
	曳引轮	结构情况
		磨损情况
		防护装置
		维持电压
		安全色
		固定情况

续表

一级指标	二级指标	三级指标
电气系统	操纵装置	开关操纵箱
		轿顶操纵箱
		召唤按钮箱
	位置显示装置	指示器工作情况
	控制柜和平层装置	磁感应器和遮磁板工作情况
导向和重量平衡系统	轿厢导向	导轨情况
		导靴情况
	对重导向	导轨架情况
	对重系统	曳引绳工作情况
	重量补偿系统	补偿链条、补偿绳
轿厢	轿厢环境	轿厢铭牌
		轿厢面积
		轿厢紧急照明
	轿顶环境	轿顶护栏
		轿厢超载保护装置
门系统	轿门系统	门地坎距离
		门间隙
	层门系统	门运行和导向
		层门门锁装置
功能试验	轿厢上行超速保护装置试验	试验方案 试验过程 试验结果
	缓冲器试验	
	空载曳引力试验	
	运行试验	
	消防返回功能试验	
乘运质量及无机房电梯附加项目	底坑作业场地	无
	平台作业场地	
	紧急操作与动态试验装置	
	附加检修控制装置	

(1)电梯使用管理及日常维护保养状况。

电梯的使用管理与日常维护保养应严格遵守相关规定。该一级指标下设计的二级指标有：电梯规格，包括速度和载重；使用环境，包括层数和使用场合；运行情况，如已运行年限、日平均运行时间、年平均启动速度；单位使用职责履行；维保单位，根据国家质量监督检验检疫总局颁布的《电梯维护保养规则》（TSG T5002-2017），电梯设备应由依法取得相应许可的电梯维保单位进行半月、季度、半年、年度四类电梯维保项目，维保单位应当依据相应要求，按照安装使用维护说明书的规定，结合所保养电梯的使用特点，制定维护计划与方案，对电梯进行清洁、润滑、检查、调整更换不符合要求的易损件等，使电梯达到安全要求，保证电梯能够正常运行；维保相关资料包括合同和维保记录；维保人员应具有相应资质、能力，经过专业培训，定期参加应急演练；维保效果包括维保职责履行情况与维保及时性。

（2）基本情况。

电梯的基本情况包括制作单位的品牌与安装自检结果两方面。制作单位的品牌包括品牌等级、电梯定检不合格率、工艺水平。根据《中华人民共和国特种设备制造许可证》，电梯制造按种类分为乘客、载货、液压、杂物、特殊、进口电梯和自动扶梯、自动人行道及安全保护装置等不同种类，每种电梯按参数和类别分为 A、B、C 三级。电梯安装后应由安装单位按相关要求进行安装自检，自检报告中应包含检验员水平、自检项目内容设置与检验结论。

（3）机房与井道。

常见电梯运行需配备电梯机房与井道。在该一级指标下设置机房环境与井道环境两个二级指标。电梯机房是电梯最上方设置的单独封闭房间，是用来安放电梯控制柜、电动机和其他电梯部件的设备间。电梯机房应保证有良好的机房环境，即无振动、无腐蚀气体的干燥环境，且保持干净、整洁，严禁存放易燃易爆或危险物品，不准堆放其他杂物。电梯机房应设置在专用房间内，只允许经过批准的维修、检查和营救人员进入。机房内应有电气照明及插座，要保持通风，温度保持在 5℃～40℃，横梁应有承重吊钩、地面孔洞应有防护、净高度不小于 1.80m。因此，在机房环境下，设置的三级指标包括机房专用、机房照明、机房插座、机房温度。

电梯井道为电梯的运行轨道。井道的尺寸是按照电梯选型来确定的，井壁上安装电梯轨道和配重轨道，预留的门洞安装电梯门，井道顶部常为电梯机房。井道应保证封闭性并设置安全门，具体当相邻两层门地坎的间距超过 11m 时，其间应设置安全门，门、安全门和检修活板门均不得朝井道内开启，其上均设用钥匙操纵的锁，并确保开启后不用钥匙也能将其关闭和锁住，且被锁住后应能不用钥匙从井道内部将门开启，而只有在门均处于关闭状态时，电梯才能运行。井道内应加装防护装置，电梯运行部件之间水平不应小于 0.3m，隔离栏应贯穿整个井道高度，电梯提升高度大于 30m，应安装对讲装置与曳引补偿装置。因此，在井道环境下，设置井道封闭性、井道内防护、井道电气照明以及井道安全门四个三级指标。

（4）曳引系统。

电梯曳引系统包含电梯的动力设备，即电梯主机，功能是输送与传递动力使电梯运行。核心部件包括减速箱、制动器以及曳引轮。

电梯减速箱是一种动力传达机构，利用齿轮的速度转换器，将马达的回转数减速到所要的回转数，并得到较大转矩的结构，其风险评价指标主要考虑速比、噪音、效率等。电梯制动器是电梯重要的安全装置，在电梯运行中，制动器的作用是在切断主电源供电时，使轿厢可靠制停在导轨上，防止电梯溜车、冲顶等严重事故发生，保证乘客的生命安全，其风险评价指标主要考虑制动弹簧的制动力情况、制动闸瓦和制动轮表面情况与清洁状况、线圈升温情况、制动器电磁铁的维持电压、制动器型式、制动器机械部件的装设。电梯曳引轮的作用是传递电梯的曳引力,通过曳引钢丝绳与曳引轮之间的摩擦作用,传递由曳引机提供的动力,曳引轮与减速器涡轮轴直接相连。曳引轮承受着电梯运行过程中的轿厢自重、载重、对重等动静载荷的冲击及磨损,主要安全隐患在于轮槽严重和不规则的磨损、轮毂开裂及缺损等,其风险评价指标主要考虑曳引轮结构完整情况、轮槽磨损情况、曳引轮防护装置的齐全性及有效性、维持电压、安全色,以及曳引轮固定情况[13]。

(5)电气系统。

电梯的电气系统负责对电梯的运行实行操纵和控制,由操纵装置、位置显示装置、控制柜和平层装置构成。操纵装置通过轿厢内的按钮箱和厅门的召唤箱操纵电梯的运行,其风险评价指标主要考虑开关操纵箱、轿顶操纵箱与召唤按钮箱的风险情况。位置显示装置是用来显示电梯所在楼层位置的轿内和厅门的指示灯,厅门指示灯还用箭头指示电梯的运行方向,其风险评价指标主要考虑指示器工作情况。平层装置是发出平层控制信号,使电梯轿厢准确平层的控制装置,所谓平层,是指轿厢在接近某一楼层的停靠站时,欲使轿厢地坎与厅门地坎达到同一平面的操作,其风险评价指标主要考虑磁感应器和遮磁板工作情况。

(6)导向和重量平衡系统。

导向系统由导轨、导靴和导轨架组成,其作用是限制轿厢和对重的活动自由度,使得轿厢和对重只能沿着导轨做升降运动,其风险评价指标主要考虑其组成部件的运行情况。重量平衡系统由对重和重量补偿装置组成。对重由对重架和对重块组成。对重将平衡轿厢自重和部分额定载重。重量补偿装置是补偿高层电梯中轿厢与对重侧曳引钢丝绳长度变化对电梯的平衡设计影响的装置。重量平衡系统风险评价指标主要考虑曳引绳工作情况,补偿链条、补偿绳的磨损情况。

(7)轿厢。

轿厢是电梯用以承载和运送人员和物资的箱形空间。轿厢一般由轿底、轿壁、轿顶、轿门等主要部件构成。轿厢内应设置轿厢铭牌,标明制造厂家、额定载重量及限制乘梯人数。轿厢最大有效面积应按国家标准制定,由电梯额定载重量决定。轿厢内应设置紧急照明,在轿厢正常照明中断情况下自动燃亮且维持 1 小时以上,应保证能看清报警装置及说明。轿顶应安装轿顶护栏用以保护维保作业人员,其安全防护直接关系到维护人员的生命安全,当自由距离不大于 0.85m 时,扶手高度不小于 0.70m,当自由距离大于 0.85m 时,扶手高度不小于 1.10m。轿顶应设置超载保护装置,当电梯载重超过电梯的额定载重时,系统会发出警告,并且电梯不关门。在电梯无司机状态下,超载保护功能对于确保乘梯人员的人身安全和电梯运送货物以及电梯设备的自身安全等都非常重要[14]。

(8)门系统。

门系统控制器接收来自主控制器的开关门信号，发出开/关门命令。电梯门系统主要包括轿厢上的轿门与井道上的层门，其中，轿门要求轿厢通过厅门地坎时，轿门刀与厅门地坎的距离应为 5～10mm；乘客电梯的门间隙为 1～6mm，载货电梯为 1～8mm。层门的关闭与锁紧是保证电梯使用者安全的首要条件。进入轿厢的井道开口处应装设无孔的层门，门关闭后，门扇之间及门扇与立柱、门楣和地坎之间的间隙应尽可能小。

(9)功能试验。

应定期对电梯进行功能试验，以确保其安全运行。试验内容包括轿厢上行超速保护装置试验、缓冲器试验、空载曳引力试验、运行试验，以及消防返回功能试验。每项试验均应给出试验方案、试验过程以及试验结果。

(10)乘运质量及无机房电梯附加项目。

无机房电梯因不需要独立的电梯机房，所有的机械和电气设备都安装在电梯垂直运行的井道内部，所以具有节约空间资源的显著优点。无机房电梯的维修工作基本都在井道内进行，维修检查人员的自身安全主要靠作业场地来保障，所以必须加强无机房电梯附加检验项目作业场地的检验，确保维修检查人员的安全[15]。底坑作业场地、平台作业场地作为无机房电梯的主要作业场地应被作为风险指标参考。同时紧急操作与动态试验装置、附加检修控制装置作为无机房电梯的安全保障装置是保护电梯安全的重要设备，其能否正常运行对电梯安全起着至关重要的作用。

4.5　社区给排水系统风险评价指标体系

作为城市生命线的组成部分，社区给排水系统是保障城市正常运转的重要基础设施之一。社区给水系统的安全风险因素可以从水质安全、给水系统运营管理、自然灾害和政治风险四个方面进行分析。社区排水系统的风险因素可以从排水设施功能性风险、排水系统运营管理、自然灾害和政治风险四个方面进行分析。在二级指标下，又具体划分有 20 个三级指标，具体如表 4-6 所示。该评价体系基本涵盖了影响给排水系统安全性的主要因素。

(1)社区给水系统。

社区的供水系统包括原水系统、输配水系统以及水处理系统，是一个构造极为复杂的开放性系统，容易受到一些自然或人为因素的影响[16]。社区供水要保持安全性指的是两个方面的内容：首先，供水的水质应与自然属性上的安全性是相符的，人们在使用后不会在短时间或者长时间内出现健康问题，水质安全应考虑水源、水处理技术、水力停留时间、供水管网等因素；其次，在面对突发事故之时，如自然灾害(地震、泥石流、冻害、洪水、雪灾、重大生物灾害)或者人为破坏(战争、恐怖事件与袭击)等事故时,城市供水系统应该具备较好的预防和保护功能,应急措施及时有效,事后恢复比较快,即从社会意义而言系统也应该是安全的。

表 4-6 社区给排水系统风险评价指标体系

一级指标	二级指标	三级指标
社区给水系统	供水水质安全	水源保护与管理
		水处理技术
		水力停留时间
		管网材料
社区给排水系统	运营管理	系统运营机制
		应急响应机制
		系统监控
		管理人员安全素质
		外部施工
	自然灾害	地震
		泥石流
		冻害
		洪水
		雪灾
		重大生物灾害
	政治风险	战争
		恐怖事件与袭击
社区排水系统	排水设施功能性风险	城市暴雨强度
		管道畅通程度
		管道断面尺寸

(2)社区排水系统。

社区排水系统是处理和排除社区污水和雨水的工程设施系统,同样是社区公用设施的组成部分。社区排水系统通常由排水管道和污水处理厂组成。在实行污水、雨水分流制的情况下,污水由排水管道收集,送至污水处理后,排入水体或回收利用;雨水径流由排水管道收集后,就近排入水体。标准排水系统由五大类基础设施组成:①收集、②输送、③泵送、④处理、⑤排放。社区排水系统的风险因素与社区给水系统一样包括运营管理、自然灾害和政治风险,除此以外还有其单独的风险因素:排水设施功能性风险(城市暴雨强度、管道畅通程度以及管道断面尺寸),排水设施功能主要与排水管道有关,排水管道直径太小会导致排水不及时,并且会造成堵塞甚至造成内涝,排水管道的设计对排水系统影响非常大。

4.6　社区供暖系统风险评价指标体系

社区供暖锅炉使用年限一般为 15 年，在使用过程中，随着使用时间的增加和频率的波动，零部件均会不同程度发生老化，引发供暖系统安全风险，如锅炉出力下降、锅筒漏水、炉墙坍塌、水冷壁爆管、烟管腐蚀严重、炉排片脱落、热效率低下、管道腐蚀严重、散热片气塞等。对社区锅炉供暖系统风险因素进行识别，建立风险评价指标体系，主要包括供暖设备设施、供暖系统管理、能效三方面，如表 4-7 所示。

表 4-7　社区供暖系统风险评价指标体系

一级指标	二级指标	三级指标
供暖设备设施	锅炉房	锅炉本体
		泵与风机
		水处理(除氧)装置
		自动调节装置
		环保措施
	供热管网	补偿器
		阀门
		管道腐蚀及保温
		放气及泄水装置
	室内供暖系统	热力入口
		管道保温
		散热器
供暖系统管理	运行管理	安全运行
		节能管理
	设备管理	设备基础管理
		运行维护
		检修管理
		事故管理
	应急管理	组织机构
		应急预案
		应急保障
		监督管理
能效	效率	锅炉热效率
		水泵运行效率
		管网热损失
	温度	室内温度

(1) 供暖设备设施。

供暖设备设施主要有锅炉房、供热管网和室内供暖系统。锅炉房是放置锅炉及水泵等附属设备的机房，用于供暖和生产使用，风险评价三级指标包括锅炉本体、泵与风机、水处理装置、自动调节装置以及环保措施。供热管网是由城市集中供热热源向热用户输送和分配供热介质的管线系统，由输热干线、配热干线、支线等组成，风险评价三级指标主要考虑补偿器、阀门、管道腐蚀及保温、放气及泄水装置。室内供暖就是用人工方法向室内供给热量，使室内保持一定温度的技术。供暖系统由热源 (热媒制备)、热循环系统 (管网或热媒输送) 及散热设备 (热媒利用) 三个主要部分组成，因此风险评价三级指标主要考虑热力入口、管道保温和散热器。

(2) 供暖系统管理。

供暖系统的管理包括运行管理、设备管理以及应急管理三方面。运行管理主要是使系统进行安全、经济的运行：①在系统运行过程中热源处的运行人员应根据室外气温的变化进行供热调节；②当发生突然停电、停泵时，应按要求进行操作保证热水系统不发生汽化现象；③热水采暖系统需定期进行排污，排污次数视水质情况而定；④系统运行时应最大限度地减少补水量以减少运行费用，降低换热器和管网的腐蚀。设备管理包括设备基础管理、设备的维护、设备检修和事故管理，为确保系统的安全应加强对安全阀、电接点压力表、温度计等仪表、阀门等的管理，当采暖系统停运后应加强对换热器和管网进行保养[17]。应急管理针对的是设备运行出现故障后的紧急应对措施，需要提前做好应急预案，防止设备出现故障后供暖系统失效，同时减少经济损失，三级评价因素考虑组织机构、应急预案、应急保障和监督管理。

(3) 能效。

供暖能效包括效率和供暖温度。影响供暖效率的因素有锅炉热效率、水泵运行效率和管网热损失，供暖温度主要指的是室内温度。

4.7　本 章 小 结

社区设备设施的安全风险评价需依据一定的评价指标体系，在后续对社区设备设施进行风险评估之前，本节首先给出不同社区设备设施系统的评价体系，包括社区供配电系统、社区燃气系统、社区消防系统、社区电梯系统、社区给排水系统，以及社区供暖系统。本章中的社区设备设施安全风险评价指标体系通过对各系统中常见安全隐患因素进行综合后给出，仅供参考。具体研究过程中，读者可根据自身研究对象、问题、内容等自行构建不同的指标体系。

参 考 文 献

[1]　中国电子工业标准化技术协会.智慧社区设备设施安全风险评价指标体系[S]. 北京: 中国电子工业标准化技术协会, 2020.

[2]　Han G, Han L, Wu L. Application and development of methods on limiting power grid's short-circuit current[J]. Power System Protection & Control, 2010, 38(1): 141-144.

[3]　Wu Z R, Wang G, Li H F, et al. Analysis on the distribution network with distributed generators under phase-to-phase short-circuit faults[J]. Proceedings of the CSEE, 2013, 33(1): 130-136.

[4]　Billinton R, Acharya J. Consideration of multi-state weather models in reliability evaluation of transmission and distribution systems[C]//Conference on Electrical & Computer Engineering. IEEE, 2005: 916-922.

[5]　IEEE. IEEE Standard Terms for Reporting and Analyzing Outage Occurrences and Outage States of Electrical Transmission Facilities[S]. New York: The Institute of Electrical and Electronics Engineers, 1988.

[6]　Zou J P, Zhang B D, Ling X Z, et al. Reliability evaluation of distribution networks including micro-grid considering time-varying failure rate[J]. Applied Mechanics and Materials, 2014, (536/537): 1570-1577.

[7]　Retterath B, Venkata S S, Chowdhury A A. Impact of time-varying failure rates on distribution reliability[J]. International Journal of Electrical Power & Energy Systems, 2005, 27(9/10): 682-688.

[8]　Du M, Gao H, Li L, et al. Power grid security risk assessment based on the comprehensive element influence index[C]//IOP Conference Series: Earth and Environmental Science. IOP Publishing, 2019, 227(3): 032018.

[9]　Wang P, Billinton R. Reliability cost/worth assessment of distribution systems incorporating time varying weather conditions and restoration resources[J]. IEEE Power Engineering Review, 2001, 21(11): 63.

[10]　朱庆杰, 赵晨, 陈艳华, 等. 埋地天然气管道泄漏的影响因素及保护措施[J]. 环境工程学报, 2018, 12(2): 4.

[11]　蒋宏业, 姚安林, 宋小建, 等. 埋地输气管道腐蚀风险评价技术研究[J]. 成都大学学报: 自然科学版, 2010, 29(1): 4.

[12]　曹跃. 天然气管道可靠性评价方法探究[J]. 辽宁化工, 2015, (7): 3.

[13]　袁长福, 刘旭, 王芳, 等. 电梯曳引系统安全评估内容指标与结果分析[J]. 西部特种设备, 2020, (1): 7.

[14]　史治强. 关于电梯轿顶护栏设置的建议[J]. 科技创新导报, 2014, 11(5):78.

[15]　赵西滕, 王宇威. 无机房电梯附加检验项目作业场地浅谈[J]. 设备管理与维修, 2022, (1): 2.

[16]　张剑飞. 城市供水安全的脆弱性评价体系构建探讨[J]. 智能城市, 2021, 7(20): 2.

[17]　郑兆环. 浅谈热水供暖系统的运行管理[J]. 应用能源技术, 2005, (3): 3.

第5章 社区设备设施静态风险评估

通常，"静态风险评估"中的"静态"主要是指连续时间轴上的某个静态的时间点，"静态风险评估"即是在此"静态"时间点所做的风险评估。与"静态风险评估"相对应的，对连续时间轴上的一系列时间点所做的风险评估即是"动态风险评估"。早期的风险评估大多以低成本、少频次、长周期的静态风险评估为主，这主要受制于早期的信息化技术水平落后，风险评价数据只能通过实地走访并以问卷调查的方式获得，数据获取困难。这种情况下进行动态风险评估的成本较高。而为了使静态风险评估结果在较长一段时间内具备一定有效性，在风险指标的选择上静态风险评估趋于选择一段时间内大致保持稳定的风险因素，因此静态风险评估结果大多具有较强的宏观指导性，但细节信息不足，无法实时感知并监测风险。

近些年，随着网络通信技术、监测预警技术以及人工智能算法等技术的不断发展完善，尤其在"端-边-云"的系统架构下，越来越多的风险状态数据可以通过现代化监测手段实时获取并被在线计算，风险评估值在较短的时间内被不断迭代更新，从而获得时间轴上连续、动态的风险评估曲线，大大提升了风险监测预警水平。动态风险评估技术目前已成为风险监测与防范领域的重点研究方向，获得了学术界的普遍关注。该部分内容将在第6章进行介绍。

5.1 社区配电网系统静态风险评估分析

社区配电系统的安全稳定运行是维持社区正常生产生活的基本保障。本节在4.1节所建立的评价指标体系基础上，将层次分析法与贝叶斯网络相结合实现对风险指标权重系数的主客观选取，并构建模糊综合评价模型确定配电网风险等级，最后对实际运行中的某社区配电网进行实例分析。

5.1.1 社区配电网风险评估指标

社区配电网风险评估指标含义如下。u_{11}为重复计划停电用户比例：计划停电次数两次及以上的用户个数与用户总个数的百分比；u_{12}为供电可靠率：(1-(用户平均停电时间-用户平均限电停电时间)/统计期间时间)×100%；u_{13}为D类电压合格率：统计时间内，监测点电压在合格范围内的时间总和与月电压监测总时间的百分比；u_{14}为综合线损率：电力网络中线路损失电量与网络供应电量之比；u_{21}为线路绝缘化率：线路中电缆和架空绝缘线占线路总长度的比例；u_{22}为高损耗配变比例：高损耗配电变压器数量占总数量的比例；u_{23}为开关无油化率：非油开关台数占总台数的比例；u_{24}为配变信息采集率：能够采集配变基本运行信息并上传的配电变压器台数占总台数的比例；u_{31}为架空线路故障停电率：统计时间内，每公里架空线路故障停电次数；u_{32}为电缆线路故障停电率：统计时间内，每公里电缆线路故障停电次数；u_{33}为开关故障停电率：统计时间内，开关故障停电次数与开关总数的百分比；u_{34}为配变故障停电率：统计时间内，配变故障停电次数与配变总数的百分比；v_{11}为线路重载比例：重载线路条数与线路总数的百分比；v_{12}为容载比：变电设备总容量与供电区最大负荷的百分比；v_{13}为配变重载比例：重载配电变压器数量与配电变压器总数量的百分比；v_{21}为线路满足$N{-}1$比例：满足$N{-}1$安全准则的线路条数与线路总条数的百分比；v_{22}为线路联络率：有联络的线路条数与线路总条数的百分比；v_{23}为不同变电站联络线比例：不同变电站间的联络线路总数与线路总数的百分比。

5.1.2　基于贝叶斯网络-层次分析法的社区配电网风险评价

在 4.1 节所建立的评价指标体系基础上，采用层次分析法、贝叶斯网络以及模糊综合评价方法进行社区配电网静态风险评估的具体流程如图 5-1 所示。

1. 基于层次分析法的指标权重计算方法

层次分析法的核心是判断矩阵的构造，将问题层次化处理后，通过 1～9 标度法根据专家经验将指标进行两两比较从而逐层得到权重排序结果，得到判断矩阵 $\boldsymbol{P}$：

$$\boldsymbol{P}=\begin{pmatrix}P_{11}&\cdots&P_{1n}\\\vdots&\ddots&\vdots\\P_{n1}&\cdots&P_{nn}\end{pmatrix} \tag{5-1}$$

式中，n 为评价指标个数。

对于判断矩阵 $\boldsymbol{P}$，选用方根法进行特征向量的求解。计算 $\boldsymbol{P}$ 中每一行元素的乘积 M_i，并求取 M_i 的 n 次方根 $\bar{a}_i, i=1,2,\cdots,n$，按下式计算：

$$M_i=\prod_{j=1}^{n}P_{ij} \tag{5-2}$$

$$\bar{a}_i=\sqrt[n]{M_i} \tag{5-3}$$

将 $\bar{w}_i$ 按下式归一化处理后得到判断矩阵 $\boldsymbol{P}$ 的特征向量 $A'=(A_1',A_2',\cdots,A_n')$，按下式计算：

$$A_i'=\frac{\bar{a}_i}{\sum_i^n\bar{a}_i} \tag{5-4}$$

为保证判断矩阵的准确性，对其进行一致性检验[1]。

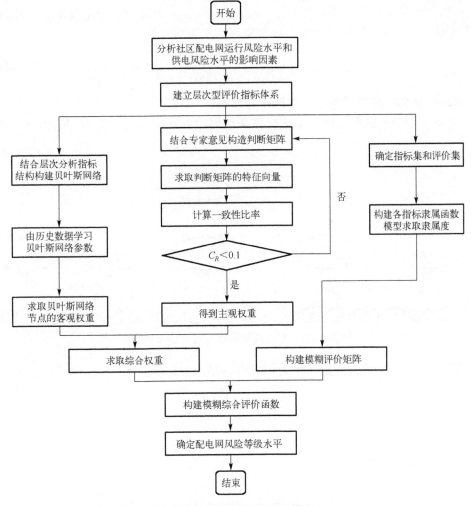

图 5-1　配电网风险评估流程

2. 结合贝叶斯网络确定指标的综合权重

(1) 贝叶斯网络基本原理。

贝叶斯网络 (Bayesian network, BN) 是一个二元数组, 即 $BN = (G, P)$, $G = (V, E)$ 为有向无环图, 其中, V 为节点集, 与领域的随机变量一一对应; E 为有向边集, 反映变量之间的因果依赖关系, 从节点 X 到节点 Y 的有向边表示 X 对 Y 有直接的因果影响, P 为节点的条件概率, 定量描述节点之间的影响强度。

贝叶斯网络主要包含结构学习和参数学习两个方面。贝叶斯网络的结构是一个描述了节点之间关系的有向无环图, 如图 5-2 所示, 条件概率作为参数用于刻画节点对其父节点的依赖关系。设事件 u_1 综合风险指标已经产生变化, 我们需要判断引

起 u_1 指标产生变化的可能原因（u_{11}、u_{12}、u_{13}、u_{14}）；$P(u_{11})$ 记为先验概率，u_1 指标发生变化是由于 u_{11} 导致的概率是后验概率，按下式计算：

$$P(u_{11}\,|\,u_1) = \frac{P(u_1, u_{11})}{P(u_1)} \tag{5-5}$$

(2)结合贝叶斯网络确定指标的综合权重。

由第 4 章的社区配电网评价指标体系构建出贝叶斯网络如图 5-2 所示。

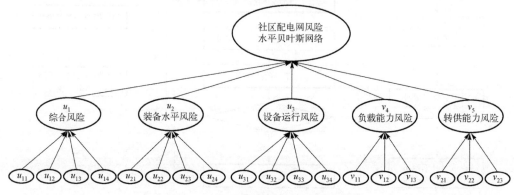

图 5-2　配电网风险指标贝叶斯网络

以 u_1 综合指标的贝叶斯网络为例求取各指标的后验概率：

$$P(u_{1n}\,|\,u_1) = \frac{P(u_1, u_{1n})}{P(u_1)} \tag{5-6}$$

式中，n 取 1、2、3、4。

各指标的权重求取：

$$A''(u_{1n}) = \frac{P(u_{1n}\,|\,u_1)}{P(u_{11}\,|\,u_1) + P(u_{12}\,|\,u_1) + P(u_{13}\,|\,u_1) + P(u_{14}\,|\,u_1)} \tag{5-7}$$

式中，n 取 1、2、3、4。

综合权重的求取：将层次分析法和贝叶斯网络的结果相结合，得到综合权重向量 $A = (a_1, a_2, \cdots, a_n)$：

$$A_i = \frac{A_i' A_i''}{\sum\limits_{i=1}^{n} A_i' A_i''} \tag{5-8}$$

3. 基于贝叶斯网络-层次分析法的社区配电网风险水平模糊综合评价

在构建的层次型评价指标体系基础上，逐层进行模糊综合评价，从各个层次、多个方面对配电网运行水平和供电能力影响因素进行综合分析。具体构建过程如下。

(1)确定指标集。

根据配电网运行水平和供电能力评价所涉及的范围和层次，指标体系中各二级指标集合构成指标集 $U = \{u_1, u_2, \cdots, u_n\}$。

(2)确定评价集。

根据评价对象的实际状况，选取合适的评语集合构成评价集 $V = \{v_1, v_2, \cdots, v_m\}$，将配电网运行状况划分为 4 个评价等级，即{高，较高，一般，低}。

(3)构建模糊评价矩阵。

选取合适的隶属函数模型，利用各指标的原始数据和隶属度函数关系求取各评价指标对评价集的隶属度，构成模糊评价矩阵 $\boldsymbol{R}$：

$$\boldsymbol{R} = (r_{ij})_{n \times m} = \begin{bmatrix} r_{11} & r_{12} & \cdots & r_{1j} & \cdots & r_{1m} \\ x_{21} & x_{22} & \cdots & x_{2j} & \cdots & x_{2m} \\ \vdots & \vdots & \ddots & & \vdots & \vdots \\ x_{i1} & x_{i2} & \cdots & x_{ij} & \cdots & x_{im} \\ \vdots & \vdots & & \vdots & & \vdots \\ x_{n1} & x_{n2} & \cdots & x_{nj} & \cdots & x_{nm} \end{bmatrix}_{n \times m} \tag{5-9}$$

式中，$\boldsymbol{R}$ 为社区配电网运行水平和供电能力模糊评价矩阵；r_{ij} 为第 i 个指标对第 j 个评语的隶属度取值，$i = 1, 2, \cdots, n$；$j = 1, 2, \cdots, m$。

(4)采用贝叶斯网络-层次分析法求取各指标综合权重。

采用贝叶斯网络-层次分析法，根据式(5-1)~式(5-8)确定各指标综合权重。

(5)模糊综合评价。

假设一级指标 u_1 下的 4 个二级指标的综合权重矩阵为 $\boldsymbol{A}_1 = [a_1\ a_2\ a_3\ a_4]$，则指标 u_1 的模糊综合评价结果为

$$\boldsymbol{B}_1 = \boldsymbol{A}_1 \boldsymbol{R}_1 \tag{5-10}$$

同理，求得各一级指标模糊综合评价结果，构成一级综合评价矩阵为 $\boldsymbol{B} = [\boldsymbol{B}_1\ \boldsymbol{B}_2\ \boldsymbol{B}_3\ \boldsymbol{B}_4]^{\mathrm{T}}$，再利用层次分析法求得一级指标的权值分配矩阵 $\boldsymbol{Z}$，则最终评价结果为两矩阵之积：

$$F = \boldsymbol{Z} \cdot \boldsymbol{B} \tag{5-11}$$

(6)评价对象所属等级。

将各社区配电网运行水平和供电能力模糊综合评价结果进行对比，根据最大隶属度原则确定社区配电网的等级水平，并认为等级水平为一般及以下的社区配电网均需要进行电网改造，其余等级的社区进行完善即可。

5.1.3　配电网实例风险评估

实验选取北京市石景山区某社区实际配电网为评估对象，根据该社区实际运行

的四个季度的配电数据计算各评价指标值，并依据相关规范标准计算各评价指标对评价集的隶属度，如表 5-1 所示。

表 5-1　第一季度 A1 指标风险水平

指标	第一季度 u_1 指标值	对不同风险水平评价的隶属度			
		风险水平低	风险水平较低	风险水平较高	风险水平高
u_{11}	20.51	0	0.949	0.051	0
u_{12}	99.91	0.286	0.714	0	0
u_{13}	99.20	0	0	0.1	0.9
u_{14}	6.05	0	0	0.75	0.25

则 u_1 的模糊评价矩阵 $\boldsymbol{R}_{A1}$ 为

$$\boldsymbol{R}_{A1} = \begin{bmatrix} 0 & 0.949 & 0.051 & 0 \\ 0.286 & 0.714 & 0 & 0 \\ 0 & 0 & 0.1 & 0.9 \\ 0 & 0 & 0.75 & 0.25 \end{bmatrix}$$

采用贝叶斯网络-层次分析法求取各指标综合权重。首先，按式(5-4)得到 u_1 指标下的四个二级指标主观权重 A'_{u1}，按式(5-7)可得到客观实时动态贝叶斯网络权重 A''_{u1}；再由式(5-8)可得 u_1 指标下的四个二级指标的综合权重 A_{u1}，结果如表 5-2 所示。

表 5-2　第一季度 u_1 指标权重

指标	层次分析法权重	贝叶斯权重	综合权重
u_{11}	0.1256	0.1515	0.0628
u_{12}	0.4284	0.4559	0.6450
u_{13}	0.1796	0.1852	0.1098
u_{14}	0.2664	0.2073	0.1824

由上表可得各一级指标下二级指标权重结果，以综合指标 u_1 为例，各二级指标权重结果从大到小依次排序为：供电可靠率、综合线损率、D 类电压合格率、重复计划停电用户比例。从排序结果可以看出供电可靠率对综合性能指标的影响最为重要。

按式(5-10)计算综合指标的综合评价结果为

$$\boldsymbol{B}_{u1} = \begin{bmatrix} 0.0628 \\ 0.6450 \\ 0.1098 \\ 0.1824 \end{bmatrix}^{\text{T}} \times \begin{bmatrix} 0 & 0.949 & 0.051 & 0 \\ 0.286 & 0.714 & 0 & 0 \\ 0 & 0 & 0.1 & 0.9 \\ 0 & 0 & 0.75 & 0.25 \end{bmatrix} = [0.1845 \quad 0.5201 \quad 0.151 \quad 0.1444]$$

同理可得其他一级指标的综合评价结果如表 5-3 所示。

表 5-3　第一季度一级指标风险水平

一级指标	一级指标第一季度综合风险水平评价结果				一级指标等级
	低	较低	较高	高	
u_1	0.1845	0.5201	0.1510	0.1444	较低
u_2	0.0385	0.8334	0.1281	0	较低
u_3	0	0.5247	0.4753	0	较低
v_1	0.0851	0.8305	0.0844	0	较低
v_2	0	0	0.7634	0.2366	较高

　　由层次分析法计算，得到社区配电网运行水平的三个一级指标的权重为：$Z_U =$ [0.169　0.296　0.535]，社区配电网供电能力的两个一级指标的权重为 Z_V = [0.667 0.333]。由式(5-11)得到第一季度配电网运行水平和供电能力模糊综合评价结果。

$$F_{u1} = \begin{bmatrix} 0.169 \\ 0.296 \\ 0.535 \end{bmatrix}^T \times \begin{bmatrix} 0.1845 & 0.5201 & 0.151 & 0.1444 \\ 0.0385 & 0.8334 & 0.1281 & 0 \\ 0 & 0.5247 & 0.4753 & 0 \end{bmatrix} = \begin{bmatrix} 0.0426 & 0.6153 & 0.3177 & 0.0244 \end{bmatrix}$$

$$F_{v1} = \begin{bmatrix} 0.667 \\ 0.333 \end{bmatrix}^T \times \begin{bmatrix} 0.0851 & 0.8305 & 0.0844 & 0 \\ 0 & 0 & 0.7634 & 0.2366 \end{bmatrix} = \begin{bmatrix} 0.0568 & 0.5539 & 0.3105 & 0.0788 \end{bmatrix}$$

　　由上式看出第一季度社区配电网的运行水平和供电能力都处于较高的水平；同理，可以得到第二季度、第三季度、第四季度的模糊综合评价结果如图 5-3 所示。

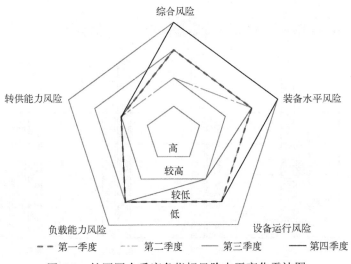

图 5-3　社区四个季度各指标风险水平变化雷达图

　　将四个季度配电网运行风险水平和供电风险水平模糊综合评价结果进行对比，由图 5-4 和图 5-5 可知，第一季度和第二季度的配电网运行风险水平和供电风险均属于较低水平；第三季度的配电网运行风险水平和供电风险水平均属于较高水平；第四季度的配电网运行风险水平属于较低水平，供电风险水平属于较高水平。风险水平较高的配电网需要进行电网改造，由表 5-1 和表 5-3 可分别得知各一级二级指标的风险评价等级，进而确定配电网具体的薄弱环节。这给电网改造指明了方向，

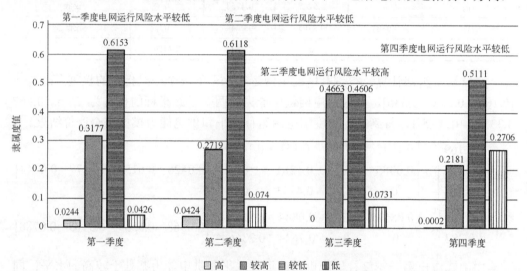

图 5-4　社区四个季度电网运行风险水平变化

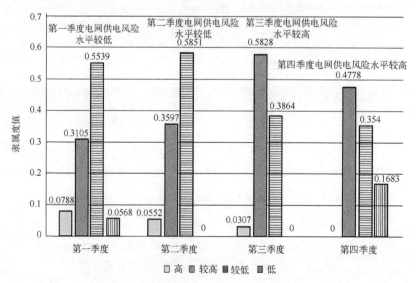

图 5-5　社区四个季度电网供电风险水平变化

管理者应当加强对配电变压器的检修维护，避免事故发生。

综上，可以获得如下结论：

①综合层次分析法与专家知识构建了全面综合的社区配电网风险评估指标体系，突破了以往片面的单一的风险评估体系；

②利用配电网的历史数据构建了评价指标权重的贝叶斯网络，该贝叶斯网络能够基于配电网数据实时计算评价指标的动态权重从而实现对配电网风险的主客观实时评估；

③研究重点在于实时的风险评估，对于风险的预测在未来还需要深入研究。

5.2　户内燃气人因风险分析

居民不安全用气是导致社区户内燃气事故发生的重要原因。燃气事故一旦发生，后果极为严重。因此对居民进行用气安全教育一直是开展社区安全工作的重中之重。本节从户内燃气人因风险角度展开分析，采用层次分析法和模糊综合评价方法对户内燃气人因风险进行静态风险评估，最后结合具体实例给出量化的风险评估结果。

5.2.1　户内燃气人因风险评估指标分析

1. 户内燃气人因风险产生机理

遵循 Wohl 于 1981 年提出的刺激-假说-选项-响应(stimulus-hypothesis-option-response，SHOR)认知行为模型构建户内燃气人因风险产生机理图(图 5-6)，图中由人因导致的燃气事故往往是受人的生理、心理、素质、意识以及行为能力等因素处于不健康状态的影响，加之周边环境的刺激导致燃气使用过程前后产生不安全的行为，进而产生风险事件。

图中人因导致的燃气事故主要分为以下三个阶段，整体遵循人的认知流程：①燃气使用前：在长时间的日常生活中，一方面塑造了人们的不同生活素质，另一方面在环境的影响下(如各种压力下)也影响着人们的生理以及心理状态，影响着人的风险分析与决策的合理性，不健康的状态在使用燃气前就埋下隐患；②燃气使用过程中：在燃气使用过程中如果发生分心事件或者用户本身没有良好的安全用气习惯意识，容易导致燃气泄漏、感知察觉不及时，以及影响对于突发事件的分析和处理能力，同时在上一条提到的不健康状态下或者使用过程中受到不良刺激，也会影响人对于问题的感知分析与决断，进而有可能直接转化为不安全行为，从而引发燃气事故；③燃气使用不当后：经调查分析，多数燃气问题发生后如果应急处置得当是可以避免发生危险事件的，事故往往是泄漏后不当的行为加剧事故的危害性。这与用户的安全和责任意识，以及是否具有良好的生活素质如应急处置能力关系密切，这类人因要素直接决定着用户对于事件的判断与反应，事故得以化险为夷多数是因为事发后的及时处理和有效合作，人的相关状态的好坏有时直接决定着事故的发生与否[2]。

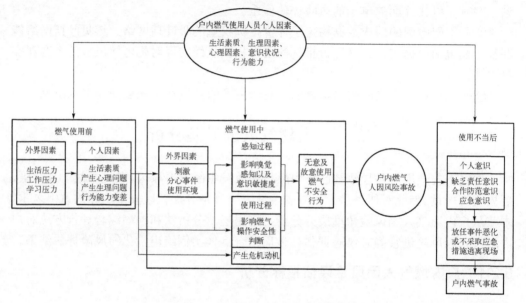

图 5-6　户内燃气人因风险产生机理

2. 人因风险指标体系构建

结合上述户内燃气人因风险产生机理以及相关人因的影响因素，参考相关人因风险的文献，从个人角度以及环境角度出发，构建以目标层、准则层、方案层组成的层次分析指标体系，以总的户内风险为目标层，与之相关的意识状况、生理因素、心理因素、生活素质、行为能力为风险评价的一级指标，结合相关文献进一步选取事发责任意识、安全意识、身体状况、生活压力、使用经验以及应急技能等 14 个因素为二级指标构建层次分析结构，由于指标选择并非一次确定，是结合相关人因风险指标与户内燃气的特征进行选择，具体原则如下：各人因指标反应的不仅是人的内因，还包括相关环境因素，如行为能力中的自控力主要表现为个体对于周围刺激的抵制力，如果环境中没有分散注意力的事件，也就无从体现自控力。所选取的指标均在燃气事故案例中有所体现，且对于燃气用户而言技能水平等有关人因指标并不需要，除去生理、心理行为等人因要素具备的共同指标，诸如合作意识、燃气应急技能等为户内燃气人因风险有关的指标。最终确定的 5 个一级指标，14 个二级指标所构建的层次分析风险指标体系如图 5-7 所示。

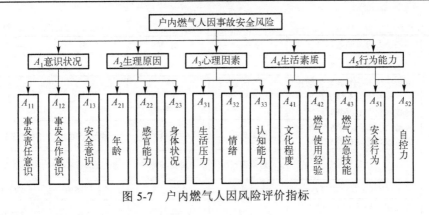

图 5-7　户内燃气人因风险评价指标

5.2.2　户内燃气人因风险综合评价分析

1. 户内燃气用户人因状态量数据收集处理

户内燃气人因数据获取选取调查问卷的形式，先后向三个小区发放调查问卷，三个小区共 352 户住户，回收问卷 322 份，剔除无效问卷后剩余 300 份，其中，A 小区 50 份，B 小区 100 份，C 小区 150 份，均超过小区住户的 80%，且问卷有效度分别为 89.29%、83.33% 和 81.52%，满足调查的有效性。由此对 A、B、C 三个小区进行风险评估。调查问卷具体如表 5-4 所示，问卷指标包含 5 个一级指标和 14 个二级指标，各指标依据程度的高低选取高为一、较高为二、一般为三、低为四共四种状态等级，由此对燃气用户展开调查。

表 5-4　户内燃气人因风险指标说明表

	人因风险等级	高	较高	一般	低
	人因状态等级	一	二	三	四
意识状况	事发责任意识(燃气事故发生后察觉事故会影响周边住户的意识)	不会意识到	难以意识到	稍缓意识到	立即意识到
	事发合作意识(燃气事故发生后喊人帮忙共同解决问题的意识)	不会找人帮忙	难以决定是否找人帮忙	自己解决不了找人帮忙	立即找人帮忙
	安全意识(使用燃气时的用气规范意识)	无安全意识	安全认识一般	安全意识较高	安全意识很高
生理因素	年龄(年龄与身体素质相关)	>75	55~75	40~55	20~40
	感官能力(察觉燃气风险的能力，主要是嗅觉)	失灵	不灵敏	比较灵敏	非常灵敏
	身体状况(身体健康状况，半年内生病频数)	一直生病	2~3 次	1 次	无

续表

	人因风险等级	高	较高	一般	低
	人因状态等级	一	二	三	四
心理因素	生活压力(工作学习生活压力,压力的大小很大程度影响心理状态的好坏)	压力很高	压力较高	压力较低	无压力
	情绪(情绪稳定状况,评价等级越高情绪越稳定)	情绪失控	情绪低落	比较稳定	非常稳定
	认知能力(对周围事物的感知判断能力)	思维混乱	思维模糊	思维比较清晰	思维清晰
生活素质	文化程度(受教育程度)	未受教育	小学以下	初中到高中	大学及以上
	燃气使用经验(使用燃气的时间)	<3月	3月~1年	1~5年	>5年
	燃气应急技能(发生燃气泄漏着火或爆炸的应急处理能力)	不会处理	处理不熟练	比较熟练	非常熟练
行为能力	安全行为(过去半年内燃气使用失误率)	>10次	5~10次	<5次	零失误
	自控力(用气时自我控制能力)	总是去做其他事	较常做其他事	很少做其他事	除非必要不会做其他事

各一级指标及其相应的二级指标如上表所示,用户根据自身的实际情况依据表内描述进行填写,最后将300户燃气人因状态量进行汇总,进行后续的风险评价工作。

2. 户内燃气人因风险综合评价

对三个小区的燃气用户进行风险评估,最后进行汇总分析,具体步骤如下。

隶属度矩阵确立:通过对获取的户内燃气人因数据的问卷指标进行整理,选取二级指标共14个指标构成评价因素集U,各指标依据程度的高低选取高、较高、一般、低四种评价结果构成评价集V,通过将三个小区的每个住户调查结果带入隶属函数,得出各住户所有人因要素各状态量的隶属度,如表5-5所示。

表5-5　人因状态隶属度表

人因状态等级	风险等级			
	低	一般	较高	高
四	1	0.2	0	0
三	0.2	1	0.2	0
二	0	0.2	1	0.2
一	0	0	0.2	1

人因风险等级评价:使用MATLAB进行矩阵运算得出每户的一级指标风险等级以及整体人因风险等级,以某一住户的心理指标风险和整体风险等级为例,如表5-6所示。

表 5-6 某住户心理因素相关指标模糊评价

A_3 下二级指标	风险水平隶属度			
	高	较高	一般	低
A_{31}	0	0	0.17	0.83
A_{32}	0.14	0.72	0.14	0
A_{33}	0	0.14	0.72	0.14

该用户心理因素下的生活压力、情绪、认知能力等二级指标依据隶属度函数风险等级判定分别为低、较高、一般。参照层次分析法确定的各二级因素权重,根据公式 $\boldsymbol{B} = \boldsymbol{A}_{1*m} \cdot \boldsymbol{R}_{m*n} = (b_1, b_2, \cdots, b_n)$ 计算得出各一级指标的风险模糊矩阵,此处以该住户的心理因素一级指标的单因素隶属度计算为例:

$$\boldsymbol{B}_{A_3} = \boldsymbol{A}_{A_3} \cdot \boldsymbol{R}_{A_3} = (0.0447 \quad 0.2472 \quad 0.2275 \quad 0.4806)$$

同理计算得出该住户其他一级指标的单因素隶属度,进而构建一级指标对应的模糊综合评价,如表 5-7 所示。

表 5-7 某住户人因风险相关指标模糊评价

人因状态 一级指标	风险水平隶属度			
	高	较高	一般	低
A_1	0.0153	0.2035	0.6566	0.1247
A_2	0.4707	0.251	0.2367	0.0416
A_3	0.0447	0.2472	0.2275	0.4806
A_4	0.0447	0.2472	0.2275	0.4806
A_5	0.112	0.604	0.256	0.028

根据模糊综合评价的最大隶属度原则,该住户的意识状况 A_1 风险等级为一般,生理因素 A_2 的风险等级为高,心理因素 A_3 风险等级为低,生活素质 A_4 的风险等级为低,行为能力 A_5 的风险等级为较高。

最后根据构造的该用户各一级指标的模糊综合评价矩阵,按照公式 $\boldsymbol{B} = \boldsymbol{A}_{1*m} \cdot \boldsymbol{R}_{m*n} = (b_1, b_2, \cdots, b_n)$ 计算得出该用户的总体户内燃气人因风险等级:

$$\boldsymbol{B}_A = \boldsymbol{A}_A \cdot \boldsymbol{R}_A = (0.0626 \quad 0.3013 \quad 0.361 \quad 0.2831)$$

依据最大隶属度原则,该用户户内燃气人因风险等级为一般,表明该用户日常用气较为安全。

综上所述,最终的风险评价结果不仅得出了小区总体燃气人因的风险等级,具体的各项人因状态风险也可以得出,对于总体风险偏高的小区可以知晓具体哪些人因状态存在问题,对于整体风险偏低的小区也可以找到具体哪项人因状态存在隐藏风险,从而采取措施,防患于未然。

5.3　社区消防系统静态风险评估分析

社区消防系统关乎社区居民生命财产安全，定期对社区消防系统开展风险评估可以提高社区居民生活质量，提升社区安全系数。对社区消防系统进行静态风险评估不应完全依赖于人的主观经验评判，还应引入科学方法，适当增加客观计算的比重。本节在 4.3 节基础上，从被动防火能力、主动防火能力、消防安全管理和居民安全行为四个方面，构建了社区消防系统静态风险评估指标体系，并采用层次分析法和模糊综合评价法进行了定量化计算。

5.3.1　社区消防系统指标体系的建立

1. 被动防火能力

被动防火能力是指火灾发生时社区建筑的支撑结构功能，是社区火灾应急管理的环境和物质保障，具体指社区建筑在火灾发生时的结构可靠、安全容纳以及应对火灾的功能设计，要求社区建筑基本的火灾应急管理设施设备完善，规划合理。社区建筑被动防火能力评价主要由建筑结构设计、装修材料火灾承荷载、建筑耐火等级、电气防火、防火防烟分区、疏散通道和安全出口的数量和宽度等方面决定。这些设备的完备性、系统规划的统一性、设备维护情况以及整体运营能力是根据评价指标进行评估的重要参考。

2. 主动防火能力

主动防火能力是社区火灾应急响应的核心部分，要求配备完善、有效的消防设备设施，包括火灾自动报警系统、疏散诱导设备等。主动防火能力评价主要由各系统安全性、系统的整合性、设施的完备性、软硬件的维护以及整体运行能力等方面决定。

3. 消防安全管理

消防安全管理是影响社区消防安全风险的关键因素，是实现消防安全的基本需求，完备的消防管理系统是社区消防安全的重要保障。消防安全管理评价主要由应急演练、消防安全教育、火灾应急预案、设备日常管理与维护、消防安全责任制、人员消防安全能力等方面决定。

4. 居民安全行为

居民安全行为是社区消防安全评价不可忽视的重要因素，社区人员密集，当火灾事件发生时，常因人员慌乱、拥挤而阻塞通道，发生互相踩踏的状况，或者由于逃生方法不当，造成人员伤亡，因此人员的应急自救能力尤为重要。

根据文献资料和国家标准，结合专家意见提炼整理，最终得到社区消防安全风险评价指标体系，如图 5-8 所示[3]。

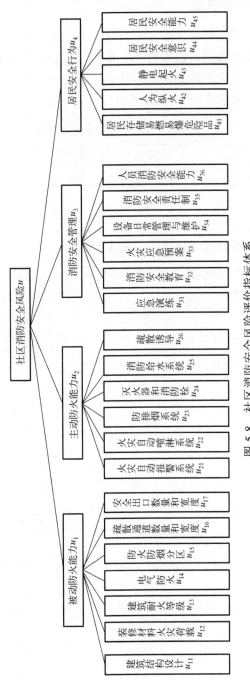

图 5-8　社区消防安全风险评价指标体系

5.3.2　模糊综合评价模型

在社区消防安全风险评价方面，可以使各种因素在风险评价中的作用得到直观反映，从而提高对复杂情况的决策能力。根据国家标准和相关研究文献中评定安全等级的选择规律以及社区消防评价现实状况，结合相关专家咨询意见最终确定社区消防安全评定等级，如表 5-8 所示。

表 5-8　社区消防安全评定等级

等级	Ⅰ级	Ⅱ级	Ⅲ级	Ⅳ级	Ⅴ级
说明	非常安全	比较安全	一般安全	较不安全	不安全

我们邀请 10 名在安全、消防、风险评估方面有丰富经验的专家，凭借相关经验与专业能力对各指标进行比较，确定其相对重要程度，按照 1～9 标度给出评分，最终得到判断矩阵和各级指标的权重，如表 5-9 所示。

表 5-9　社区消防安全风险评价指标体系

目标属性	一级指标	二级指标	权重
社区消防安全风险 u	被动防火能力 u_1 (0.2958)	建筑结构设计 u_{11}	0.2861
		装修材料火灾荷载 u_{12}	0.0831
		建筑耐火等级 u_{13}	0.0740
		电气防火 u_{14}	0.0838
		防火防烟分区 u_{15}	0.1504
		疏散通道数量和宽度 u_{16}	0.2409
		安全出口数量和宽度 u_{17}	0.0817
	主动防火能力 u_2 (0.2247)	火灾自动报警系统 u_{21}	0.2274
		火灾自动喷淋系统 u_{22}	0.1339
		防排烟系统 u_{23}	0.3006
		灭火器和消防栓 u_{24}	0.1339
		消防给水系统 u_{25}	0.0703
		疏散诱导(标志、应急照明、广播) u_{26}	0.1339
	消防安全管理 u_3 (0.3780)	应急演练 u_{31}	0.0409
		消防安全教育 u_{32}	0.2424
		火灾应急预案 u_{33}	0.1375
		设备日常管理与维护 u_{34}	0.2499
		消防安全责任制 u_{35}	0.2499
		人员消防安全能力 u_{36}	0.0794
	居民安全行为 u_4 (0.1015)	居民存储易燃易爆危险品 u_{41}	0.1572
		人为纵火 u_{42}	0.1192
		静电起火 u_{43}	0.0786
		居民安全意识 u_{44}	0.4010
		居民安全能力 u_{45}	0.2440

5.3.3　社区消防安全风险实例分析

根据 10 位专家和工作人员的打分情况，计算得出被动防火能力的模糊评价矩阵 R_1，主动防火能力的模糊评价矩阵 R_2，消防安全管理的模糊评价矩阵 R_3，居民安全行为的模糊评价矩阵 R_4，分别如下：

$$R_1 = \begin{bmatrix} 0.3 & 0.7 & 0 & 0 & 0 \\ 0 & 0.8 & 0.2 & 0 & 0 \\ 0.5 & 0.8 & 0 & 0 & 0 \\ 0 & 0.5 & 0.4 & 0 & 0 \\ 0.4 & 0.4 & 0.8 & 0 & 0 \\ 0.5 & 0.5 & 0 & 0 & 0 \\ 0.3 & 0.7 & 0 & 0 & 0 \end{bmatrix}$$

$$R_2 = \begin{bmatrix} 0.7 & 0.3 & 0 & 0 & 0 \\ 0.4 & 0.2 & 0 & 0 & 0 \\ 0.7 & 0.3 & 0.5 & 0 & 0 \\ 0 & 0.5 & 0.3 & 0 & 0 \\ 0.2 & 0.8 & 0 & 0 & 0 \\ 0.5 & 0.3 & 0 & 0 & 0 \end{bmatrix}$$

$$R_3 = \begin{bmatrix} 0 & 0.3 & 0.7 & 0 & 0 \\ 0 & 0 & 0.7 & 0.3 & 0 \\ 0 & 0.5 & 0.6 & 0 & 0 \\ 0 & 0.2 & 0.6 & 0 & 0 \\ 0 & 0.2 & 0.7 & 0 & 0 \\ 0 & 0 & 0.7 & 0.4 & 0 \end{bmatrix}$$

$$R_4 = \begin{bmatrix} 0.3 & 0.7 & 0 & 0 & 0 \\ 0.6 & 0.4 & 0 & 0 & 0 \\ 0.6 & 0.4 & 0 & 0 & 0 \\ 0 & 0 & 0.2 & 0.7 & 0 \\ 0 & 0 & 0.7 & 0.3 & 0 \end{bmatrix}$$

由表 5-9 可知，各二级指标对其一级指标的权重集分别为
$$A_1 = \{0.2861, 0.0831, 0.0740, 0.0838, 0.1504, 0.2409, 0.0817\}$$
$$A_2 = \{0.2274, 0.1339, 0.3006, 0.1339, 0.0703, 0.1339\}$$
$$A_3 = \{0.0409, 0.2424, 0.1375, 0.2499, 0.2499, 0.0794\}$$
$$A_4 = \{0.1572, 0.1192, 0.0786, 0.4010, 0.2440\}$$

由模糊变换公式 $B = A \cdot R$ 计算得出各一级指标的模糊综合评价行向量分别为

$$B_1 = A_1 \cdot R_1 = \{0.32795, 0.60565, 0.17046, 0, 0\}$$
$$B_2 = A_2 \cdot R_2 = \{0.50417, 0.34854, 0.19047, 0, 0\}$$
$$B_3 = A_3 \cdot R_3 = \{0, 0.18098, 0.66126, 0.10448, 0\}$$
$$B_4 = A_4 \cdot R_4 = \{0.16584, 0.18916, 0.25100, 0.35390, 0\}$$

根据 $R = (B_1, B_2, B_3, B_4)^{\mathrm{T}}$ 得到总的模糊评价矩阵为

$$R = \begin{bmatrix} 0.32795 & 0.60565 & 0.17046 & 0 & 0 \\ 0.50417 & 0.34854 & 0.19047 & 0 & 0 \\ 0 & 0.18098 & 0.66126 & 0.10448 & 0 \\ 0.16584 & 0.18916 & 0.25100 & 0.35390 & 0 \end{bmatrix}$$

由表 5-9 可知一级指标的权重为 $A = \{0.2958, 0.2247, 0.3780, 0.1015\}$，同理按公式 $B = A \cdot R$ 计算出总的模糊综合评价向量为

$$B = A \cdot R = \{0.22713, 0.34508, 0.36865, 0.07541, 0\}$$

根据最大隶属度原则，该社区消防安全风险等级为一般安全。被动防火能力和消防安全管理分别处于比较安全和一般安全的等级，主动防火能力处于非常安全的等级，说明该社区在消防设施与建筑防火两方面达到了比较好的水平。但是在人员安全行为方面还存在一些问题，需要加以改善。

5.4　社区电梯系统静态风险评估分析

社区电梯系统安全关乎社区居民的出行人身安全。定期对社区电梯系统开展风险评估和设备设施检查可以有效降低居民的出行风险，提升社区安全系数。鉴于电梯系统结构复杂，故障风险在一段时期内隐匿发展，具有较强的突发性和危险性，因此在进行系统静态风险评估时有必要从故障成因角度进行分析。本节介绍了一种基于事故树（accident tree analysis，ATA）-层次分析法（analytic hierarchy process，AHP）的社区电梯系统静态风险评估方法，通过相关风险因素出现频次计算社区电梯系统的风险评价指标权重，并结合具体实例进行分析阐述。

5.4.1　电梯系统风险评估体系层次模型的建立

层次分析法的体系结构分为目标层、准则层和指标层。以此构建电梯系统风险评估层次模型，如图 5-9 所示[4]，其结构分为三层。目标层 A，以民用垂直曳引升降客梯的安全性为例；准则层，以安全装置的有效性、操作人员在运行中的行为和对电梯系统的维护检修为例，分别对应 c_1、c_2 和 c_3；指标层，以安全保护装置为例，其指标分别记为 c_{11}、c_{12}、c_{13}、c_{14} 和 c_{15}，以运行管理为例，其指标分别记为 c_{21}、c_{22} 和 c_{23}，以维护检修为例，其指标分别记为 c_{31}、c_{32} 和 c_{33}。

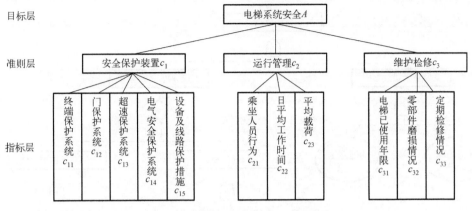

图 5-9　电梯系统风险评估层次模型

5.4.2　基于事故树分析的电梯系统风险评估模型权重的确定

层次分析对于上述电梯系统风险评估模型评定存在一定缺陷。常规层次分析法的判断矩阵是通过专家打分确定各个指标的影响度，这些评判对后续权重计算起着至关重要的作用。由于该方法过于依赖专家经验，导致很难消除由此带来的主观评判偏差，因此本节采用事故树分析方法来确定各个指标间的重要程度[5]。

1. 电梯系统事故树分析

逐个对电梯系统中每种危害(剪切、挤压、坠落、撞击、被困、火灾、电击等)进行事故树分析，分析其发生原因与指标层各项的关系。剪切事故树分析如图 5-10 所示；挤压事故树分析如图 5-11 所示；坠落事故树分析如图 5-12 所示；撞击事故树分析如图 5-13 所示；被困事故树分析如图 5-14 所示；其他事故树分析如图 5-15 所示。

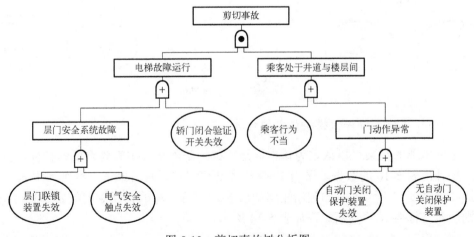

图 5-10　剪切事故树分析图

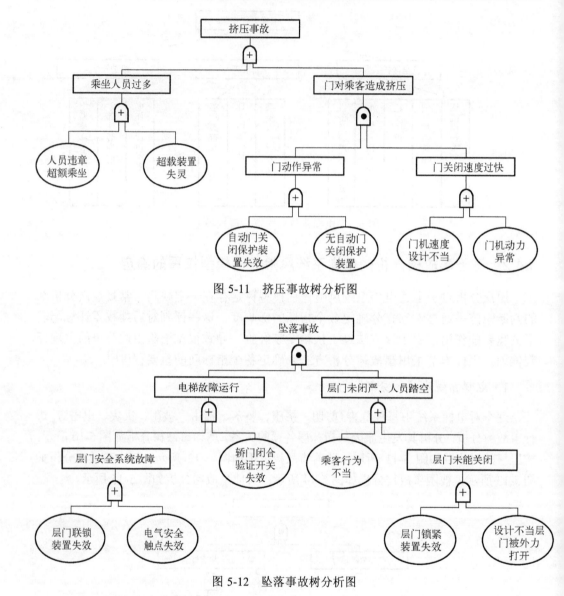

图 5-11　挤压事故树分析图

图 5-12　坠落事故树分析图

2. 电梯系统风险评估模型权重的计算

重复出现的因素可以认定为该指标是事故树基本事件中较为重要的指标，据此可以统计出表 5-10 的数据。采用 $1\sim9$ 标度法可对权重进行赋值，准则层中 c_1 的判断矩阵如表 5-11 所示，c_2 的判断矩阵如表 5-12 所示，c_3 的判断矩阵如表 5-13 所示；准则层对目标层 A 的判断矩阵如表 5-14 所示。

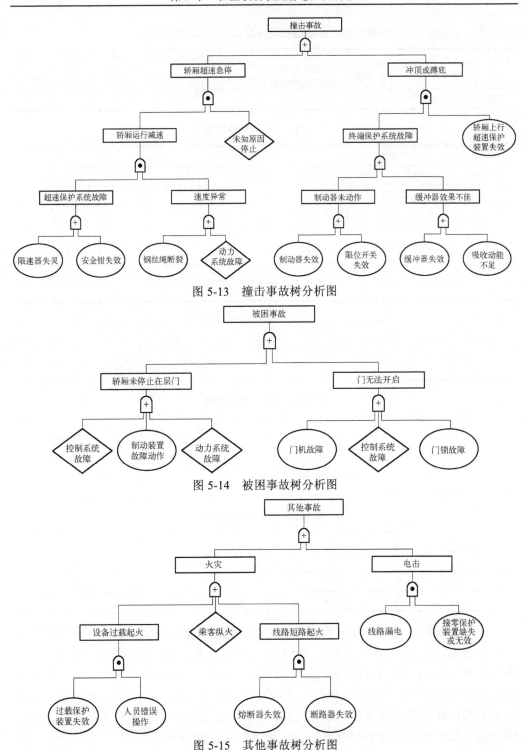

图 5-13 撞击事故树分析图

图 5-14 被困事故树分析图

图 5-15 其他事故树分析图

表 5-10 指标层要素在事故树中出现的次数

指标层要素	终端保护系统	门保护系统	超速保护系统	电气安全保护系统	设备及线路保护措施	乘坐人员行为	日平均工作时间	平均载荷	电梯已使用年限	零部件磨损情况	定期检修情况
次数	5	14	3	4	5	5	0	1	0	1	3

表 5-11 c_1 的判断矩阵

c_1	c_{11}	c_{12}	c_{13}	c_{14}	c_{15}
c_{11}	1	1/2	2	1	1
c_{12}	2	1	4	3	3
c_{13}	1/2	1/4	1	1	1/2
c_{14}	1	1/3	1	1	1
c_{15}	1	1/3	2	1	1

表 5-12 c_2 的判断矩阵

c_2	c_{21}	c_{22}	c_{23}
c_{21}	1	6	3
c_{22}	1/6	1	2
c_{23}	1/3	1/2	1

表 5-13 c_3 的判断矩阵

c_3	c_{31}	c_{32}	c_{33}
c_{31}	1	1/2	1/4
c_{32}	2	1	1/2
c_{33}	4	2	1

表 5-14 A 的判断矩阵

A	c_1	c_2	c_3
c_1	1	4	5
c_2	1/4	1	1
c_3	1/5	1	1

依据判断矩阵可以计算出权重系数，然后通过一致性检验。通过计算可得准则层的权重系数向量(0.691，0.160，0.149)，依据 c_1 的判断矩阵可以计算出(0.177，0.416，0.102，0.142，0.163)为 c_{11}、c_{12}、c_{13}、c_{14} 和 c_{15} 的权重系数向量；依据 c_2 的判断矩阵可以计算出(0.678，0.179，0.142)为 c_{21}、c_{22} 和 c_{23} 的权重系数向量；依据 c_3 的判断矩阵可以计算出(0.143，0.286，0.571)为 c_{31}、c_{32} 和 c_{33} 的权重系数向量，并通过一致性检验，计算过程略，具体系数如表 5-15 所示。

表 5-15　总权重系数表

	c_1	c_2	c_3	A
A	0.69	0.16	0.15	1
c_{11}	0.18	1	1/2	0.12
c_{12}	0.42			0.29
c_{13}	0.10			0.07
c_{14}	0.14			0.10
c_{15}	0.16			0.11
c_{21}		0.68		0.11
c_{22}		0.18		0.03
c_{23}		0.14		0.02
c_{31}			0.14	0.02
c_{32}			0.29	0.04
c_{33}			0.57	0.09

3. 电梯系统安全等级的设定及风险评估

电梯系统的评分表采取 5 级制,其不同含义如表 5-16 所示,评估等级分为 3 级。

Ⅰ(0~2 分):禁止使用,存在危险;

Ⅱ(2~4 分):安全性存在隐患,整改后可以使用;

Ⅲ(4~5 分):安全状态良好。

表 5-16　5 级制评分表

分数	含义
1	表示极不安全,存在重大问题
2	表示不安全,存在问题
3	表示存在问题,但不大影响安全运行
4	表示指标本身不存在问题,但运行中可能引起故障
5	表示没有问题,不影响安全运行

例如,评估现有的一部电梯,3 位专家分别对 11 项实际指标打分,加权求和计算结果如表 5-17 所示。

表 5-17　某电梯系统风险评估值

	分值 1	分值 2	分值 3	平均分	最后得分
c_{11}	2	3	3	2.67	0.33
c_{12}	3	4	3	3.33	0.96
c_{13}	2	4	3	3	0.21

	分值1	分值2	分值3	平均分	最后得分
c_{14}	2	2	3	2.33	0.23
c_{15}	3	3	4	3.33	0.38
c_{21}	2	2	2	2	0.22
c_{22}	3	4	4	3.67	0.11
c_{23}	4	3	4	3.67	0.08
c_{31}	3	3	4	3.33	0.07
c_{32}	4	2	3	3	0.13
c_{33}	3	4	3	3.33	0.28
合计					3

由表 5-17 得该电梯处于 II 类安全等级，安全性存在隐患，整改后可以使用。

本节采用层次分析法(AHP)和事故树分析(ATA)相结合对电梯系统进行量化评估，提出一种 ATA-AHP 的电梯风险评估方法，以事故树分析其具体情况，避免了层次分析法中专家打分的主观性，因此能够更客观综合地评估电梯系统风险。

5.5 社区给排水系统静态风险评估分析

本节参考 4.5 节社区给排水系统风险评价指标体系，构建给排水系统三级指标体系模型，采用层次分析法与模糊综合评价法结合实例进行了静态风险评估计算[6]。

5.5.1 社区给排水系统风险评估体系层次模型

对于普通社区可建立如表 5-18 所示的评估体系层次模型，该层次模型具有三级指标，表中的 u_i，u_{2j}，u_{3jk} 构成了综合评价的因素集 U。

表 5-18 给排水系统风险评估指标体系层次指标模型

I 级指标	II 级指标	III 级指标
社区给水系统 u_1	供水水质安全 u_{21}	水源保护与管理 u_{311}
		水处理技术 u_{312}
		水力停留时间 u_{313}
		管网材料 u_{314}
社区给排水系统 u_2	运营管理 u_{22}	系统运营机制 u_{321}
		应急响应机制 u_{322}
		系统监控 u_{323}
		管理人员安全素质 u_{324}
		外部施工 u_{325}

续表

Ⅰ级指标	Ⅱ级指标	Ⅲ级指标
社区给排水系统 u_2	自然灾害 u_{23}	地震 u_{331}
		泥石流 u_{332}
		冻害 u_{333}
		洪水 u_{334}
		雪灾 u_{335}
		重大生物灾害 u_{336}
	政治风险 u_{24}	战争 u_{341}
		恐怖事件与袭击 u_{342}
社区排水系统 u_3	排水设施功能性风险 u_{25}	城市暴雨强度 u_{351}
		管道畅通程度 u_{352}
		管道断面尺寸 u_{353}

5.5.2　社区给排水系统模糊综合评价

根据上文构建的指标体系，以社区给水系统中的供水水质安全子系统为例，确定该子系统的因素集为 $U=\{u_1,\ u_2,\ u_3,\ u_4\}=\{$水源保护与管理，水处理技术，水力停留时间，管网材料$\}$。建立评价集 $v=\{v_1,\ v_2,\ \cdots,\ v_n\}=\{$较小风险，中等风险，较大风险，很严重风险$\}$，根据风险值 0～25 划分四个风险等级，风险等级从小到大依次增加，每一个等级分别对应一个相应的模糊子集。以供水水质安全子系统风险源清单为例，采用专家赋值法和层次分析法对其风险直接进行判别，从而获得判断矩阵及其特征向量。通过调研和专家打分的方法确定比较判断矩阵如下所示：

$$\begin{bmatrix} 1 & 1/3 & 1/7 & 1/2 \\ 3 & 1 & 3/7 & 3/2 \\ 7 & 7/3 & 1 & 7/2 \\ 2 & 2/3 & 2/7 & 1 \end{bmatrix}$$

根据指标层评价矩阵计算指标层归一化权重矩阵，计算出矩阵每一行的数值乘积 M_i，并计算其 4 次方根 $W_i=\sqrt[4]{M_i}$：

$$W_1 = \sqrt[4]{1 \times 1/3 \times 1/7 \times 1/2} = 0.394$$

$$W_2 = \sqrt[4]{3 \times 1 \times 3/7 \times 3/2} = 1.178$$

$$W_3 = \sqrt[4]{7 \times 7/3 \times 1 \times 7/2} = 2.750$$

$$W_4 = \sqrt[4]{2 \times 2/3 \times 2/7 \times 1} = 0.786$$

归一化处理后：

$$\sum \overline{W}_i = 5.108; \quad W = W_i / \sum \overline{W}_i$$

对其进行归一化处理，得出归一化权重矩阵为

$$W = [0.077\ 0.231\ 0.538\ 0.154]$$

计算判断矩阵的最大特征根 $\lambda_{\max}$，则有

$$AW = \begin{bmatrix} 1 & 1/3 & 1/7 & 1/2 \\ 3 & 1 & 3/7 & 3/2 \\ 7 & 7/3 & 1 & 7/2 \\ 2 & 2/3 & 2/7 & 1 \end{bmatrix} \begin{bmatrix} 0.077 \\ 0.231 \\ 0.538 \\ 0.154 \end{bmatrix} = \begin{bmatrix} 0.308 \\ 0.924 \\ 2.156 \\ 0.616 \end{bmatrix}$$

进行一致性检验：

$$CI = \frac{\lambda_{\max} - n}{n-1} = 0.0003 \tag{5-12}$$

然后根据式(5-13)计算一致性比例：

$$CR = \frac{CI}{RI} = \frac{\lambda_{\max} - n}{(n-1)RI} \tag{5-13}$$

解得

$$CR = 0.0003 / 0.90 = 0.0003 \leqslant 0.1$$

因此，判断矩阵具有满意的一致性，在计算过程中，如果 $CR>0.1$，则要对判断矩阵进行适当的修正。根据以上的计算可知，专家对供水水质安全的各个风险因素的权重为

$$W = [0.07\ 0.23\ 0.54\ 0.16]$$

以同样的方法计算最终得到指标的各个权重如表 5-19 所示。

表 5-19　指标权重

目标层	准则层(U)	子准则层(P)	综合权重 A($U \times P$)
社区给水系统	供水水质安全(0.21)	水源保护与管理(0.07)	0.0147
		水处理技术(0.23)	0.0483
		水力停留时间(0.54)	0.1134
		管网材料(0.16)	0.0336
社区给排水系统	运营管理(0.24)	系统运营机制(0.19)	0.0456
		应急响应机制(0.20)	0.048
		系统监控(0.24)	0.0576
		管理人员安全素质(0.17)	0.0408
		外部施工(0.20)	0.048

续表

目标层	准则层（U）	子准则层（P）	综合权重 $A(U \times P)$
社区给排水系统	自然灾害(0.31)	地震(0.18)	0.0558
		泥石流(0.15)	0.0465
		冻害(0.18)	0.0558
		洪水(0.15)	0.0465
		雪灾(0.14)	0.0434
		重大生物灾害(0.20)	0.062
	政治风险(0.08)	战争(0.62)	0.0496
		恐怖事件与袭击(0.38)	0.0304
社区排水系统	排水设施功能性风险(0.16)	城市暴雨强度(0.32)	0.0512
		管道畅通程度(0.33)	0.0528
		管道断面尺寸(0.35)	0.056

根据专家对风险清单中各个风险源的风险值的评估结果，并根据风险等级的划分标准确定各个专家对各个风险和风险等级的划分。统计的结果就是模糊关系矩阵 R，可知其模糊综合评判的结果，进而得到社区给排水系统的风险等级，完成对该系统的静态风险评估。

5.6 社区供暖系统静态风险评估分析

本节沿用了4.6节社区供暖系统风险评价指标体系，针对典型锅炉供暖系统，通过专家评价法获得了各级指标的权重系数，再应用模糊综合评价法计算得到静态风险评估结果。

5.6.1 社区供暖系统风险评估体系层次模型

对于普通的社区锅炉供暖系统，可参考4.6节社区供暖系统风险评价指标体系，建立如表5-20所示的评估体系层次模型[7]。该层次模型具有三级指标，表中的 u_i，u_{2j}，u_{3jk} 构成了综合评价的因素集 U。

表5-20 社区供暖系统风险评估体系层次指标模型

Ⅰ级指标	Ⅱ级指标	Ⅲ级指标
供暖设备设施 u_1	锅炉房 u_{21}	锅炉本体 u_{311}
		泵与风机 u_{312}
		水处理(除氧)装置 u_{313}
		自动调节装置 u_{314}
		环保措施 u_{315}

Ⅰ级指标	Ⅱ级指标	Ⅲ级指标
供暖设备设施 u_1	供热管网 u_{22}	补偿器 u_{321}
		阀门 u_{322}
		管道防腐及保温 u_{323}
		放气及泄水装置 u_{324}
	室内供暖系统 u_{23}	热力入口 u_{331}
		管道保温 u_{332}
		散热器 u_{333}
供暖系统管理 u_2	运行管理 u_{24}	安全运行 u_{341}
		节能管理 u_{342}
	设备管理 u_{25}	设备基础管理 u_{351}
		运行维护 u_{352}
		检修管理 u_{353}
		事故管理 u_{354}
	应急管理 u_{26}	组织机构 u_{361}
		应急预案 u_{362}
		应急保障 u_{363}
		监督管理 u_{364}
能效 u_3	效率 u_{27}	锅炉热效率 u_{371}
		水泵运行效率 u_{372}
		管网热损失 u_{373}
	温度 u_{28}	室内温度 u_{381}

5.6.2　社区供暖系统模糊综合评价

首先，本例中模糊综合评价的评价集用 V 表示，$V = \{v_1, v_2, \cdots, v_n\}$，代表社区供暖系统静态风险评估的结果，具体为：良，中，及格，差，极差。其中，$n = 5$。社区供暖系统安全风险等级表如表 5-21 所示。

表 5-21　社区供暖系统安全风险等级表

分数	80	70	60	45	30
评价语言	良	中	及格	差	极差
级别	Ⅰ级	Ⅱ级	Ⅲ级	Ⅳ级	Ⅴ级

其次，如果因素集 U 中某个元素 u_k 对评价集 V 中第 1 个元素的隶属度为 r_{k1}，则依次类推，对 u_k 单因素评价的结果用模糊集合表示为 $R_k = \{r_{k1}, r_{k2}, r_{k3}, \cdots, r_{kn}\}$。以因素 u_{21} 为例，下面为供暖行业专家对社区供暖系统风险评估因素锅炉房 u_{21} 的所有级指标进行投票，从而得到表 5-22。

表 5-22　锅炉房 u_{21} 的评价表

评价内容	评价情况				
	良	中	及格	差	极差
锅炉本体	0.1	0.1	0.3	0.5	0
泵与风机	0.3	0.4	0.2	0.1	0
水处理(除氧)装置	0.2	0.1	0.3	0.3	0.1
自动调节装置	0.4	0.1	0.3	0.2	0
环保措施	0.3	0.3	0.3	0.1	0

根据上表，能够获得该因素评价矩阵 $R_{31} = \begin{bmatrix} 0.1 & 0.1 & 0.3 & 0.5 & 0 \\ 0.3 & 0.4 & 0.2 & 0.1 & 0 \\ 0.2 & 0.1 & 0.3 & 0.3 & 0.1 \\ 0.4 & 0.1 & 0.3 & 0.2 & 0 \\ 0.3 & 0.3 & 0.3 & 0.1 & 0 \end{bmatrix}$。

接下来，需要确定各因素的权重因子，进而形成权重集合，该集合的模糊集用 A 表示。仍以 u_{21} 为例，根据专家经验，假如Ⅲ级指标——锅炉本体、泵与风机、水处理(除氧)装置、自动调节装置以及环保措施——所占的比重分别 0.55, 0.20, 0.05, 0.15, 0.05, 则 $A_{31} = [0.55 \quad 0.20 \quad 0.05 \quad 0.15 \quad 0.05]$。

据此，能够获得其他Ⅲ级评价指标权重集合：$A_{32} = [0.25 \quad 0.30 \quad 0.30 \quad 0.15]$，$A_{33} = [0.60 \quad 0.20 \quad 0.20]$，$A_{34} = [0.40 \quad 0.60]$，$A_{35} = [0.35 \quad 0.25 \quad 0.20 \quad 0.20]$，$A_{36} = [0.30 \quad 0.30 \quad 0.25 \quad 0.15]$，$A_{37} = [0.60 \quad 0.20 \quad 0.20]$，$A_{38} = 1.00$。Ⅱ级评价指标权重集合：$A_{21} = [0.40 \quad 0.20 \quad 0.40]$，$A_{22} = [0.70 \quad 0.15 \quad 0.15]$，$A_{23} = [0.85 \quad 0.15]$。Ⅰ级评价指标权重集合：$A = [0.30 \quad 0.55 \quad 0.15]$。

根据模糊综合评价计算公式：

$$B_i = A_i \cdot R_i \tag{5-14}$$

可以逐层得到各因素的模糊评价结果，首先获得 $B_{31}, B_{32}, B_{33}, \cdots, B_{38}$。考虑到

$$R_{21} = \begin{bmatrix} B_{31} \\ B_{32} \\ B_{33} \end{bmatrix}, \quad R_{22} = \begin{bmatrix} B_{34} \\ B_{35} \\ B_{36} \end{bmatrix}, \quad R_{23} = \begin{bmatrix} B_{37} \\ B_{38} \end{bmatrix} \tag{5-15}$$

通过式(5-14)和式(5-15)，可以求得Ⅱ级模糊综合评价结果 B_{21}，B_{22}，B_{23}。由于

$$R = \begin{bmatrix} B_{21} \\ B_{22} \\ B_{23} \end{bmatrix} \tag{5-16}$$

通过式(5-14)和式(5-16)，能够得到最终的模糊综合评价结果 B。通过

$$F = \boldsymbol{B} \cdot \boldsymbol{e}^{\mathrm{T}} \tag{5-17}$$

能够获得定量化数值 F。其中，$\boldsymbol{e} = [80 \quad 70 \quad 60 \quad 45 \quad 30]$。查阅表5-23，能够获得社区供暖系统明确的安全级别。

表 5-23　社区供暖系统定量评价安全级别

安全级别	分数 F	评价语言	安全性评价
I	$F \geqslant 75$	安全	达标，供暖系统很安全
II	$64 \leqslant F < 75$	较安全	合格，供暖系统较安全
III	$55 \leqslant F < 64$	异常	基本合格，个别指标处于超标边缘，供暖系统存在一定安全隐患
IV	$45 \leqslant F < 54$	较危险	不合格，较多指标处于超标状态，供暖系统发生事故可能性较大
V	$F < 45$	危险	严重不合格，供暖系统发生事故风险很大，很不安全

例如，$F = 60$，则该锅炉供暖系统安全级别为III级，评价语言为异常，安全性评价为基本合格，个别指标处于超标边缘，供暖系统存在一定安全隐患。实践中发现该表与实际锅炉检验结果基本一致，能够比较全面地反映大多数社区锅炉供暖系统安全状况。

5.7　本 章 小 结

本章是第4章风险评价指标内容的延续。在成功建立各设备设施系统风险评价指标体系之后，本章详细阐述了使用层次分析法、模糊综合评价法以及专家打分法等传统方法，实现对社区水、电、气、热、电梯、消防六大系统风险因素权重系数的估算与事故风险等级的定量化评估。本章各节所建立的风险评估体系层次指标模型与第4章的风险评价指标并非完全一致，根据具体实例场景对指标进行了细化，更加富有针对性且修改了与实例不适宜的部分。每个实例均列出了风险评估详细计算推导过程，最后给出了风险评估定量化结果及分析结论。

参 考 文 献

[1] 张立强，徐洋. 层次分析法在加强工程建设安全管控中的应用[J]. 石油库与加油站，2021，30(2): 15-19.

[2] 袁婷婷. 天然气居民用户户内安全保障难点及应对措施[J]. 中小企业管理与科技(中旬刊)，2017，(1): 121-122.

[3] 范丹丹，羊海米，张蓓蓓，等. 基于模糊综合评价的地铁站消防安全风险评估[J]. 工业安全与环保，2021，(3): 3-46, 50.

[4] 贺意，马幸福，陈炳炎. 基于层次分析法的电梯安全状态风险评估[J]. 中国电梯，2011，22(5)：3.

[5] 张绪鹏，夏立荣，马月萍，等. 基于故障树和层次分析法的电梯风险评价方法[J]. 中国电梯，2016，(3)：3.

[6] 张露，张金松，张朝升，等. 基于 FAHP 的城市供水系统风险评估[J]. 城镇供水，2020，(1)：7.

[7] 王枭飞，王天赐，雒智铭，等. 模糊层次综合评判法在锅炉供暖系统风险评估中的应用[J]. 中国特种设备安全，2017，33(6)：28-32，37.

第6章　社区设备设施动态风险评估

1981 年，Kaplan 和 Garrick 给出了最著名的风险定义之一指出，风险(R)可以用可能出错的情况(情景 s)、发生的可能性(概率 p)，以及后果的严重程度(结果 c)来表示[1]:

$$R = f(s,p,c) \tag{6-1}$$

不同的风险定义对其评估和管理方法影响不同[2]。式(6-1)对风险的定义在描述"严重错误"事件如重大工业事故时，无法涵盖其中的相关细节[3]。同时，数据的稀缺匮乏严重影响风险分析过程中的概率计算。2016 年，Paltrinieri 等对动态变量如何影响非预期事件给出了证明[4]，这些动态变量并不总是用于预测。此外，如何能在风险评估过程中确定我们是否已涵盖所有可能场景 $N = N_{max}$ ？根据 Paltrinieri 等的理论[5, 6]，我们无法确定是否会出现"非典型"情景，即标准风险识别技术无法识别的情景，因为此类情景偏离了对意外事件或最坏事件的预期。

2014 年，Aven 和 Krohn 在风险(R)的定义中增加了一个新维度[7]，即知识(k):

$$R = f(s,p,c,k) \tag{6-2}$$

如图 6-1(a)所示为式(6-1)描述的二维风险矩阵，不同颜色分别代表可接受(绿色)、不可接受(红色)或中等(黄色和橙色)风险。根据式(6-2)，知识维度的引入使矩阵弯曲，如图 6-1(b)所示。用于风险评估的知识水平是风险计算值的一个固有特征，可以由图 6-1(b)中矩阵下方的空格表示。风险评估过程中，我们可以接受发生概率小、后果程度轻的场景其知识相对较少，此时，矩阵在该区域将朝其最小值弯曲。矩阵在峰值处红颜色越深，表示该情景发生概率即后果值越高，此时需全面了解该区域中的情况。式(6-2)告诉我们风险评估过程中不确定性始终存在，因此需要在定量风险评估中引入"知识"元素，同时需考虑由系统演化引发的知识无效问题。

动态风险评估的研究对于现实应用有其必要性。本章结合当前算法方面的重大研究成果，首先阐述了如何利用人工智能算法进行动态风险评估，并给出一般性的结论；其次针对社区常见设备设施系统，分别给出了配电网、燃气、电梯等系统的动态风险评估案例与分析，一方面旨在提高社区风险评估水平与能力，另一方面促进动态风险评估理论发展。

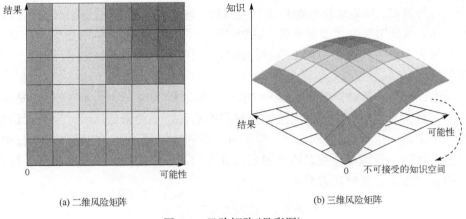

(a) 二维风险矩阵　　　　　　　　　　　(b) 三维风险矩阵

图 6-1　风险矩阵(见彩图)

6.1　人工智能与动态风险评估

6.1.1　动态风险知识

动态风险管理方法的基础是"初始条件"，其设定了系统性能的演变轨迹[8]。"初始条件"代表在特定风险事件发生之前处于风险中的组织的现有状态，包括可用于学习和行动的基本资源以及组织的当前运营环境，这些条件决定了协调应对实际事件的可能行动方针[9]。

2014 年，Paltrinieri 等定义了动态风险管理框架(dynamic risk management framework, DRMF)[10]，如图 6-2(a)所示。DRMF 侧重于新风险证据信息的连续系统化，

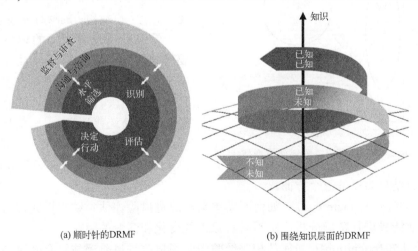

(a) 顺时针的DRMF　　　　　　　　　　(b) 围绕知识层面的DRMF

图 6-2　DRMF 框架

其形状对外开放，以避免恶性循环和自我保持。该风险框架下的风险管理只有迭代，没有尽头，以便跟踪变化改进管理，这种迭代符合式(6-2)对风险的定义。对 DRMF 进行三维表示，令其围绕知识维度进行旋转，如图 6-2(b)所示，能够逃避上述不可接受的空间。

风险评估时，受知识范围所限，可能会遇到未知(如表 6-1 所示)或黑天鹅事件，即只能在事实发生后解释、但无法提前预测的事件[11]。为降低风险，应当意识到存在我们不知道的情景(部分或全部，即表 6-1 中的意识到不知道的事)并实施 DRMF 的方案。然而，知识可能被忽略或遗忘，并可能产生未知知识，因此需要学会有效利用积累的知识并避免其被遗忘。

表 6-1　已知/未知事件定义

不知未知 (Unknown unknowns)	已知未知 (Known unknowns)	不知已知 (Unknown knowns)	已知已知 (Known knowns)
不知道的未知事件，事件风险无法控制	知道的未知事件，并试图阻止和学习	不知道已经知道或曾经知道的事件，有一定信心的事件	知道已经知道的事件，有一定信心对其进行管理

6.1.2　动态风险评估

目前，针对风险评估不断更新的算法大致可分为两类：基于经验的和基于理论的。当数据量充分时，可采用基于经验的方法具体制定评估方案；当数据稀疏时，则需要依赖基于理论的方法。图 6-3 在模型/数据图上总结了风险评估及理想风险评估方法的现状。

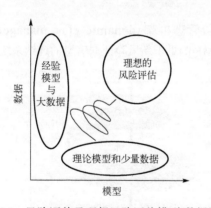

图 6-3　风险评估及理想风险评估模型/数据图

在工业应用中，风险评估依赖于简化的(经验的)模型和大量数据，代表示例如石油和天然气行业采用的监控安全措施[12]、重大事故预防的瞬时风险建模[13]。

针对动态风险评估的模型往往需要较强的理论基础。目前，由于缺乏真实案例数据，因此对其的研究多采用假设和模拟手段。改进风险评估意味着从经验中不断迭代学习，得出依赖大数据和理论模型的理想方法。文献[14]对"理想"风险评估方法要解决的挑战进行了总结，为以下五个方面。

(1)动态性(dynamicity)：如何不断更新和改进风险评估？动态性允许对可能发生的事故情景进行精确分析，实现对对象系统变化和演变的跟踪。

(2)认知(cognition)：如何从相关经验中学习以改进风险评估？意外事件和专家

可以提供有用信息，利用这些知识避免事故重复发生。

(3) 数据处理(data processing)：如何处理来自工业系统的大数据？风险建模应当规定工业大数据收集的规范操作，因为这些数据描述了系统的状态，并且可能产生有意义的风险信息。

(4) 突发(emergence)：如何应对未知事件？对于缺少风险经验的新技术而言，这一点至关重要。

(5) 可使用性(usability)：如何提供真正能应用于工业过程的经验？反映实际行业需求，为其决策提供全面支持。

6.1.3　动态风险评估中的人工智能

文献[14]提出通过"深度学习"[15](如 DNN 网络)解决某些风险分析问题，如石油、天然气等行业风险训练评估。深度学习可以以指标的形式处理正常操作或意外事件等信息，并用于训练。由于风险定义具有主观性，因此风险等级无法确定性地分配给各个事件，即需要专家监督，而深度学习则允许这种监督学习[15]，一旦模型学习到风险分类，便能通过相关知识从监控系统的状态中进行实时风险评估。

人工智能(特别是强化学习)在风险评估中有其优越性和局限性，以表 6-1 中已知/未知事件为例，人工智能方法在动态性、认知、数据处理、突发，以及可使用性方面的特点表现如下。

1. 已知/未知框架

机器学习对已知/未知事件的影响如图 6-4 所示[6]，在此对理想风险管理模型和非典型事故情况进行了对比。

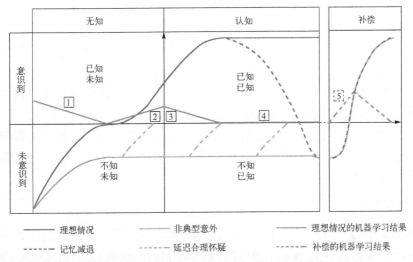

图 6-4　基于机器学习的已知/未知事件风险管理周期(见彩图)

定义理想情况下的机器学习结果如下：

$$E = \frac{\mathrm{d}(A_i)}{\mathrm{d}(K_i)} \tag{6-3}$$

其中，E 表示机器学习结果，等于对非期望事件的意识 A 与理想情况 i 下该事件的知识之比再求导。

结合图 6-4，理想情况下，机器学习在初始阶段(阶段 1)尤为重要，并且需要进行高质量的数据收集与分类，不完整或不可靠的数据将直接影响学习结果。此类系统需要在风险管理的早期进行设计，以便有效实施机器学习方法。数据收集同样能够帮助意识到潜在的未知情景(已知未知)，此时(阶段 2)，需要建立新的机器学习模型。如果与非监督学习相关，这些模型则可能已经代表了已知未知事件的响应[16]。一旦识别出相关知识(无论已知还是不知)，都对模型进行训练(阶段 3)。当事件场景被认为是已知时，机器学习将保持这种能力，并避免由于记忆丢失而造成已知转成不知(阶段 4)。当事故发生时，如出现非典型情况或记忆丢失，将出现补偿阶段(阶段 5)，该阶段表明实验失败，需要对系统中的机器学习方法进行改进。

2. 动态性

定期报告系统性能指标有助于分析变化和演变，进而持续更新风险评估。不同的指标因素(技术因素、操作因素、运行和组织因素等)反映了不同的预测内容，其中，技术故障可能与事故发展直接相关，早期的运营与组织对结果影响较低，可被忽略，操作和组织依赖于人员的反馈，对其的收集频率可能低于技术指标，可能出现数据稀疏情况，破坏模型的动态能力。就 DNN 模型而言，每次出现新的指标时，模型就需要被重新训练，耗费大量计算成本，延迟模型更新时间。

3. 认知

通过训练，人工认知模型能够利用从指标中收集的信息避免过去的教训。2014年，Aven 和 Krohn 定义了风险的附加知识维度[7]，由训练数据集的特征向量表示(如指标类别(列)的数量、指标类别随时间变化的值(行)，以及模型训练过程中最小化损失函数所需的迭代次数)，用于测量以及定量比较评估不确定性水平。

DNN 模型对输入数据非常敏感，产生的解具有高度可变性。数据的收集与报告也可能存在错误，一些小的错误可能会在预测中被放大，因此，使用测试数据集进行交叉验证至关重要。

4. 数据处理

虽然机器学习一般能够克服数据聚类结构和指标定义的问题，但各具体技术之间仍存在一些重要差异，如多元线性回归(multiple linear regression, MLR)等线性模型被广泛应用于目的预测，深度神经网络被用于未知情况下预测[17]。DNN 的问题之一在于，每次训练前，其参数随机初始化，而不同的初始化可能会产生不同的结果，影响整个模型的发育和最终的预测能力，特别当数据集较小、迭代次数较少时，为最小化训练期间的损失函数，这种影响可能会被放大。此外，DNN 模型还可能受到工作环境的影响[18]。因此，利用 DNN 进行风险预测仍需不断优化。任何模型都依赖于输入数据，在机器学习中，针对特定情况，常通过尝试诸多方案最终解决问题。

5. 突发

重大事故在行业里属于罕见非预期事件，应针对其建立合适的模型进行处理，DNN 便具有这样的能力，对输入数据敏感，同时具有好的泛化能力。这样的机器不受硬性结构的束缚，可以从指标中收集信息[19]，有可能根据新的数据重塑自身结构。此外，也可以考虑渐进式学习技术，该技术与指标类别数量无关，并在新指标学习的同时保留先前指标的相关知识[20]。

6. 可使用性

机器学习方法可用于对整个系统的实时风险评估以及对未来可能场景的模拟。用于评估 DNN 和 MLR 模型性能的指标还可以帮助了解模型对特定任务的适用性。除准确度外，还应考虑预测率和召回率，预测率表明正确的风险增长预测与模型所有风险增长预测之比，召回率则表明正确的风险增长预测与所有实际风险增长事件之比。一般在罕见事件(如重大事故)预测时，应主要考虑召回率，如 Khakzad 等对海上钻井作业中井喷概率的估计大约为 0.000002[21](几乎没有井喷预测模型准确度可达到100%)，但预测率和召回率为 0%。此外，重大事故的严重性允许保守预测，因此应优先考虑召回率，因为它忽略假阳性(false positive)而关注真阳性(true positive)。

6.1.4　结论

在实际应用中，各系统一般都实时运行，因此对其的风险评估，应考虑风险的动态性，人工智能的各类方法为我们提供了可借鉴的思路。目前，针对社区设备设施系统，动态风险评估研究还相对较少，对社区设备设施风险进行预警，对于保障人民生命与财产安全具有重要的现实意义及其必要性。目前，相关领域还有很大的研究空白，亟待相关学者深入开发。

6.2　社区配电网系统动态风险评估

社区配电网是电力系统的重要组成部分，是电网运行的最后一公里。随着城市建设改造进程的加快，社区大规模出现，其中，复杂的拓扑结构、频繁的负荷波动、多样化的用户场景以及短路故障事件等都可能对配电网的安全稳定运行造成严重破坏，社区配电网系统风险评估面临诸多挑战。据不完全统计，电力系统中80%的故障发生在社区配电网中[22]，而社区配电网一旦发生供电中断，则会严重影响居民、商业、工业、政府和医院等用户的正常工作运转，并有可能造成生命财产损失。因此，有必要对社区配电网进行动态风险评估，维护社区配电网安全运行。

社区配电网系统静态风险评估法适用于较长周期维度的风险评估[23]，不能适配社区配电网实时运行的场景[24]，也不能对社区配电网中可能发生的风险事件提供及时的警告和维护建议[25]。本节给出一种基于故障树-贝叶斯网络(fault tree-Bayesian network，FT-BN)的社区配电网动态风险评估方法，具体内容如下。

6.2.1　风险水平间的层次结构

从风险评估的整个过程分析，4.1节社区配电网风险评价指标体系中的五个风险水平不能直接用于社区配电网的安全分析和风险评估。因此需要将这些风险水平重新组织成三个相互依赖的层次结构，进而用于动态风险评估。图6-5总结了各个风险水平之间的层次结构。

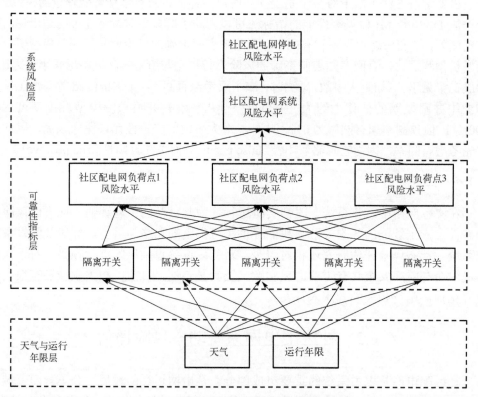

图 6-5　风险水平间的层次结构

(1)天气和运行年限层：这一层与风险评价指标体系中的天气和运行年限风险水平相互对应，充分反映出物理环境以及自身因素对社区配电网元器件运行风险水平的影响。

(2)可靠性指标层：该层包含评价社区配电网可靠性指标的风险因素，包括馈电线路的风险水平、物理元器件的风险水平、负荷点的风险水平。利用社区配电网的电压、电流以及负载值等运行状态特征，实时对馈电线路进行短路故障诊断。基于短路故障诊断、天气变化以及运行年限等因素，可以准确地计算出物理元器件的故障率，由于每种类型的负荷点一般是由五种基本电气元器件组合而成，因此可以通过物理元器件的故障率得到负荷点终端用户的可靠性指标。

(3)系统风险层：这一层包括系统风险水平和社区配电网停电风险水平。在上述可靠性因素的基础上，可以计算出系统可靠性的评价指标，基于风险损失定量描述配电网停电风险水平的大小。

6.2.2　基于 FT-BN 的社区配电网动态风险评估方法

1. FT-BN 方法

1)故障树分析法

故障树分析法是分析系统故障原因的有效工具之一，是一种自顶向下的、具有诊断能力的逐层故障分析方法，其主要思想是分析故障的具体原因和不同层次的逻辑关系，以一个不期望的系统故障作为顶层事件，严格分析各层之间的故障因果逻辑，通过计算每个底事件的重要性，进而推断出底事件对系统的影响程度[26, 27]。虽然故障树分析法容易识别各风险因素之间的关系，但往往计算效率较低。

2)贝叶斯网络结构学习

结构学习的目的是根据社区配电网的历史数据计算得到最合适的 BN 结构。在此定义一个评分函数用于评价 BN 结构的优劣，当评分函数不递减时，认为 BN 的结构最优。当给定训练集 $D = \{x_1, x_2, \cdots, x_m\}$，评分函数具体定义为

$$P(B_s|D) = f(\theta)|B_s| - \sum_{i=1}^{m} \log P_{B_s}(x_i) \tag{6-4}$$

针对结构搜索问题，在此采用蒙特卡罗-马尔可夫链（Monte Carlo Markov chain，MCMC）算法[28]。首先构造一个马尔可夫链，使其极限分布收敛于网络结构的后验分布 $P(B_s|D)$；然后使用蒙特卡罗方法对此马尔可夫链进行抽样，得到网络结构的样本序列，即 $(B_{s^0}, B_{s^1}, \cdots, B_{s^i}, \cdots)$；最后从此序列中挑出具有最大后验概率的网络结构，来近似网络的最优结构。算法中从第 i 个网络结构 B_s 转移到新网络结构 $B_{s'}$ 的接受概率为

$$\alpha(B_s, B_{s'}) = \min\{1, R_\alpha\} \tag{6-5}$$

$$R_\alpha = \frac{\theta(nbd(B_s))P(B_{s'}|D)}{\theta(nbd(B_{s'}))P(B_s|D)} \tag{6-6}$$

式中，$nbd(B_s)$ 表示由 B_s 以及那些对 B_s 实行一次边简单操作(如删除边、增加边、改变边方向)得到的图所构成的集合，称为 G 的邻近域。$\theta(nbd(B_s))$ 为 B_s 邻近域中元素的个数。若由 $B_{s'}$ 生成的新的网络结构 $B_{s'}$ 具有较大的后验概率，则 $R_\alpha = 1$，此时 $B_{s^{i+1}} = B_{s'}$，否则 $B_{s^{i+1}} = B_{s^i}$。BN 结构学习算法具体如算法 6.1 所示。

算法 6.1　贝叶斯网络结构学习

输入：训练集 $D = \{x_1, x_2, \cdots, x_m\}$；初始化 BN 结构 B；

输出：最佳 BN 结构；

构造一个马尔可夫链 S_n，$\lim\limits_{n \to \infty} P(S_n = B_i) = P(B_i|D)$；

1. 采用蒙特卡罗方法进行采样，得到样本序列 BN 构；

2. BN 结构 = $(B_{s^0}, B_{s^1}, \cdots, B_{s^i}, \cdots)$；

3. 对于每个 BN 结构计算：

   $P(B_s|D) = f(\theta)|B_s| - \sum\limits_{i=1}^{m} \log P_{B_s}(x_i)$；

   $\alpha(B_s, B_{s'}) = \min\{1, R_\alpha\}$；

   $R_\alpha = \dfrac{\theta(nbd(B_s))P(B_{s'}|D)}{\theta(nbd(B_{s'}))P(B_s|D)}$；

4. 如果 $R_\alpha \geqslant 1$，那么 $B_s = B_{s'}$；

5. 其他 $B_{s^{i+1}} = B_{s^i}$；

6. 输出最优 BN 结构。

3) 贝叶斯网络参数学习

当 BN 结构已知时，通过对训练样本进行计数，可以计算出每个节点的条件概率表(conditional probability table, CPT)，然后求出 BN 边的概率值。例如，作为子节点的居民负荷点故障率有五个父节点：开关故障率、熔断器故障率、馈电线路故障率、断路器故障率、变压器故障率；上述五个节点中的每一个节点都有三个离散值：低、中、高。

当在开关故障率低、熔断器故障率中、馈电线路故障率高、断路器故障率低、变压器故障率低的情况下，居民负荷点故障率为低的后验概率计算如下：

$$P(R = low \,|\, SW = low, FUSE = mid, DS = high, CB = low, T = low)$$
$$= \frac{P(R = low, SW = low, FUSE = mid, DS = high, CB = low, T = low)}{P(SW = low, FUSE = mid, DS = high, CB = low, T = low)} \tag{6-7}$$

式中，$R = low$ 表示居民负载点的故障率为低，$SW = low$ 表示隔离开关的故障率为低，FUSE=mid 表示熔断器的故障率为中，DS=high 表示馈电线路的故障率为高，CB=low 表示断路器的故障率为低，T=low 表示变压器的故障率为低。

4）FT-BN 动态风险评估的流程

将 FT 方法与 BN 学习算法进行结合，实现 FT-BN 方法，其中，FT 的底事件、中间事件和顶事件分别对应 BN 根节点、中间节点和叶节点。将 BN 的节点按照 FT 的结构进行节点连接形成初始的 BN 结构，然后利用算法 6.1 得到最优化后的 BN 结构，之后通过参数学习算法计算 CPT，最后运用训练好的贝叶斯模型实现动态风险评估。图 6-6 总结了 FT-BN 法动态风险评估流程。

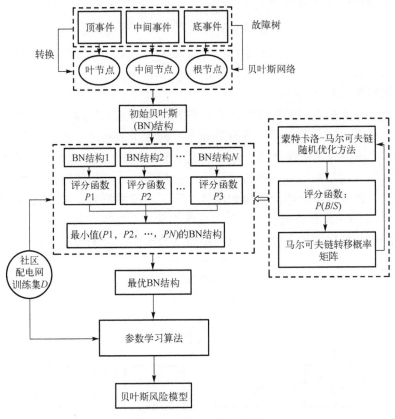

图 6-6　FT-BN 算法流程

2. 风险指标体系的量化方法

为了实现社区配电网的风险评估，首先给出风险水平间层次结构所需要的量化方法，具体如下。

1）天气和运行年限层

将天气类型分为正常天气、恶劣天气以及灾害天气三种状态，不同天气状态下，

天气权重因子 L 定义为

$$L = \left(1 + e^{\frac{-\sigma}{\tau}}\right) \tag{6-8}$$

式中，σ 为不同天气状态下的天气影响因子，基于一年中三种天气类型的平均比例取值，不同天气影响因子值具体为 $\sigma=320.433$（正常天气影响因子），$\sigma=39.533$（恶劣天气影响因子），$\sigma=5.033$（灾害天气影响因子），$\tau=201.332$ 为经验值。

运行年限是另一个风险因素，由各个物理元器件全生命周期故障率与威布尔分布曲线拟合而成，计算公式为

$$\text{Aging} = e^{\varepsilon t} \cdot (\mu\omega t^{\omega-1} - \mu\varepsilon t^{\omega}) \tag{6-9}$$

式中，Aging 表示运行年限影响因子，t 表示运行年限，μ 表示年限比例参数，ω 表示年限形状参数，ε 表示年限尺度参数。

2）可靠性指标层

该层包含社区配电网的可靠性因素，包括馈电线路的风险水平、物理元器件的风险水平、负载点的风险水平。具有故障事件的馈电线路风险水平：对于该可靠性系数，选择"馈电线路短路故障"作为 FT 的首要事件。配电线路的短路故障包括：单相接地短路、两相短路、两相接地短路、三相短路。不同的短路类型对社区配电网影响不同，馈电线路短路故障树如图 6-7 所示，其中符号含义如表 6-2 所示。根据上节提到的 FT-BN 转换流程，将多个事件合并到贝叶斯网络的对应节点中，将转化后得到的贝叶斯网络用于社区配电网短路故障诊断，如图 6-8 所示。

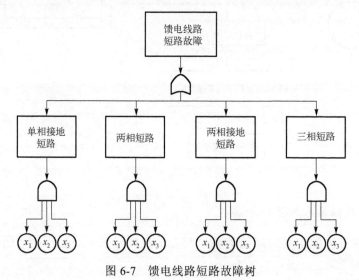

图 6-7　馈电线路短路故障树

表 6-2　馈电线路短路故障树符号含义

基本事件符号	含义
x_1	三相电流和相位变化
x_2	三相电压和相位变化
x_3	三相正、负、零序电流大小

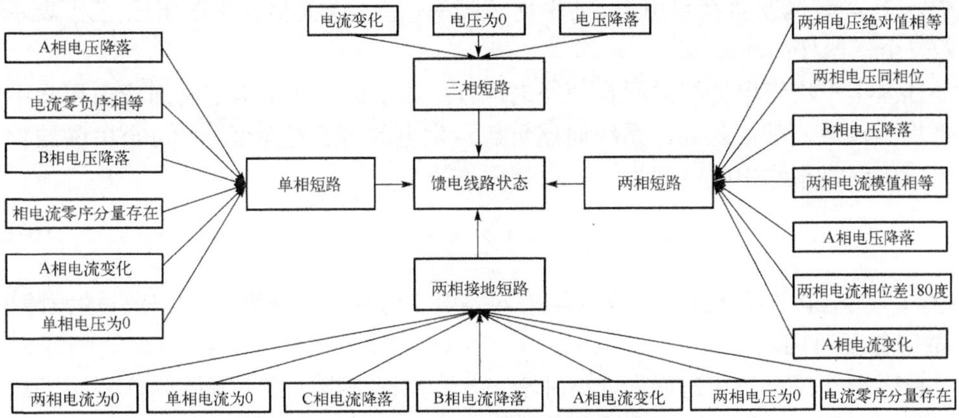

图 6-8　贝叶斯网络短路故障诊断

3) 物理元器件的风险水平

结合天气和运行年限层因素, 以及配电线路的风险等级和故障事件, 将物理部件的故障率定义为

$$\varphi(t) = \left(1 + e^{-\frac{\sigma}{\tau}}\right) \cdot e^{\varepsilon t} \cdot (\mu\omega t^{\omega-1} - \mu\varepsilon t^{\omega}) \cdot P_{\text{state}}{}^{m} \qquad (6\text{-}10)$$

式中, $\varphi(t)$ 表示所述元器件故障率(次/年); t 表示运行年限; μ 表示年限比例参数; ω 表示年限形状参数; ε 表示年限尺度参数; $P_{\text{state}}{}^{m}$ 表示馈电线路短路故障对元器件的影响程度; P_{state} 为馈电线路短路实时故障诊断结果: 馈电线路正常时 P_{state} 值为 1, 馈电线路单相短路时 P_{state} 值为 2, 馈电线路两相短路时 P_{state} 值为 3, 馈电线路两相接地短路时 P_{state} 值为 4, 馈电线路三相短路时 P_{state} 值为 5; m 为短路故障因子; τ 为经验值, σ 表示天气影响因子。相应的拟合参数如表 6-3 所示。

表 6-3　物理元器件运行年限拟合参数

	μ	ω	ε	m
断路器	−0.05656	−0.67989	0.2174	0
变压器	−0.05656	−1.4867	0.21739	0
隔离开关	−0.26525	−1.4867	0.21739	0
馈电线路	−0.14324	−1.22232	0.15875	0.484
熔断器	2.884932×10^{-6}	4.509812	0.047021	0

4) 负荷点可靠性指标

社区负荷点平均故障率 λ^C（次/年）：该指标表示的是给定时间内物理元器件故障导致的负载点平均中断次数，计算方法如下：

$$\lambda_i^C = \sum_{j=1}^n \lambda_j^C \tag{6-11}$$

式中，λ_i^C 为社区某负荷点用户 i 的平均故障率，由 n 个元器件串联组成，λ_j^C 表示的是第 j 个元器件的故障率。

社区年平均停电持续时间 U^C（小时/年）：该指标反映了给定时间段内用户中断的平均小时数，其值越高，系统向该负载点供电的可靠性越低。由 n 个串联结构分量组成的网络平均中断时间为

$$U_i^C = \sum_{j=1}^n \lambda_j^C r_j^C \tag{6-12}$$

式中，U_i^C 为社区某负荷点用户 i 的年平均停电小时数，λ_j^C 是第 j 个元器件的故障率，r_j^C 故障修复时间。

社区平均停电持续时间 r^C（小时/次）：该指标是指从停电开始到恢复的平均时间间隔。对于由 n 个组件组成的串联结构网络，平均停电持续时间为

$$r_i^C = \frac{U_i^C}{\lambda_i^C} \tag{6-13}$$

式中，r_i^C 为社区某负荷点用户故障修复时间。

5) 系统风险层

该层涉及系统风险水平和社区配电网停电风险引起的损失。将负荷点风险相关参数 λ^C、U^C、r^C 引入标准可靠性指标公式，由此可以计算 SAIFI、SAIDI、CAIDI、SASAI、 SENS 和 SAENS 的值[29]。

社区配电系统平均停电频率 SAIFI（次/(用户·年)）：

$$\text{SAIFI} = \frac{\sum \lambda_i^C N_i^C}{\sum N_i^C} \tag{6-14}$$

式中，λ_i^C 为社区某负荷点 i 的故障率，N_i^C 为社区某负荷点 i 的用户数。

社区配电系统平均停电持续时间 SAIDI （小时/(用户·年)）：

$$\text{SAIDI} = \frac{\sum U_i^C N_i^C}{\sum N_i^C} \tag{6-15}$$

式中，U_i^C 为社区配电网某负荷点 i 的年停电时间，N_i^C 为社区某负荷点 i 的用户数。

社区电力用户平均停电持续时间 CAIDI（小时/(停电用户·年)）：

$$\text{CAIDI} = \frac{\sum U_i^C N_i^C}{\sum \lambda_i^C N_i^C} \tag{6-16}$$

式中，λ_i^C 为社区某负荷点 i 的故障率，U_i^C 为社区配电网某负荷点 i 的年停电时间，N_i^C 为社区某负荷点 i 的用户数。

社区配电系统平均供电可用率 SASAI（%）：

$$SASAI = \frac{\sum 8760 \times N_i^C - \sum U_i^C N_i^C}{\sum 8760 \times N_i^C} \qquad (6\text{-}17)$$

式中，8760 为一年的总小时数，U_i^C 为社区配电网某负荷点 i 的年停电时间，N_i^C 为社区某负荷点 i 的用户数。

社区配电系统电量不足指标 SENS（kW·h/年）：

$$SENS = \sum U_i^C L_{ai}^C \qquad (6\text{-}18)$$

式中，U_i^C 为社区配电网某负荷点 i 的年停电时间，L_{ai}^C 为连接在每个负荷点上的平均负荷。

社区配电系统平均缺电指标 SAENS（kW·h/（用户·年））：

$$SAENS = \frac{\sum U_i^C L_{ai}^C}{\sum N_i^C} \qquad (6\text{-}19)$$

式中，U_i^C 为社区配电网某负荷点 i 的年停电时间，L_{ai}^C 为连接在每个负荷点上的平均负荷，N_i^C 为社区某负荷点 i 的用户数。

社区配电网停电风险损失由故障停电导致的各类负荷点社区配电系统电量不足指标 SENS 和故障停电造成的各类负荷点的损失两部分组成。社区配电系统的电力用户主要分为居民、商业、工业、政府和医院五类[30]，每一类用户的故障停电损失 C^C（元/kW·h）各不相同，如表 6-4 所示。

表 6-4　用户故障停电损失

负荷点	居民	商业	工业	政府	医院
C^C /（元/kW·h）	3.43	64.74	60.94	10.63	149.82

社区配电网停电风险计算模型为

$$RISK^C = ENS \times C_i^C = \sum U_i^C L_{ai}^C C_i^C \qquad (6\text{-}20)$$

式中，C_i^C 表示不同负荷点用户 i 的故障停电损失，U_i^C 表示社区配电网不同负荷点 i 用户的年停电时间，L_{ai}^C 表示连接在每个负荷点上的平均负荷，$RISK^C$ 表示社区配电网停电风险值。

3. 社区配电网的动态风险评估方法

本节用于配电网的动态风险评估方法包括风险建模和风险评估两部分。风险建模利用 6.2.1 节中的风险模块层次结构和 FT-BN 方法，得到社区配电网的优化风险模型，在此基础上进行风险评估，基于量化原则，可以推断出社区配电网的动态风险，风险评估流程图如图 6-9 所示。

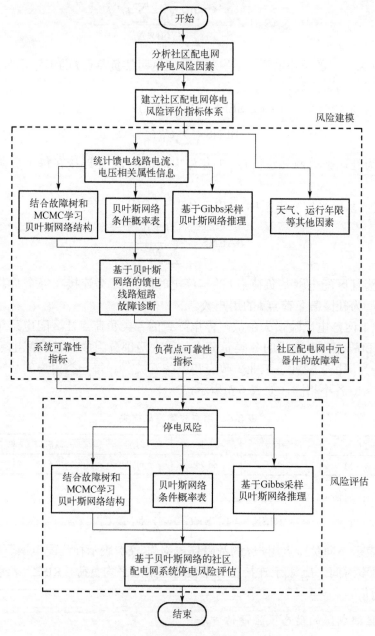

图 6-9　动态风险评估方法流程图

6.2.3　案例分析

以中国浙江省台州市温岭市某建成 25 年的社区为例,进行配电网系统风险评估分析。该社区配电网包括五类负荷点终端用户(load point,LP):居民用户、工业用户、医院用户、商业用户和政府用户。忽略 10kV 母线(BUS)进线故障、用户均装有熔断器的分支线供电,并假定断路器、熔断器及隔离开关100%可靠。主要物理元器件有断路器(circuit breaker,CB)、变压器(transformer,T)、熔断器(fuse,F)、隔离开关(switch,SW)和配电线路(line,L),发电系统用 Gen 表示,拓扑结构基于ETAP 软件构建,如图 6-10 所示,社区配电网负荷点数据如表 6-5 所示。本案例的数据来源于社区配电网的运行历史数据与中国气象局的气象资料。在此定义正常的天气包括晴天、多云和阴天,恶劣的天气为暴雨和雷雨,灾害天气如台风或洪涝等自然灾害。采用 Neticas32 建立并仿真贝叶斯网络。

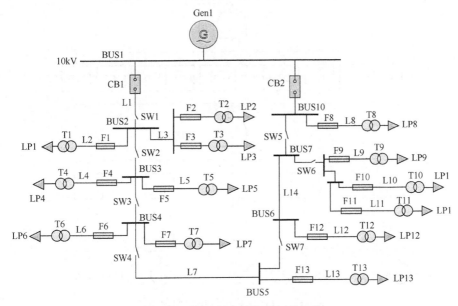

图 6-10　社区配电网案例拓扑结构

表 6-5　社区配电网负荷点数据

负荷点	用户类型	用户数	平均负载/千瓦
1,3,4,10	居民	110	535
13	工业	1	500
7,8,9	商业	30	300
5,12	医院	1	1500
2,6,11	政府	2	200

1. 风险建模

　　根据风险水平层次结构将天气因素、年限老化和馈电线路短路故障概率增大作为底事件，五种元器件的故障率升高、五类负荷点的故障率升高和六种系统可靠性指标性能下降作为中间事件，整体社区配电网停电风险值升高作为顶事件构建社区配电网停电风险评估的故障树，如图 6-11 所示，风险节点及风险因子如表 6-6 所示。

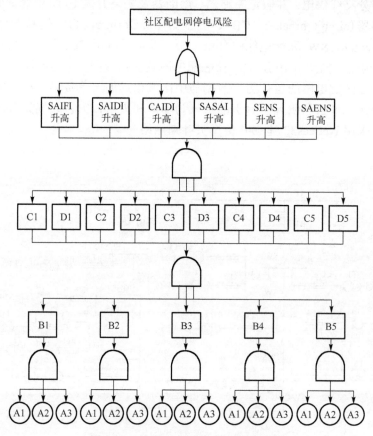

图 6-11　社区配电网停电风险故障树

表 6-6　社区配电网停电风险节点及风险因子

节点	风险因子
C1	居民负荷点故障率升高
D1	居民负荷点年平均停电时间增加
C2	工业负荷点故障率升高
D2	工业负荷点年平均停电时间增加
C3	商业负荷点故障率升高

节点	风险因子
D3	商业负荷点年平均停电时间增加
C4	医院负荷点故障率升高
D4	医院负荷点年平均停电时间增加
C5	政府负荷点故障率升高
D5	政府负荷点年平均停电时间增加
B1	变压器故障率升高
B2	熔断器故障率升高
B3	隔离开关故障率升高
B4	断路器故障率升高
B5	馈电线路故障率升高
A1	灾害天气
A2	年限老化
A3	馈电线路故障状态

优化后的贝叶斯网络如图 6-12 所示。

2. 风险评估

基于风险模型可实现风险评估。在本案例中,利用 2019 年 8 月份的天气预报,确定具有预测性的风险评估方法,证明所提出的动态风险评估方法在避免风险事件方面的能力。

根据中国气象局的预测数据,该社区未来一个月的天气情况数据和物理元器件的预测故障率如图 6-13 所示。根据天气预报,台风利奇马将于 2019 年 8 月 9 日左右着陆,登陆强度为超强台风级别,这种灾难性的天气将给社区带来重大的风险。

图 6-14 和图 6-15 分别为台风期间负荷点的故障率和社区配电网的系统可靠性指标,可以看出,受台风的影响,配电网各物理元器件的故障率增加,造成负荷点的故障率升高,进而降低了社区配电网系统的可靠性和设备元器件的运行能力,该情况下,社区配电网 8 月份停电风险值大幅度升高,提醒电力公司应采取措施降低物理元器件的故障率,并对故障率较高的负荷点进行预检查。

根据式 (6-20),社区配电网的停电风险 $RISK^{C}$ 计算结果如图 6-16 所示,可以看出,随着台风来袭,社区 8 月份停电风险值急剧上升,意味着当灾害天气发生时,终端用户可能遭受的损失会增加。此时,预测出的定量损失值可以为电力公司的维护提供合理指导,可通过采取有效措施降低损失,同时适当调整预算以提高运营效率。

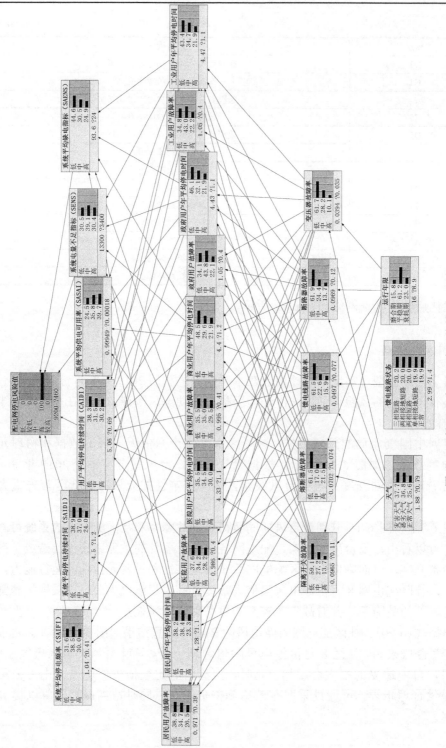

图 6-12 社区配电网风险评估的 BN 网络

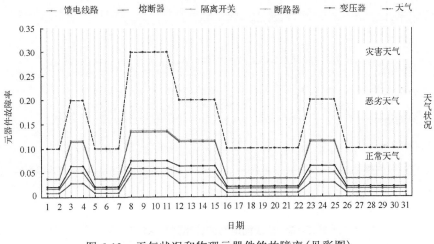

图 6-13　天气状况和物理元器件的故障率(见彩图)

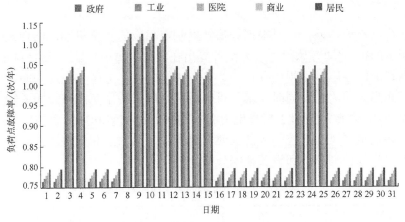

图 6-14　负荷点的故障率(见彩图)

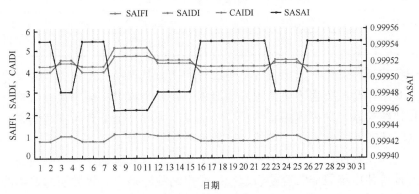

图 6-15　社区配电网的系统可靠性指标(见彩图)

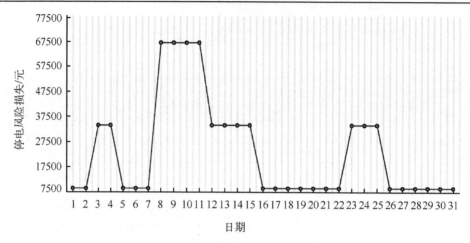

图 6-16　社区配电网的停电风险 $RISK^C$ 值

3.　安全机制

除进行风险评估外，还可根据评估结果制定相应的安全机制。结合天气预报，使用基于 FT-BN 的动态风险评估方法计算出在 8 月 8 日～8 月 11 日台风过境时，社区配电网造成的停电风险损失预计高达 66 918.02 元，意味着在此期间，电力公司应该给予相当大的关注。同时，基于贝叶斯网络可推断出负载点及相关物理元器件的故障率大小 (表 6-7)，用于指导电力公司的预防性维修和风险管控，其中，电力公司对社区配电网风险管控的方法主要有隔离法、消除法和代替法，具体取决于配电网的停电检修计划分析和设备缺陷分析。

表 6-7　优化 BN 后的关于故障率推理

负荷点	居民	医院	商业	政府	工业
故障率/%	48.8	37.6	35.5	34.1	34.8
物理元器件	隔离开关	熔断器	馈电线路	断路器	变压器
故障率/%	59.1	61.5	53.6	63.2	62.1

对于负荷点终端用户，由表 6-7 可知，居民负荷点故障率较高，应及时制定防灾预案，减小在台风灾害下负荷点停运概率，在一定程度上减少系统风险。防灾预案如安排巡线检修、加强线路或负荷点的抗灾能力等，降低台风灾害到来时的故障概率，改善此条件下相关负荷点的停电概率和停电风险。

对于物理元器件，由表 6-7 可知，断路器在台风来袭期间故障率较高，说明设备隐患及设备使用年限非常容易引起社区配电网故障停电，需要引起足够的重视。建议电力企业采用电网风险管控中的消除法及时更换断路器元器件，同时可以根据实际需求适当更换其他物理元器件，通过安全风险评估采取预防、管控性对策，及时解除配电网运行中的危险问题，保护社区配电网的安全。

6.2.4　结论

本节针对社区配电网系统，给出了一种基于 FT-BN 的动态风险评估方法，将可靠性指标及风险值进行了量化，实例分析表明所提出的风险评估框架对社区配电网真实有效，能准确预测社区配电网的停电风险，并给出合理的社区配电网安全机制。

6.3　社区户内燃气动态风险评估

随着我国城市的迅速发展，燃气管道大量进入社区及居民用户家中。随着燃气用户数量不断增长以及供气范围不断扩大，与燃气有关的各类风险因素也随之增加，户内燃气事故呈现逐年上升趋势[31]。据"燃气爆炸"微信公众平台不完全统计，2020 年全国燃气安全事故共 548 起，其中，室内燃气事故 327 起，占比达到了燃气事故总数的 59.7%。不难看出，社区燃气用户已成为燃气事故高发群体。为了加强对社区户内燃气系统的监管，确保社区居民的安全用气，需要对户内燃气系统进行风险评估，以便快速全面了解户内燃气系统的风险水平，从而指导管理者和使用者选择适当的防范措施来遏制燃气风险事故的发生，保障社区居民的生命财产安全。

目前燃气系统风险评估的对象多为燃气管道[32]，针对户内燃气系统，研究工作主要集中于户内燃气事故原因的分析与梳理[33]。此外，现有的风险评估方法一般只对户内燃气系统中某单独组成部分进行建模，忽略了户内燃气系统风险复杂的耦合影响关系，无法对户内燃气系统可能发生的风险事件提供及时警告和维护建议[25]。

近年来，机器学习不断被用于各种动态风险评估[14]。基于此，本节给出一种基于图神经网络(graph neural networks, GNN)的社区户内燃气动态风险评估方法。考虑 4.2 节中户内燃气风险评估指标体系中的燃气设施、用气环境、人为因素以及管理因素(图 6-17)，将知识图谱用于户内燃气系统的场景构建，表明户内燃气系统风险复杂的耦合影响关系，在知识图谱上基于图神经网络进行社区户内燃气动态风险评估，对知识图谱中实体特征进行聚合，挖掘实体深层次的信息，实现社区户内燃气系统的动态风险评估，为社区燃气用户的安全管理提供理论参考。

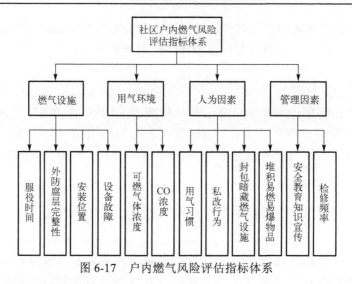

图 6-17　户内燃气风险评估指标体系

6.3.1　构建户内燃气知识图谱

知识图谱旨在描述真实世界中存在的各种实体或概念，以及它们之间的关联关系[34]。在知识图谱中，每个实体具有属性值，用来刻画实体的内在特征，而关系用来连接两个实体，用来刻画它们之间存在的关联。知识图谱以图的形式表示客观世界中存在的"实体"和实体间的"关系"。

本节在户内燃气风险评估指标体系的基础上，利用知识图谱表明户内燃气系统风险复杂的耦合影响关系，实现户内燃气系统的场景构建。具体地，将指标体系中二级指标"燃气设施"作为一种实体类型，其余二级指标"用气环境"、"人为因素"和"管理因素"综合为"燃气用户"实体类型，用来反映燃气用户的风险水平。同时，根据户内燃气系统构成，定义"燃气设施"之间的关系为"连接"，"燃气设施"和"燃气用户"间的关系为"属于"。最终，构建的户内燃气知识图谱如图 6-18 所示。

此外，将指标体系中的三级指标作为实体的内在特征，即实体的属性值。为了对实体特征进行规范描述，根据城镇燃气设计规范[35]中居民生活用气应用要求，对实体的特征进行了简化和离散化处理，离散化结果如表 6-8 所示。考虑到实体"燃气设施"对实体"燃气用户"的风险影响，将两种实体间的特征进行关联，如"用气环境可靠性"的结果受"安装位置"影响，"用气习惯"的结果受"服役时间"影响，"燃气设施可靠性"的结果受"设施故障"影响。在离散化结果中，由于燃气设施的设计寿命不同，因此"服役时间"的特征值由燃气设施的设计寿命决定。例如，户内燃气系统中某一灶具阀门的服役时间为 3～4 年，其设计寿命为 10 年，则对应的特征值为 "<设计寿命 50%"。

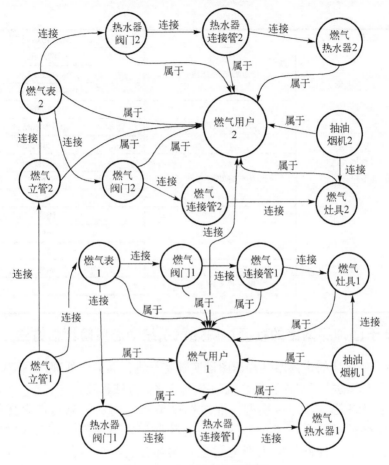

图 6-18　户内燃气知识图谱

表 6-8　实体特征离散化处理

实体	特征	离散化结果
燃气设施	服役时间	<设计寿命 50%
		设计寿命 50%～90%
		>设计寿命 90%
	外防腐层完整性	完整
		破损点<5 个
		破损点>5 个
		无防腐层
	安装位置	合格
		不合格
	设备故障	无故障
		有故障

实体	特征	离散化结果
燃气用户	可燃气体浓度	<10%LEL
		10%～25% LEL
		25%～50% LEL
	CO 浓度	<10ppm
		10～30ppm
		30～50ppm
	用气环境可靠性	优秀
		一般
		差
	用气习惯	优秀
		一般
		差
	燃气设施可靠性	优秀
		一般
		差

6.3.2　基于图神经网络的社区户内燃气系统动态风险评估方法

对 6.3.1 节构建的户内燃气知识图谱实体特征进行离散化处理,在此基础上进行基于图神经网络的社区户内燃气系统动态风险评估方法构建。

图神经网络是一种连接模型,通过图中节点之间的消息传递来捕捉图的依赖关系,能够处理具有广义拓扑图结构的数据如知识图谱,并深入发掘其特征和规律。目前图神经网络的主要应用包括实体分类、链路预测和图分类等任务场景[36]。

图 6-19 所示为基于图神经网络的社区户内燃气动态风险评估模型,将户内燃气知识图谱的实体特征矩阵和表示实体间连接关系的邻接矩阵作为户内燃气动态风险评估模型输入,共分为三层:实体级注意力层、语义级注意力层和实体分类层。在户内燃气知识图谱中,实体间具有不同的关系,给定一种关系,每个实体都有基于该关系的邻居实体。首先,实体级注意力层利用注意力机制学习某一实体(目标实体)在特定关系下邻居实体的重要性,得到目标实体在邻居实体影响下的特征嵌入。之后,语义级注意力层利用注意力机制学习不同关系的重要性,并为其分配权重,计算目标实体在不同关系影响下的实体特征嵌入,挖掘实体特征的深层信息。最后,将经实体级注意力层和语义级注意力层后得到的目标实体新的特征嵌入实体分类层进行分类,判定目标实体的标签类别,最终实现对目标实体的风险等级划分。

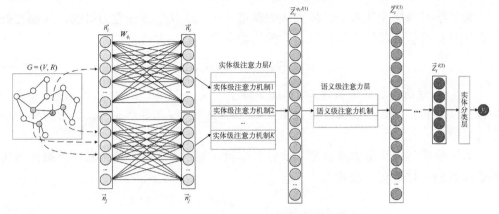

图 6-19　户内燃气动态风险评估模型结构

1. 动态风险评估模型变量定义

在构建户内燃气系统动态风险评估模型前，先对模型中的相关变量进行定义。

定义 6.1　社区户内燃气知识图谱由 $G = (V, R)$ 表示，其中，$V = \{e_1, e_2, \cdots, e_N\}$ 表示知识图谱中的实体集合，$R = \{r_1, r_2, \cdots, r_D\}$ 表示知识图谱的关系集合，N 表示知识图谱中的实体个数，D 表示关系个数。

定义 6.2　表 6-8 中户内燃气具有不同实体类型及其对应的实体特征，实体类型表示为 $\phi = \{\phi_1 = 燃气设施, \phi_2 = 燃气用户\}$，实体特征向量集合 $E = \{\vec{n}_1, \vec{n}_2, \cdots \vec{n}_i, \cdots, \vec{n}_n\} \in R^{N * F^i}, i \in [1, N]$，其中，$\vec{n}_i$ 和 F^i 表示某一实体 i 的特征向量和特征维数。

定义 6.3　户内燃气知识图谱中实体间的关系称为语义路径，不同的语义路径下具有不同的语义信息。语义路径集合表示为 $\varphi = \{\varphi_1, \varphi_2, \cdots, \varphi_x, \cdots, \varphi_P\}$，其中，$P$ 为语义路径个数，φ_x 表示某一语义路径。

2. 实体级注意力层

针对户内燃气知识图谱，考虑实体间的影响关系，对实体特征信息进行聚合。首先，实体级注意力层利用实体级注意力机制[37]学习基于特定语义路径目标实体的邻居实体重要性，并为它们分配不同的权重，通过聚合目标实体自身特征及邻居实体的特征，得到目标实体新的特征嵌入。

由于不同实体类型具有不同的特征空间，为了将知识图谱中不同类型实体的特征映射到同一特征空间中，需要将实体特征进行线性变换得到可映射到高维空间的特征向量，计算公式为

$$\vec{n}_i' = (W_{\phi_i} \cdot \vec{n}_i) \tag{6-21}$$

式中，$\vec{n}_i$ 表示目标实体 i 的原始特征向量，W_{ϕ_i} 为可学习参数的特征转换权值矩阵，$\vec{n}_i'$ 为目标实体 i 经线性变换映射到高维空间的特征向量。

为了学习邻居实体对于目标实体的权重，引入了实体级注意力机制，从而更好地学习目标实体与邻居实体特征之间的依赖关系，计算公式为

$$\text{attn}_{ij}^{\varphi_x} = (\vec{n}_i' \| \vec{n}_j')\tag{6-22}$$

式中，$\vec{n}_i', \vec{n}_j'$ 分别表示目标实体 i 和邻居实体 j 经式（6-21）映射后的特征向量，$\|$ 表示特征拼接运算，$\text{attn}_{ij}^{\varphi_x}$ 表示在语义路径 φ_x 下目标实体 i 在邻居实体 j 下的实体级注意力系数。

为了使实体级注意力系数便于计算和比较，利用 Softmax 函数对实体级注意力系数进行归一化处理，公式为

$$a_{ij}^{\varphi_x} = \text{Softmax}(\text{attn}_{ij}^{\varphi_x}) = \frac{e^{(\text{Leaky Re Lu}(\vec{W}_a^{\varphi_x})^{\mathrm{T}}[\vec{n}_i'\|\vec{n}_j'])}}{\sum_{k\in\eta_i^{\varphi_x}} e^{(\text{Leaky Re Lu}(\vec{W}_a^{\varphi_x})^{\mathrm{T}}[\vec{n}_i'\|\vec{n}_k'])}}\tag{6-23}$$

式（6-23）是一个单层前馈神经网络，使用 LeakyReLu 函数作为非线性的激活函数。$W_a^{\varphi_x}$ 表示神经网络中层与层之间可学习参数的权值矩阵，T 表示矩阵转置操作，$\eta_i^{\varphi_x}$ 表示在语义路径 φ_x 下目标实体 i 的一阶邻居实体的集合，$a_{ij}^{\varphi_x}$ 表示归一化后的实体级注意力系数。基于式（6-23）可得到归一化后不同实体间的注意力系数，使用注意力系数计算对应特征的线性组合并结合多头注意力机制[38]，计算公式为

$$\vec{z}_i^{\varphi_x} = \mathop{\|}_{k=1}^{K} \text{ELU}\left(\sum_{j\in\eta_i^{\varphi_x}} (a_{ij}^{\varphi_x})^k \vec{n}_j'^k\right)\tag{6-24}$$

式中，k 表示多头注意力机制的数量，ELU 表示非线性激活函数。$\vec{z}_i^{\varphi_x}$ 表示经实体级注意力层聚合邻居实体权重后得到目标实体 i 在特定语义路径下的实体特征嵌入向量。

3. 语义级注意力层

在实体级注意力层的基础上，为了得到实体在不同语义路径下的特征嵌入，在语义级注意力层引入了语义级注意力机制[37]，将实体级注意力层的输出作为语义级注意力层的输入，通过计算不同语义路径的重要性得到不同语义路径的权重，进而得到实体在不同语义路径下的特征嵌入。

为了计算目标实体在每个语义路径下的重要性，式（6-25）首先通过非线性转换得到在特定语义路径下目标实体的特征嵌入，同时利用可学习参数的语义级注意力向量 $\vec{q}$ 来衡量不同语义路径下实体的特征嵌入的相似性，具体为

$$\text{attn\_sem}^{\varphi_x} = \frac{1}{|E|}\sum_{i\in N} \vec{q}^{\mathrm{T}} \cdot \tanh(W_{\text{sem}} \cdot \vec{z}_i^{\varphi_x} + \vec{b})\tag{6-25}$$

式中，选择 tanh 作为非线性激活函数，$|E| = N$ 表示知识图谱中的实体个数，W_{sem} 为

非线性转换的输入层到隐含层的权值矩阵，$\vec{q}$ 为可学习参数的语义级注意力向量，$\vec{b}$ 为偏差向量。最终求得实体在语义路径 φ_x 下的语义注意力系数 attn_sem$^{\varphi_x}$。

与实体级注意力系数一致，为了使语义级注意力系数更容易计算和比较，利用 Softmax 函数对语义注意力系数进行归一化，其公式为

$$\mu^{\varphi_x} = \mathrm{Softmax}(\mathrm{attn\_sem}^{\varphi_x}) = \frac{\mathrm{e}^{\left(\frac{1}{|E|}\sum_{i\in N}\vec{q}^{\mathrm{T}}\cdot\tanh(W_{\mathrm{sem}}\cdot\vec{z}_i^{\varphi_x}+\vec{b})\right)}}{\sum_{s=1}^{P}\mathrm{e}^{\left(\frac{1}{|E|}\sum_{i\in N}\vec{q}^{\mathrm{T}}\cdot\tanh(W_{\mathrm{sem}}\cdot\vec{z}_i^{\varphi_s}+\vec{b})\right)}} \tag{6-26}$$

最后，将经实体级注意力层后实体的特征嵌入与语义注意力系数进行融合，即可获得目标实体 i 新的特征嵌入向量 $\vec{Z}_i$，计算公式为

$$\vec{Z}_i = \sum_{s=1}^{P}(\mu^{\varphi_s}\cdot\vec{z}_i^{\varphi_s}) \tag{6-27}$$

4. 动态风险评估模型结构

为获得户内燃气知识图谱中目标实体的最终特征嵌入，模型分别使用了两个实体级注意力层和语义级注意力层，具体计算公式分别为

$$\begin{cases} \vec{z}_i^{\varphi_x l(1)} = \overset{K}{\underset{k=1}{\|}} \mathrm{ELU}\left(\sum_{j\in\eta_i^{\varphi_x}}(a_{ij}^{\varphi_x l(1)})^k\cdot\vec{n}_j'^k\right) \\ \vec{Z}_i^{l(1)} = \sum_{s=1}^{P}(\mu^{\varphi_s l(1)}\cdot\vec{z}_i^{\varphi_s l(1)}) \end{cases} \tag{6-28}$$

$$\begin{cases} \vec{z}_i^{\varphi_x l(2)} = \mathrm{ELU}\left(\sum_{j\in\eta_i^{\varphi_x}}(a_{ij}^{\varphi_x l(2)})\cdot\vec{Z}_i^{l(1)}\right) \\ \vec{Z}_i^{l(2)} = \sum_{s=1}^{P}(\mu^{\varphi_s l(2)}\cdot\vec{z}_i^{\varphi_s l(2)}) \end{cases} \tag{6-29}$$

式中，$l(1)$、$l(2)$ 分别对应第一个、第二个实体级注意力层和语义级注意力层。经模型计算，得到经特征聚合后目标实体 i 的特征嵌入向量 $\vec{Z}_i^{l(2)}$。

5. 实体分类层

为实现知识图谱中实体的风险等级评估，在实体级和语义级注意力层后增加实体分类层。通过定义户内燃气风险评价集合：{低风险，较低风险，中等风险，较高风险，高风险}五个风险等级，利用 Softmax 函数作为实体分类层激活函数，将语义级注意力层的输出作为实体分类层的输入，得到目标实体属于各个风险等级的概率。

实体分类层的计算公式为

$$p_i^{f_r} = \mathrm{Softmax}(\vec{Z}_i^{l(2)}) = \frac{\mathrm{e}^{f_r}}{\sum_{k=1}^{C} \mathrm{e}^{f_k}} \qquad (6\text{-}30)$$

式中，$r \in [1, C]$，$C = 5$ 表示分类类别即风险等级数。$\{f_1, f_2, \cdots, f_r, \cdots, f_C\}^{\mathrm{T}} = \vec{Z}_i^{l(2)}$，$f_r$ 表示目标实体 i 特征嵌入向量 $\vec{Z}_i^{l(2)}$ 中第 r 行的特征值，$p_i^{f_r}$ 为经实体分类层计算后得到的目标实体 i 属于某一风险等级的概率值，概率中最大值的索引即为目标实体 i 的风险等级预测结果。

为了对模型中的参数进行训练，利用交叉熵损失函数对带标签的训练数据与预测结果进行对比，交叉熵损失函数的计算公式为

$$L_a = -\sum_{l \in y_L} \sum_{k=1}^{C} q_l^{f_k} \log(p_l^{f_k}) \qquad (6\text{-}31)$$

式中，y_L 是利用专家打分法对知识图谱中的实体进行风险评估的结果，即带有实体分类标签组成的集合。将分类标签转换为独热(one-hot)向量，具体见表 6-9，$q_l^{f_k}$ 表示带标签实体风险等级的真实值，$p_l^{f_k}$ 代表经实体分类层后得到实体风险等级的预测值。

表 6-9　实体分类标签编码

分类标签	编码
低风险	$(1,0,0,0,0)$
较低风险	$(0,1,0,0,0)$
中等风险	$(0,0,1,0,0)$
较高风险	$(0,0,0,1,0)$
高风险	$(0,0,0,0,1)$

式(6-31)计算带标签实体的真实风险等级与预测结果之间的差异，利用梯度下降法反传误差进行半监督学习对模型中可学习的参数进行训练。

6. 模型训练

为了对户内燃气动态风险评估模型的参数进行训练，以北京市石景山区建钢南里社区为对象，进行了相关数据调研与获取。在社区中，通过设计数据采集表获得知识图谱中的实体特征数据，同时利用项目应用示范工程在社区加装的物联网传感器获得社区燃气用户可燃气体浓度和一氧化碳(CO)浓度的相关数据。

通过数据采集，共得到建钢南里社区 103 个燃气用户共 1000 个实体的特征数据，对数据进行处理得到模型输入的特征矩阵和邻接矩阵。

另外，为了构建模型训练的标签集合，结合层次分析法和专家打分法对实体进

行风险评估。具体计算步骤包括：利用层次分析法获得实体特征的权值矩阵 $\boldsymbol{W}$，根据实体的特征进行专家打分得到分数矩阵 $\boldsymbol{S}$，通过式(6-32)计算实体的分数，根据表 6-10 风险等级划分原则确定实体风险等级。

$$\text{Risk} = \boldsymbol{W} \cdot \boldsymbol{S}^{\mathrm{T}} \tag{6-32}$$

表 6-10　风险等级划分表

分数	级别
80<Risk≤100	低风险
60<Risk≤80	较低风险
40<Risk≤60	中等风险
20<Risk≤40	较高风险
0≤Risk≤20	高风险

将实体的特征矩阵、邻接矩阵和标签集合作为模型输入进行训练和评估，选择数据集中的 200 条作为训练集，100 条为验证集，其余作为测试集。同时对实验参数进行设定：迭代次数为 400 次，每次训练样本的数量设为 1。在训练时，所有参数进行随机初始化，并使用 Adam[39]优化器对模型参数进行优化，其中，初始学习率设置为 0.005，正则化参数设置为 0.001，语义级注意力向量维数设置为 128，多头注意力的注意头 K 的数量设置为 8，注意度设置为 0.6，同时设定训练周期=100，表示若在训练过程中连续 100 个周期内验证集损失均没有减少，则模型停止训练。

如图 6-20 为模型训练结果，结果显示当训练迭代至 334 次时，模型准确率达到了最高的 88.3%。可以看出当训练集数据只占数据集的20%时，模型已有较好的预测结果。

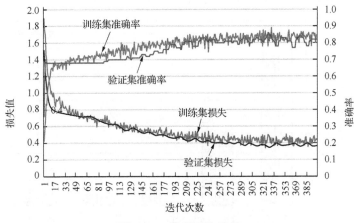

图 6-20　模型训练结果

继续增大训练集数据量，并在不同训练集占比下重复训练 10 次，将准确率最大值作为模型结果，结果如表 6-11 所示。根据训练结果，模型具有较高的准确率，可用于社区户内燃气系统的风险评估。

表 6-11　不同训练集占比模型结果对比

训练集比例/%	20	30	40	50	60
准确率/%	88.3	88.7	89.3	89.6	90.1

6.3.3　案例分析

本节选取北京市石景山区建钢南里社区燃气用户作为评估对象，分别于 2019 年 10 月和 2020 年 10 月使用数据采集表对该社区中 103 个燃气用户进行调研，获得相关数据，利用训练好的户内燃气动态风险评估模型进行风险评估，评估结果如图 6-21 所示，根据模型评估结果，随着时间的变化，建钢南里社区中较高风险和高风险的实体数量有所增加。

表 6-12 给出了较高风险和高风险实体数量对比结果，对统计结果进行对比分析，发现在该社区燃气连接管、燃气表和燃气热水器中存在较高风险和高风险的实体数量相对较多。结合社区实际情况，原因主要为：①建钢南里社区部分燃气用户使用的燃气连接管材质为胶管，而燃气胶管的设计寿命一般为 18 个月，在该社区中特别在老年人家中存在燃气胶管超期使用情况较多；②建钢南里社区建成于 20 世纪 80 年代，社区内公共燃气设施服务年限较长，户内燃气表和燃气立管由于老化和腐蚀等原因，存在较为严重风险问题；③社区部分燃气用户使用的燃气热水器安装在卫生间、厨房等通风不良的位置，存在较大的安全隐患。此外，部分用户家中使用的燃气热水器服役时间较长，存在设施老化、故障等问题，也是造成风险的原因之一。

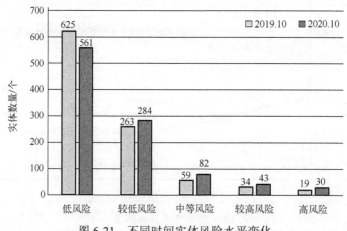

图 6-21　不同时间实体风险水平变化

表 6-12 较高风险和高风险实体数量对比

实体类型	2019 年 10 月		2020 年 10 月	
	较高风险	高风险	较高风险	高风险
燃气用户	3	3	6	4
燃气立管	2	1	2	1
燃气表	5	3	6	5
燃气阀门	3	2	3	3
燃气连接管	9	6	11	9
燃气灶具	3	1	3	2
热水器阀门	2	0	2	1
热水器连接管	1	0	2	1
燃气热水器	4	3	6	4
抽油烟机	2	0	2	0

图 6-22 给出了实体间的风险影响结果，可以看出，当"燃气热水器 3"的实体特征为{>设计寿命 90%，破损点>5 个，安装位置不合格，有故障}时，模型预测其

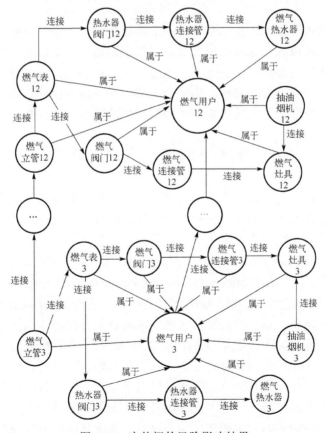

图 6-22 实体间的风险影响结果

风险等级为"高风险",与之相连的"燃气用户 3"受其影响,其预测风险等级为"中等风险"。当与"燃气用户 12"相连的"燃气表 12"、"燃气灶具 12"和"抽油烟机 12"的实体特征分别为{>设计寿命 90%,破损点>5 个,安装位置不合格,有故障}、{>设计寿命 90%,破损点<5 个,安装位置不合格,有故障}、{>设计寿命 90%,破损点>5 个,安装位置不合格,无故障}时,模型预测"燃气表 12"、"燃气灶具 12"和"抽油烟机 12"的风险等级分别为{高风险,高风险,较高风险},受三个实体的风险影响,模型预测"燃气用户 12"的风险等级为"高风险"。

通过上述分析,所构建的动态风险评估模型可以针对户内燃气系统风险复杂的耦合影响关系进行动态风险评估,并根据评估结果确定户内燃气系统存在的风险问题,这为风险防控措施指明了方向。例如,社区管理者应督促燃气用户对风险较高的燃气连接管和燃气热水器进行及时更换;对于腐蚀较为严重的燃气表,燃气公司应及时进行检修和更换,以避免燃气事故的发生。

6.3.4　结论

以社区户内燃气系统为研究对象,本节通过构建户内燃气风险评估指标体系、结合户内燃气系统构成、建立户内燃气系统知识图谱等,给出了一种基于图神经网络的社区户内燃气动态风险评估方法。通过实例分析表明,该方法可以针对户内燃气系统风险复杂的耦合影响关系,实现户内燃气系统的安全动态风险评价,对社区燃气用户的安全管理采取及时有效的风险防控措施具有一定的指导和参考意义。

6.4　社区户内燃气人因风险评估

人因作为引发燃气事故的关键因素之一,其多样性及难以测量性使得由其导致的燃气风险评估模型不易确立。由此针对社区户内燃气人因风险提出合理有效的评价方法,对于预防和减少户内燃气事故发生具有重要意义[40]。

目前针对人因风险的研究主要集中在三方面:第一类是对人因事故进行统计,构建人为因素分析和分类系统(human factors analysis classification system,HFACS)[40],如 Liu 等[41]通过事故统计数据和 AHP 方法对矿山人因构建 HFACS 模型,提取人因要素之间的内在联系;第二类是使用传统的风险评估方法建立人因层次模型,通过 AHP 方法对人因风险进行定量评估,如兰建义等[42]使用模糊综合评价法(fuzzy comprehensive evaluation,FCE)对煤矿人因失误风险进行分析,但在确定权重系数时完全依靠专家主观判断;第三类是通过机器学习方法学习相关案例数据[40],根据训练的模型确定人因风险等级概率,李洪涛等[43]通过煤矿人因风险事故案例数据,建立人因风险的逻辑回归预测模型。由上可见,人因风险研究成果较多依赖专家经验,推导得出的客观参数严重不足。目前,虽然已有机器学习方法可避免上述问题,但仍存在模型过于简单、准确度不高以及数据需求量大等缺陷[44]。

本节在此给出一种基于随机森林-层次分析-模糊综合(random forest-AHP-FCE, RF-AHP-FCE)的户内燃气人因风险评价方法,其中,户内燃气人因风险指标体系及具体二级燃气人因风险指标说明同 5.2 节。所提出的方法利用层次分析法确定人因变量专家主观权重,使用事故案例训练随机森林人因风险预测模型,得出各变量对于人因风险结果重要性的特征,计算得到客观权重;然后综合以上结果确定人因风险主客观综合权重;最后结合模糊综合评价法通过实际案例验证所提出方法的有效性[40]。

6.4.1　基于 RF-AHP-FCE 的社区户内燃气人因风险评价模型的建立

1. 层次分析法确定主观权重

层次分析法依照层次结构通过分别构造各层比较矩阵来确定各因素对于总目标的影响程度。

1)构造判断矩阵

通过相互比较确定各准则对于目标的权重,构成的 $n \times n$ 阶矩阵即为判断矩阵 A:

$$A = \begin{bmatrix} a_{11} & a_{12} & \cdots & a_{1n} \\ a_{21} & a_{22} & \cdots & a_{2n} \\ \vdots & \vdots & & \vdots \\ a_{n1} & a_{n2} & \cdots & a_{nn} \end{bmatrix} \tag{6-33}$$

2)层次单排序及其一致性检验

假设有一个 n 阶正规向量 W,则有

$$AW = \lambda_{\max} W \tag{6-34}$$

式中,$\lambda_{\max}$ 为矩阵 A 的最大特征根;W 为对应 $\lambda_{\max}$ 正规化特征向量,由比较矩阵按列归一化后按行求和再进行归一化求得,内含各因素对应权值,之后根据下式进行一致化指标检验:

$$CI = \frac{\lambda_{\max} - n}{n - 1} \tag{6-35}$$

$CI = 0$ 时,A 一致,CI 越大,A 的不一致程度越严重,这里代入随机一致性指标 RI 确定一致性比率,给出 A 的不一致性允许范围:

$$CR = \frac{CI}{RI} \tag{6-36}$$

当 $CI < 0.1$ 时,A 的不一致程度在允许范围内,此时可用 A 的特征向量作为权向量。

3)层次总排序及其一致性检验

第 l 层 m 个因素 $A_1, A_2, \cdots, A_m$ 相应的层次总排序权值分别为 $a_1, a_2, \cdots, a_m$;第 $l+1$ 层 n 个因素 $B_1, B_2, \cdots, B_n$ 对 $A_j (j=1,2,\cdots,m)$ 的层次单排序为 $\beta_{1i}, \beta_{2i}, \cdots, \beta_{ni}$,则第 $l+1$ 层

因素层次总排序权值为

$$\beta_i = \sum_{j=1}^{m} \alpha_j \beta_{ij} (i = 1, 2, \cdots, n) \tag{6-37}$$

由此组成总排序的权值 W，相应的一致性检验公式同式(6-36)。

最终根据层次分析法计算得到的权重结果如表 6-13 所示。

表 6-13　户内燃气人因风险指标权重表

一级评价指标	单/总层相对权重	二级评价指标	单层相对权重	组合相对权重
意识状况	0.2995	事发责任意识	0.5816	0.1742
		事发合作意识	0.1095	0.0328
		安全意识	0.3090	0.0926
生理因素	0.0365	年龄	0.2970	0.0108
		感官能力	0.1634	0.0060
		身体状况	0.5396	0.0197
心理因素	0.4179	生活压力	0.5584	0.2334
		情绪	0.3196	0.1336
		认知能力	0.1220	0.0510
生活素质	0.0807	文化程度	0.1220	0.0098
		燃气使用经验	0.3196	0.0258
		燃气应急技能	0.5584	0.0451
行为能力	0.1653	安全行为	0.8000	0.1322
		自控力	0.2000	0.0331

表中一级指标的上层指标即为人因风险总目标，因此该层的单层权重等同总层权重；二级指标总层次权重的组合权重一致性比率 $CI = 0.0122 < 0.1$ 满足一致性检验，权重处理合理。结果表明各一级指标权重为：心理因素、意识状况、行为能力、生活素质、生理因素 $W(1) = [0.4179, 0.2995, 0.1653, 0.0807, 0.0365]$，二级指标如上表所示。

2. 层次分析法确定客观权重

1)随机森林选取

通过对燃气网以及相关燃气公众号进行户内燃气事故案例的整理和收集，对每条案例进行案件过程梳理以及分析，将案例中涉及的人因要素，即意识、生理、心理、素质、行为等要素作为模型输入。将状态量进行风险划分，即将案例中能够直接导致风险发生的问题要素划分为高风险等级，不直接导致风险发生但具有一定风险的要素划分为较高风险，风险较低的要素划分为风险一般，无风险要素划分为风险低，无法得知的要素采取空缺值处理，通过插值法补全，由此将 300 个户内燃气事故案例人因要素风险等级划分为四级。输出按照是否由人因导致的事故分为人因事故与非人因事故，将五种人因要素与标注值作为随机森林模型的输入与输出进行训练，参数调优后选择 mtry（决策树特征数）=3，ntree（决策树棵树）=1200。

首先通过 sample 函数随机挑选 74、114、160、200、240、300 例样本通过十折交叉验证观察测试集的预测准确度与样本量的关系，设置 seed（随机数种子）=20 保证两模型训练集与测试集的一致性，然后进行对比。

由于原始 300 例样本存在正负样本比例（1:2）不平衡的问题，因此，为了更进一步有效地证明两类模型的效果，需要平衡样本量：对原始样本中较少的正类样本采用合成少数类过采样技术（synthetic minority oversampling technique，SMOTE），根据样本特征合理增加样本数，使得正类样本数量增加到 200 例，正负样本比例达到合理的1:1，按此比例继续增加样本量，使用交叉验证方法得到的对比样本量分别为 400、600、800、1000、1400、1600、1800 时，随机森林与逻辑回归两种模型预测效果如图 6-23 所示。

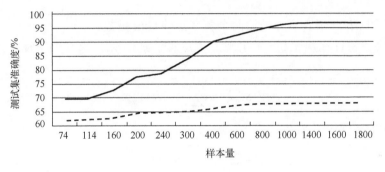

图 6-23　随机森林与逻辑回归准确度与样本量的关系

由图 6-23 可知，在 300 例样本之前，两模型的测试集准确度随样本量的增加呈递增趋势，随着样本量从 74 增加到 300，随机森林的准确率由 69.66%提升到 84%，逻辑回归由 61.8%提升到 65%，可见，300 例样本时两模型都未完全拟合。通过 SMOTE 过采样算法增加并平衡样本后，两模型准确度均持续增加，随机森林准确率在样本量达到 1000 例后稳定在 96.5%左右，而逻辑回归的准确度在样本量达到 400 例后提升缓慢，样本量到达 1800 例后有微弱的上升趋势，通过与训练集的准确度进行对比发现二者均未出现过拟合现象。可见随机森林算法在户内燃气人因风险识别的应用中准确率明显高于逻辑回归，而且在小样本下（<1000）也有着很好的准确度。通过相关资料可知，逻辑回归在此应用中与随机森林算法准确度存在较大差异的原因是人因变量之间并非线性可分。在线性不可分的情况下逻辑回归会出现一类判别失真的情况，而随机森林算法在线性不可分的情况下同样有着较好的效果。

2) 平均基尼减小度确定客观权重

基尼 (Gini) 指数表示不确定性程度，基尼指数越大，表示不确定性越大。可通过人因一级指标改变结果不确定性的减小程度来表示该指标的重要程度。

对上述训练好的随机森林的因变量进行重要性排序，按照平均 Gini 减小度对指标重要性排序，获得各人因要素对于人因风险的影响度，具体步骤如下。

①基尼指数计算：k 代表 k 个类别，p_k 代表类别 k 的样本权重：

$$\text{Gini}(p) = \sum_{k=1}^{K} p_k(1-p_k) = 1 - \sum_{k=1}^{K} p_k^2 \tag{6-38}$$

②计算特征在节点 m 上的重要性，即节点 m 分枝前后 Gini 的指数变化量，具体为

$$\text{VIM}_{jm}^{(\text{Gini})} = GI_m - GI_l - GI_r \tag{6-39}$$

其中，GI_l 和 GI_r 分别表示分枝后两个新节点的 Gini 指数。

③如果该特征在决策树 i 中出现的节点属于集合 M，那么该特征在第 i 棵树的重要性为

$$\text{VIM}_{ij}^{(\text{Gini})} = \sum_{m \in M} \text{VIM}_{jm}^{(\text{Gini})} \tag{6-40}$$

假设 RF 中有 n 棵树，那么

$$\text{VIM}_{j}^{(\text{Gini})} = \sum_{i=1}^{n} \text{VIM}_{ij}^{(\text{Gini})} \tag{6-41}$$

④把所有求得的重要性评分做归一化处理：

$$\text{VIM}_j = \frac{\text{VIM}_j}{\sum_{i=1}^{c} \text{VIM}_i} \tag{6-42}$$

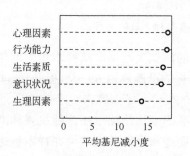

图 6-24　随机森林各输入变量对于输出结果的重要性 (平均基尼减小度)

分母表示所有特征增益之和，分子是该特征的 Gini 指数。通过 R 语言 importance 函数求得各变量平均基尼减小度如图 6-24 所示。

将上图各因素对应值归一化后，得到五种人因要素对于人因风险的影响程度，即客观权重：心理因素、意识状况、行为能力、生活素质、生理因素 $\text{VIM}_j = W(2) =$ [0.2162, 0.2023, 0.2144, 0.2066, 0.1605]。

3. 综合权重确定

通过组合赋权方法将五种客观权重与层次分析法得到的一级指标权重进行综合

权重赋值，公式如下：

$$W = \sum_{k=1}^{q} [\theta\lambda_k + (1-\theta)\beta_k] W^{(k)}, \quad 0 \leqslant \theta \leqslant 1 \tag{6-43}$$

式中，q 表示赋权方法种类数，此处分为层次分析主观性方法与随机森林客观性方法两种；θ 表示决策者偏好度的相对重要性，根据经验选取 0.57；λ 为对其中某种赋权法的偏好度，对于主观性较强的层次分析法取值为 0.3，对于随机森林确定的客观权重取值为 0.7；β 为一致性系数，因为赋权方法为两种，因此依据相关文献将两类 β 均取值为 0.5；$W(k)$ 为两类方法的权重向量，W 为综合权重，经过计算得到五种人因要素的综合权重向量为心理因素、意识状况、行为能力、生活素质、生理因素：$W = [0.2941, 0.2398, 0.1954, 0.1580, 0.1126]$，该向量作为模糊综合评价的一级指标综合权重，用来确定整体人因风险的等级。

4. 模糊综合评价

模糊综合评价法是一种基于模糊数学的综合评价方法，该方法根据模糊数学的隶属度理论把定性评价转化为定量评价，即应用模糊数学方法对受到多种因素制约的事物或对象做出一个总体的评价，具体步骤如下。

1）建立综合评价因素集

以影响人因风险的各一级、二级人因因素为元素组成一个普通集合，用 $U = (u_1, u_2, \cdots, u_m)$ 表示，u_i 代表影响评价对象的第 i 个因素。

2）建立综合评价集

评价集由评价者对评价对象可能做出的各种结果组成，用 $V = (v_1, v_2, \cdots, v_n)$ 表示，v_i 代表第 i 种评价结果，这里由高、较高、一般、低四种人因状态风险表示。

3）进行单因素模糊评价

通过等差三角隶属函数获得评价矩阵。因素集 U 中第 i 个元素对评价集 V 中第 1 个元素的隶属度为 r_{i1}，则对第 i 个元素单因素评价的结果用模糊集合表示为 $R_i = (r_{i1}, r_{i2}, \cdots, r_{in})$，以 m 个单因素评价集 $R_1, R_2, \cdots, R_m$ 为行组成矩阵 $R_{m \times n}$ 为模糊综合评价矩阵：

$$R_{m \times n} = \begin{bmatrix} r_{11} & r_{12} & \cdots & r_{1n} \\ r_{21} & r_{22} & \cdots & r_{2n} \\ \vdots & \vdots & & \vdots \\ r_{m1} & r_{m2} & \cdots & r_{mn} \end{bmatrix} \tag{6-44}$$

4）确定因素权向量

评价中各因素 u_i 依据重要程度给一个权重 α_i，各因素的权重集合模糊集用 A 表示：$A = (\alpha_1, \alpha_2, \cdots, \alpha_m)$，此处的权重 A 由上述层次分析法与随机森林综合确定。

5) 建立综合评价模型

确定单因素评判矩阵 $\boldsymbol{R}$ 和因素权向量 $\boldsymbol{A}$ 之后,通过模糊变化将 U 的模糊向量 $\boldsymbol{A}$ 变为 V 的模糊向量 $\boldsymbol{B}$,即

$$\boldsymbol{B} = \boldsymbol{A}_{1*m} \circ \boldsymbol{R}_{m*n} = (b_1, b_2, \cdots, b_n) \tag{6-45}$$

其中,$\circ$ 为综合评价合成算子,这里取矩阵乘法,且需要进行归一化,使得 $\sum b_i = 1$。

6) 模糊综合评价

根据上述确定的模糊向量,依据最大隶属度原则确定各一级二级人因要素的风险等级,依据风险等级的高低给出相应治理措施。

6.4.2 案例分析

使用上述 RF-AHP-FCE 风险评价模型,对内蒙古某三个小区的燃气用户进行风险评估,根据评估结果提出防范措施。

1. 户内燃气人因风险综合评价

本研究选取调查问卷的形式,先后向三个小区共 352 户住户发放调查问卷,回收问卷 322 份,剔除无效问卷 22 份,剩余 300 份。其中,A 小区 50 份,B 小区 100 份,C 小区 150 份,均超过小区住户的 80%,同时,问卷有效度分别为 89.29%、83.33% 和 81.52%,满足调查有效性。由此对 A、B、C 三个小区进行风险评估。

问卷指标选取二级指标共 14 个指标构成评价因素集 U,各指标依据程度选取高、较高、一般、低四种评价结果构成评价集 V,通过将三小区中每个住户调查结果带入隶属函数,得出各住户所有人因要素各状态量的隶属度,如表 6-14 所示。

表 6-14 人因状态隶属度表

人因状态	风险等级			
	低	一般	较高	高
IV	1	0.2	0	0
III	0.2	1	0.2	0
II	0	0.2	1	0.2
I	0	0	0.2	1

归一化表中隶属度,得到隶属矩阵 $\boldsymbol{R}$:

$$\boldsymbol{R} = \begin{bmatrix} 0.83 & 0.17 & 0 & 0 \\ 0.14 & 0.72 & 0.14 & 0 \\ 0 & 0.14 & 0.72 & 0.14 \\ 0 & 0 & 0.17 & 0.83 \end{bmatrix} \tag{6-46}$$

进行矩阵运算得出每户的一级指标风险等级以及整体人因风险等级,然后通过将每个小区所有住户的人因风险与整体风险进行汇总,得出各小区的综合风险等级,以某一住户的心理指标风险和整体风险等级为例,得到的心理因素相关指标模糊评价结果如表 6-15 所示。

表 6-15 某住户心理因素相关指标模糊评价

A_3 下二级指标	风险水平隶属度			
	高	较高	一般	低
A_{31}	0	0	0.17	0.83
A_{32}	0.14	0.72	0.14	0
A_{33}	0	0.14	0.72	0.14

由上表可知该住户心理因素各二级指标构成对应隶属度矩阵为

$$\boldsymbol{R}_{A_3} = \begin{bmatrix} 0 & 0 & 0.17 & 0.83 \\ 0.14 & 0.72 & 0.14 & 0 \\ 0 & 0.14 & 0.72 & 0.14 \end{bmatrix} \tag{6-47}$$

该用户心理因素下的生活压力、情绪、认知能力等二级指标依据隶属度函数风险等级判定分别为低、较高、一般。

参照层次分析法确定的各二级因素权重,根据式(6-45)计算得出各一级指标的风险模糊矩阵。此处以某住户的心理因素一级指标的单因素隶属度计算为例:

$$\boldsymbol{B}_{A_3} = \boldsymbol{A}_{A_3} \circ \boldsymbol{R}_{A_3} = (0.5584 \quad 0.3196 \quad 0.122) \times \begin{pmatrix} 0 & 0 & 0.17 & 0.83 \\ 0.14 & 0.72 & 0.14 & 0 \\ 0 & 0.14 & 0.72 & 0.14 \end{pmatrix} \tag{6-48}$$

$$= (0.0447 \quad 0.2472 \quad 0.2275 \quad 0.4806)$$

同理计算得出该住户其他一级指标的单因素隶属度,进而构建一级指标对应的模糊综合评价表如 6-16 所示。

表 6-16 某住户人因风险相关指标模糊评价

人因风险一级指标	风险水平隶属度			
	高	较高	一般	低
A_1	0.0153	0.2035	0.6566	0.1247
A_2	0.4707	0.251	0.2367	0.0416
A_3	0.0447	0.2472	0.2275	0.4806
A_4	0.0447	0.2472	0.2275	0.4806
A_5	0.112	0.604	0.256	0.028

根据模糊综合评价的最大隶属度原则,该住户的意识状况 A_1 风险等级为一般,

生理因素 A_2 的风险等级为高，心理因素 A_3 风险等级为低，生活素质 A_4 的风险等级为低，行为能力 A_5 的风险等级为较高。

最后根据构造的该用户各一级指标的模糊综合评价矩阵，按照式(6-45)计算得出该用户的总体户内燃气人因风险等级：

$$B_{A_3} = A_{A_3} \circ R_{A_3}$$

$$= (0.2398 \quad 0.1126 \quad 0.2941 \quad 0.1580 \quad 0.1954) \times \begin{pmatrix} 0.0153 & 0.2035 & 0.6566 & 0.1247 \\ 0.4707 & 0.2510 & 0.2367 & 0.0416 \\ 0.0447 & 0.2472 & 0.2275 & 0.4806 \\ 0.0447 & 0.2472 & 0.2275 & 0.4806 \\ 0.1120 & 0.6040 & 0.2560 & 0.0280 \end{pmatrix}$$

$$= (0.0895 \quad 0.2568 \quad 0.3158 \quad 0.2550)$$

$$(6\text{-}49)$$

依据最大隶属度原则，该用户户内燃气人因风险等级为一般，表明该用户日常用气较为安全。

分别对三个小区住户的各人因风险等级以及总体风险等级进行汇总，能够评估得到各小区户内燃气人因风险的整体情况，首先对三个小区的五个一级人因指标进行风险分析，汇总后的雷达图如图 6-25 所示。

由图 6-25 可以直接观测三个小区各人因一级指标的风险高低，由图可知，A、B 两小区总体上住户燃气用气意识不够规范，风险较高，C 小区风险较低；三小区在生理因素下的风险等级相同，均风险较低；C 小区心理因素风险很高，表明该小区在心理因素方面需要严重关切，应及时采取措施；C 小区相较另外两小区在生活素质方面风险偏高，应改善用气习惯；A 小区的行为能力因素风险较高，表明该小区整体用气失误较多，应加强用气规范宣传。

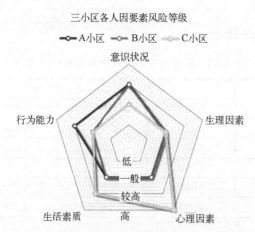

图 6-25　各小区户内燃气人因风险雷达图

最后对三个小区整体户内燃气人因风险进行评估：将每个小区所有住户的整体户内燃气风险根据所属风险等级归类，进行横向对比，得到每个小区整体风险状况，具体如图 6-26 所示。

各小区户内燃气人因风险等级分布图

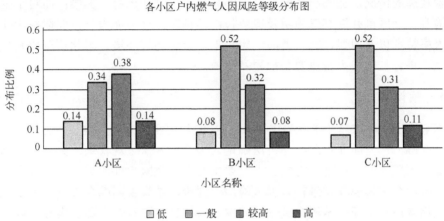

图 6-26　各小区所有住户风险分布图

从上图三小区整体户内燃气风险分布状况来看，A 小区相较于另外两小区，风险等级较高的用户占比较大，结合雷达图可以看出主要由于 A 小区行为能力风险较高所致，应当采取应对措施；B 和 C 小区风险分布类似，整体风险较低，但也存在相当比例的高风险用户，根据雷达图可知 B 小区住户的用气意识风险整体较高，而 C 小区住户的心理因素风险很高，因此也应加强防范。上述各小区总体评价结果与小区物业实际燃气安检情况一致。

2. 风险防范措施

从上述对于三个小区的一级人因指标和总体风险等级的评估以及分析可以看出，各小区整体都存在一定的风险隐患，A 小区整体风险隶属度较高，与其风险较高的行为能力与意识状况有关；B 小区风险等级一般，但其住户的意识状况普遍具有风险较高的特征；C 小区虽然整体看来风险等级一般，但其住户大多生活素质较差，尤其是心理因素较差的用户占多数。可以针对整体以及一级人因指标的风险分别采取应对措施，加强整体与部分的风险监控。具体措施如下。

(1) 对于整体风险含有一定隐患的解决方案。

针对整体户内燃气整体人因风险很高的小区，小区应及时采取应对措施，如对每户进行安全排查，发现用气安全意识薄弱的用户，对其开展有针对性的安全用气教育；对于整体风险等级较高的小区，则应重点进行安全用气教育及培训，改善居民用气习惯；对于整体风险等级一般的小区，进行安全用气宣传，提升安全用气意识。

(2)对于某一人因要素风险较高的解决方案。

具体的对于人因一级指标中意识状况风险偏高的情况,应强化安全用气的宣传;心理因素风险较高的情况应设立社区心理咨询站,保障居民心理健康;对于生理因素风险较高的情况,加强小区健身设施的完善,保障居民身体健康;而对于生活素质的提升,社区可开展燃气使用及应急技能培训等;行为能力一方面取决于住户个人的人格特征以及习惯,另一方面一定程度取决于周边环境,因此可以改善户内用气环境,进行社区户内厨房安全检视及整改。

6.4.3　结论

本节给出了一种基于 RF-AHP-FCE 的社区户内燃气人因风险评价方法,以人因要素为基础,一方面通过层次分析法确定人因变量专家主观权重,另一方面基于随机森林人因风险预测模型,得到各人因要素对人因风险事件的重要性,确定了客观权重,并综合主客观权重进行人因风险综合评价,结果表明综合权重改善了主观权重中生活素质和生理因素权重过低的问题,评价结果更符合客观真实性。以三个小区为研究对象,对小区的户内燃气人因风险进行风险评估,得到了所有住户的总体和各人因要素的风险等级,生成了三个小区的整体风险分布,最后针对评估结果给出了相应的防范措施。

6.5　社区户内燃气泄漏风险评估

对燃气设施进行风险评估是保障燃气安全的重要途径,目前多采用故障树分析法(FTA)、层次分析法(AHP)和模糊综合评价法(FCE)等[45-49],或基于专家经验和逻辑推理进行定性分析。由于借助有燃气专家的实际经验,因此上述方法可发现许多隐含风险,对燃气设施整改和避免重大事故具有重要意义。但此类方法需要调研得到静态数据,评估周期较长,难以实现实时监测和判断,且主观性较强。随着物联网技术的发展,研究人员对燃气监测展开研究[50],推动了燃气泄漏在线监测的发展,但大多数采用简单的阈值预警方式,难以掌握燃气泄漏的程度,无法在燃气泄漏的早期阶段做出快速响应。近年来,机器学习得到了快速发展,并在燃气设施的风险评估和预测预警领域展现出了独特的优势[51, 52],但预测精度大多受限于数据集的规模,当数据集规模较小时往往难以得到精确的结果。

针对上述方法的不足,本节给出了一种基于支持向量机(support vector machine,SVM)的社区户内燃气泄漏动态预警模型。

6.5.1　社区户内燃气泄漏监测指标体系

通过分析燃气泄漏的可监测数据,构建社区户内燃气泄漏实时监测指标体系。

1. 燃气事故分析

从全国燃气事故分析报告(2020 年第一季度)中获得该季度燃气事故原因统计表，如表 6-17 所示。

表 6-17　2020 年第一季度燃气事故原因统计表

事故原因	数量	死亡人数	受伤人数
软管老化/脱落	13	2	8
自杀	4	3	4
燃气管网泄漏，气体进入室内	2	0	3
软管被动物咬噬	1	0	1
维修工违章操作	2	2	2
用户私改	1	0	0
灶具无熄火保护	1	0	1
使用燃气热水器中毒	4	4	2
调压器连接不当	2	0	1
阀门老化	1	0	0
阀门未关闭/关闭不严	2	0	1

从表 6-17 可知，软管老化/脱落、自杀、使用燃气热水器中毒是导致燃气事故的主要原因，在监测和预警过程中需重点关注，并且所有事故原因最终均导致燃气泄漏的发生，因此对社区户内燃气泄漏进行实时监测和动态预警对保障社区燃气安全具有重要意义。

2. 燃气泄漏实时监测指标体系

目前多数燃气泄漏报警器的工作原理是通过采集可燃气体浓度，当可燃气体浓度达到一定范围时通过声光信号进行报警，因此首先分析家用天然气的主要成分及可监测数据，确定监测变量。由于在输送至用户之前，硫化氢等有机硫和二氧化碳等气体已经进行净化处理，因此未进行统计。家用天然气的主要成分为甲烷、乙烷、丙烷、丁烷和氮气，除氮气外，其他数据均可通过传感器进行监测。天然气在输送之前会进行加臭处理，因此可监测变量中应包含四氢噻吩。当天然气燃烧不充分时，会产生一氧化碳，导致人员中毒，所以需要对一氧化碳浓度进行监测。当发生燃气泄漏时，泄漏点处温度会降低[53]，因此温度也应纳入监测指标体系。最终的社区户内燃气泄漏实时监测指标体系如图 6-27 所示。

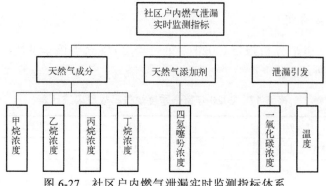

图 6-27　社区户内燃气泄漏实时监测指标体系

6.5.2　基于 SVM 的社区户内燃气泄漏动态预警模型

通过第 7 章所述的基于"端-边-云"的社区设备设施风险监测系统采集监测指标数据并进行预处理和归一化作为 SVM 的输入，训练得到 SVM 模型，用于实现社区户内燃气泄漏的动态预警。

1. SVM 方法

SVM 是一种基于统计学习理论的机器学习方法，主要用于解决分类问题。SVM 在高维空间中通过寻找间隔最大的超平面实现对样本的划分，即在分类正确的前提下，寻找最优的分类超平面。

给定训练集 $D = \{(x_i, y_i) \mid i = 1, 2, \cdots, N \mid\}$，其中，$x_i \in R^n$，$y_i \in R$，$x_i$ 代表输入数据，y_i 代表输出数据。SVM 的约束条件如下：

$$\begin{cases} \min & \dfrac{1}{2}\|\boldsymbol{\omega}\|^2 \\ \text{s.t.} & y_i(\boldsymbol{\omega}^{\mathrm{T}} x_i + b) \geqslant 1 \quad i = 1, 2, \cdots, n \end{cases} \tag{6-50}$$

其中，x_i 为样本的空间坐标，$\boldsymbol{\omega}$ 为垂直超平面的向量，b 为位移，输出 $y_i = \pm 1$。为简化求解步骤，构造拉格朗日函数，如下式：

$$L(\boldsymbol{\omega}, b, a) = \frac{1}{2}\|\boldsymbol{\omega}\|^2 - \sum_{i=1}^{l} \alpha_i (y_i \cdot ((x_i \cdot \boldsymbol{\omega}) + b) - 1) \tag{6-51}$$

根据拉格朗日函数的对偶性，SVM 的约束条件转换为

$$\begin{cases} \min\limits_{\alpha} \dfrac{1}{2} \sum\limits_{i=1}^{n} \sum\limits_{j=1}^{n} \alpha_i \alpha_j y_i y_j \langle x_i, x_j \rangle - \sum\limits_{i=1}^{n} \alpha_i \\ \text{s.t.} \ \alpha_i \geqslant 0, \quad i = 1, 2, \cdots, n \\ \sum\limits_{i=1}^{n} \alpha_i y_i = 0 \end{cases} \tag{6-52}$$

根据序列最小优化算法（sequential minimal optimization，SMO）求解得到 α_i。根据以下公式得到 ω 和 b：

$$\begin{cases} \omega = \displaystyle\sum_{i=1}^{N} \alpha_i y_i x_i \\ b = y_j - \displaystyle\sum_{i=1}^{N} \alpha_i (x_i \cdot x_j) \end{cases} \tag{6-53}$$

根据以上结果，可得到最终的分类决策函数：

$$f(x) = \text{sign}\left(\sum_{i=1}^{N} \alpha_i^* y_i (x \cdot x_j) + b^* \right) \tag{6-54}$$

2. 燃气泄漏动态预警模型

将燃气泄漏等级分为 5 类，如表 6-18 所示。

表 6-18　燃气泄漏等级定义表

编号	等级	状态
0	极低	燃气泄漏量极少或传感器波动，危险性极低
1	低	燃气泄漏量较少，危险性低
2	中等	具有一定燃气泄漏量，危险性中等
3	高	燃气泄漏量较多，危险性高
4	极高	燃气泄漏量极多，危险性极高

传统的 SVM 模型一般用来解决二分类问题，而社区户内燃气泄漏动态预警需要对多分类问题进行研究，所以采用一对一方法设计 SVM 模型，即在任意两类样本之间设计 1 个 SVM，对所有结果进行投票，得到模型最终的输出，基于该方法，对于 k 个类别的样本需要设计 $\dfrac{k(k-1)}{2}$ 个 SVM 模型。因此，针对本节燃气泄漏设置有 5 个等级，共需设计 10 个 SVM 分类器。

社区户内燃气泄漏动态预警模型工作步骤具体如下。

（1）数据获取。

利用基于"端-边-云"的社区设备设施风险监测系统采集社区户内燃气泄漏实时监测指标所对应的数据，对数据进行预处理，包括数据格式转换、坏点数据去除以及数据标注等。

（2）归一化处理。

为提升模型的收敛速度和预测精度，利用最大最小值法将预处理后的数据进行归一化处理，其中，x_o 为归一化结果，x_k 为当前数据，$x_{\min}$ 为样本数据的最小值，$x_{\max}$

为样本数据的最大值，最大最小值法如下：

$$x_o = \frac{x_k - x_{\min}}{x_{\max} - x_{\min}} \tag{6-55}$$

(3) 数据集划分。

将预处理后的数据以 7∶3 的比例划分为训练集和测试集，作为 SVM 模型的输入值，分别用来训练 SVM 模型和验证模型的准确率。

(4) 选择核函数。

SVM 算法中常用的核函数有多项式核函数、Sigmoid 核函数、径向基核函数 (radial basis function，RBF)等，其中，多项式核函数和 Sigmoid 核函数常用于线性不可分的情况，而径向基核函数即高斯核函数，具有径向对称、光滑性好、适用范围广的优点，因此选用径向基核函数构建 SVM 模型，以 x_i 代表 m 维输入向量，x_j 代表第 j 个径向基函数的中心，γ 为待调节参数，公式如下：

$$K(x_i, x_j) = e^{\left(-\gamma \|x_i \cdot x_j\|^2\right)}, \quad \gamma > 0 \tag{6-56}$$

(5) 构建 SVM 模型。

利用交叉验证对 SVM 模型进行多次训练和验证，确定合适的 γ，获得模型的准确率和预测效果，将训练好的模型用于社区户内燃气泄漏预测。

(6) 泄漏预测。

在线读取无线传感器网络的实时监测数据，将数据进行预处理和归一化后作为 SVM 模型的输入，通过 SVM 模型预测得到对应的泄露等级，并显示在可视化界面中，从而实现社区户内燃气泄漏的动态预警。

社区户内燃气泄漏动态预警流程图如图 6-28 所示。

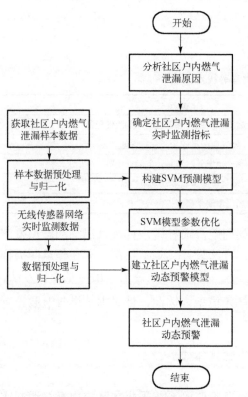

图 6-28　社区户内燃气泄漏动态预警流程图

6.5.3　案例分析

为验证本节基于 SVM 的社区户内燃气泄漏动态预测模型的实用性，基于北京某社区的燃气历史数据，对燃气泄漏情况进行了模拟，并利用基于"端-边-云"的社区设备设施风险监测系统采集了 500 组各类泄漏等级的燃气数据,用来验证 SVM 模型的性能。

通过设置不同的迭代次数对模型进行多次训练,取平均值作为对应训练次数模型的预测效果,结果如图 6-29 所示。

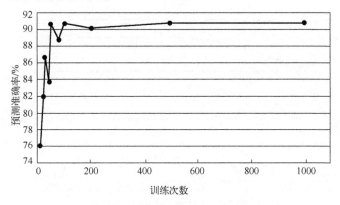

图 6-29　SVM 模型训练效果

由图 6-29 可知,随着训练次数的增加,SVM 模型的预测准确率不断上升,当训练次数达到 100 次后,模型的预测准确率基本保持在 90%以上,可较为准确地预测社区户内燃气泄漏等级。

当训练次数为 100 次时,SVM 模型对测试集样本的预测效果如图 6-30 所示,可以看出,在大多数情况下预测结果与实际情况一致,证明了所建模型较强的预测能力。

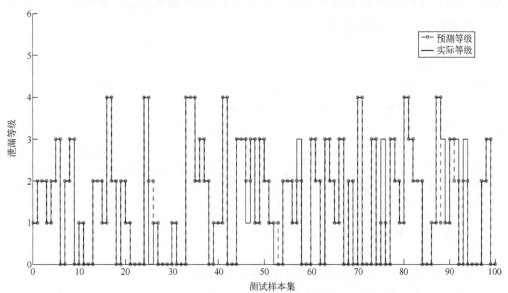

图 6-30　训练 100 次条件下 SVM 模型的预测效果

为进一步验证 SVM 模型的可靠性,采用相同的数据集训练得到了 BP 神经网络模型,并将两种模型进行对比,结果如图 6-31 所示。

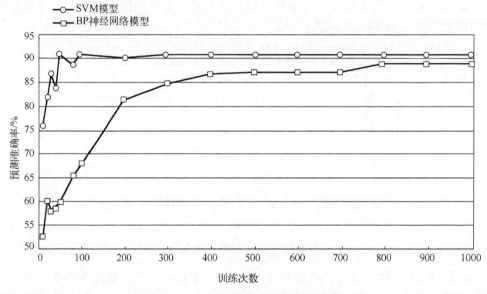

图 6-31　SVM 和 BP 神经网络的对比效果

对图 6-31 中的两条曲线进行分析可知,SVM 模型在较少训练次数下即可达到较高的预测准确率,而 BP 神经网络模型则需要经过大量训练才可达到较高的预测准确率,且 SVM 模型的预测准确率一直高于 BP 神经网络模型,表明 SVM 模型更适用于社区户内燃气泄漏的预测。

基于上述实验结果,将 SVM 模型部署于云平台中,通过基于"端-边-云"的社区设备设施风险监测系统采集户内燃气数据,利用 SVM 模型对社区户内燃气泄漏等级进行在线预测,并将预测结果进行可视化显示,实现了对社区户内燃气泄漏的动态预警,实时监测数据和在线预警效果如图 6-32 所示。

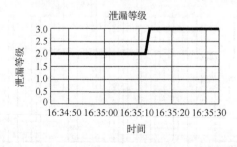
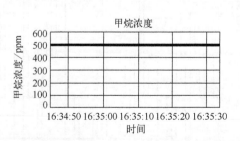

图 6-32　实时监测数据和在线预警效果

6.5.4　结论

本节给出了一种基于 SVM 的社区户内燃气泄漏动态预警方法，与传统的风险评估方法相比，可实现燃气泄漏的在线监测和动态预警，实验结果表明该模型可较准确地实现社区户内燃气泄漏等级动态预测，对保障社区户内燃气设施的平稳运行具有重要意义。

6.6　社区电梯故障风险评估

社区电梯作为社区设备安全监测的重要一环，对其监测数据进行危险性预估，能够有效量化社区电梯的风险系数，进而采取相应决策保证电梯的正常运行。目前针对电梯维保，基本研究思路是：根据电梯故障记录情况和维护保养状态，分析电梯各系统不同时段的安全性能，确定电梯维保安全评估指标，最后对电梯设备故障率等指标进行评估，或者是进行电梯故障的预测或监测，最终给出维保意见，达到电梯维保的目的。

根据各地区维保企业和 96333 电梯故障应急处理网络平台积累的电梯故障情况分析可知，大部分电梯故障以及维修保养记录的数据集具有样本数量少、故障成因维度多等小样本数据特点。如果利用目前现存的大数据分析算法预测电梯故障，会带来预测时数据间差别加大、误差增加的问题。此外，电梯故障还受外部不同因素的影响，在进行电梯故障数据预测时数据利用效率低下，同样导致故障预测准确率降低。因此，在社区电梯故障数据预测研究中，有必要将同期可类比的电梯群数据视为小样本数据，进行预测分析处理。相比较于大数据训练模型，基于小样本数据的学习更为困难，此时，合理利用不同状态的电梯故障数据，分为不同状态类别进行电梯群故障预测学习，对于提高最终的故障预测准确率就显得更为重要。

本节基于小样本数据进行社区电梯故障预测算法研究，给出一种基于融合聚类算法的电梯故障数据聚类模型，利用社区电梯系统历史维保数据，通过融合粒子群算法的聚类方法，得到具有可类比性的历史电梯故障数据集。之后采用集成学习算法构建电梯小样本数据预测模型，分别对每个数据集进行故障预测，根据不同的集成学习器对社区电梯故障预测结果进行比较分析，为训练的预测学习模型进行排序，得到综合评价较好的预测模型。最后应用上述训练模型结果，设计社区电梯故障外因分析与预测软件。所设计的预测软件能够提高社区电梯故障预测准确率，并且可依照预测结果，为不同状况的社区电梯类群给出相应意见，部署维保措施，避免人员伤亡和设备损失，实现安全经济效益的最大化。

6.6.1　社区电梯故障外因分析与数据处理

在社区电梯故障预测指标构建上，需要挖掘各个影响社区内电梯故障的潜在因素，这就需要进行社区电梯故障外因分析，综合考虑社区环境对电梯故障的相关影响。

结合科学评价方式以及城市综合体影响社区电梯故障的诸多外部因素，经过研究与分析，对所获取的日常电梯维保以及故障数据进行提取分析，得出几种与社区内电梯故障相关联的数据指标，分别为社区模式综评 s、房价 f、物业费 w、物业维保综评 z、用户数 y，具体变量代表如表 6-19 所示。

表 6-19　社区电梯故障外因分析评价指标

社区模式综评	房价	物业费	物业维保综评	用户数
s	f	w	z	y

首先将收集到的社区电梯故障数据做外因分析评价指标划分，得到数据表 6-20，分别为年份 n、地区 d、地址 $d1$、房价 f、使用年限 $n1$、物业费 w、社区模式综评 s、所在区域维保量 l、物业维保综评 z，以及故障次数 x。

表 6-20　社区电梯故障数据表表头

年份	地区	地址	房价	使用年限
n	d	$d1$	f	$n1$
物业费	社区模式综评	所在区域维保量	物业维保综评	故障次数
w	s	l	z	x

本节采用数据变换方式中的线性组合方式进行维变换，根据专家评估出的各原始属性的权重，采用加权和的数学组合方式进行维变换。对各个需要维变换的社区内电梯故障相关联的数据指标进行维变换计算，具体如下。

(1)社区模式综评 s。

结合评价表方法以及城市综合体概念，社区物业模式分类数据如表 6-21 所示，社区模式综评 s 计算如式(6-57)所示：

$$s = a_{x1} \times 0.3 + a_{x2} \times 0.2 + b_x \times 0.5 \tag{6-57}$$

其中，$x1 = 1, \cdots, 7$，$x2 = 1, \cdots, 7$；$x = 1, \cdots, 4$。

表 6-21　物业模式分类数据表

功能型分类	分值	综合体类型	分值
住宅 $a1$	10	人居主导型 $b1$	0
办公 $a2$	20	商务主导型 $b2$	3
零售 $a3$	30	交通枢纽型 $b3$	6

续表

功能型分类	分值	综合体类型	分值
交通 $a4$	40	特定功能型 $b4$	7
文化娱乐 $a5$	50		
仓储 $a6$	60		
居民服务 $a7$	80		

(2) 房价 f。

根据电梯所在楼市的均价与该地区的楼市均价的比值计算得到，为数值型，房价数据变量如表 6-22 所示，计算公式如式(6-58)所示：

$$f = f2 / f1 \times 10 \tag{6-58}$$

表 6-22　房价数据变量表

电梯所在楼均价	该地区均价
$f2$	$f1$

(3) 物业维保综评 z。

调查电梯所在物业评分 c 与该电梯施工单位等级 g，得到物业企业得分表如表 6-23 所示，电梯施工单位等级基本要求表如表 6-24 所示，计算公式如式(6-59)和式(6-60)所示。

$$z = c \times g \tag{6-59}$$

$$c = c1 + c2 + c3 + c4 + c5 \tag{6-60}$$

其中，g 为 A、B、C 其中一个，$A=3$，$B=2$，$C=1$。

表 6-23　物业企业得分表

管理条件分 $c1$	$1 \leqslant c1 \leqslant 10$
房屋管理分 $c2$	$1 \leqslant c2 \leqslant 10$
环境管理分 $c3$	$1 \leqslant c3 \leqslant 10$
安全秩序管理分 $c4$	$1 \leqslant c4 \leqslant 10$
公共设施管理分 $c5$	$1 \leqslant c5 \leqslant 10$

最后针对原始 P 个社区电梯预测指标属性变量 $X_1, X_2, \cdots, X_p$，用式(6-61)进行归一化，使处理后的数值落在[0,1]范围内。

$$\tilde{X} = \frac{X(:, i) - \min(X(:, i))}{\max(X(:, i)) - \min(X(:, i))} \tag{6-61}$$

表 6-24   电梯施工单位等级基本要求表

作业项目	作业等级	序号	基本要求
维修	A	1	签订一年以上全职聘用合同的电气或机械专业技术人员不少于 8 人，其中，高级工程师不少于 2 人，工程师不少于 4 人
		2	签订一年以上全职聘用合同的持相应作业项目资格证书的特种设备作业人员等技术工人不少于 40 人，且各工种人员比例合理
		3	专职质量检验人员不得少于 4 人
		4	近五年累计维修申请范围内的特种设备数量至少为：电梯 150 台套
	B	1	签订一年以上全职聘用合同的电气或机械专业技术人员不少于 5 人，其中，高级工程师不少于 1 人，工程师不少于 2 人
		2	签订一年以上全职聘用合同的持相应作业项目资格证书的特种设备作业人员等技术工人不少于 30 人，且各工种人员比例合理
		3	专职质量检验人员不得少于 3 人
		4	近五年累计维修申请范围内的特种设备数量至少为：电梯 80 台套
	C	1	签订一年以上全职聘用合同的电气或机械专业技术人员不少于 3 人，其中，工程师不少于 2 人
		2	签订一年以上全职聘用合同的持相应作业项目资格证书的特种设备作业人员等技术工人不少于 15 人，且各工种人员比例合理
		3	专职质量检验人员不得少于 2 人
		4	近五年累计维修申请范围内的特种设备数量至少为：电梯 30 台套

6.6.2   社区电梯群聚类融合算法

在电梯故障预测领域，社区环境和各种因素差异较大，因此对历史积累的电梯维保小数据的相互比较和合理利用比较困难，还可能造成在预测学习阶段出现过拟合的现象。应用分割聚类算法把这些维保电梯数据进行分类，可在一定程度上避免上述情况，同时更容易为新环境中的电梯找到合适的相似电梯群进行参考和比较，最终达到提高预测精确度的目的。针对电梯故障数据外界影响因素多、特征隐含关系复杂的特点，本节给出融合粒子群(particle swarm optimization，PSO)算法的k-means 聚类算法进行样本电梯群聚类，减少了参数设置，加速算法收敛速度，解决了 k-means 算法容易受初始中心点影响造成局部最优的问题，降低了最终样本中心受初始聚类中心点的影响。

粒子群优化算法是通过模拟鸟群觅食过程中的迁徙和群聚行为而提出的一种基于群体智能的全局随机搜索算法。假设在一个 D 维的目标搜索空间中，有 N 个粒子组成一个群落，其中，第 i 个粒子表示为一个 D 维的向量：

$$\boldsymbol{X}_i = (x_{i1}, x_{i2}, \cdots, x_{iD}), \quad i = 1, 2, \cdots, N \qquad (6\text{-}62)$$

第 i 个粒子的"飞行"速度也是一个 D 维的向量，记为

$$V_{ii} = (v_{i1}, v_{i2}, \cdots, v_{iD}), \quad i = 1, 2, \cdots, 3 \tag{6-63}$$

通过粒子群的优化算法，以簇内误差总和或者残差平方和误差作为目标函数，找到使得目标函数的值最小的簇类中心点，步骤如下。

输入：电梯故障数据集。

输出：划分的 K 个簇中心解集 C_j。

(1) 初始化种群及参数，数据预处理，根据 k-means 算法来确定 K 值，得到初始簇中心 $C_1, C_2, \cdots, C_k$，并作为粒子的初始位置编码。

两个数据对象 $\boldsymbol{x}_i$ 和 $\boldsymbol{x}_j$ 之间的欧氏距离为 d：

$$d(\boldsymbol{x}_i, \boldsymbol{x}_j) = \sqrt{(\boldsymbol{x}_i - \boldsymbol{x}_j)^{\mathrm{T}}(\boldsymbol{x}_i - \boldsymbol{x}_j)} \tag{6-64}$$

C_j 表示簇的质心，也称聚类中心。

$$C_j = \frac{1}{n_j} \sum_{\boldsymbol{x}_i \in C_j} \boldsymbol{x}_i \tag{6-65}$$

(2) 计算每个粒子的适应度值，比较更新个体最优位置 P_{iD}、全局最优位置 P_{gD}。

粒子迄今为止搜索到的最优位置称为个体极值，记为

$$P_{\mathrm{best}} = (P_{i1}, P_{i2}, \cdots, P_{iD}), \quad i = 1, 2, \cdots, N \tag{6-66}$$

整个粒子群迄今为止搜索到的最优位置为全局极值，记为

$$g_{\mathrm{best}} = (P_{g1}, P_{g2}, \cdots, P_{gD}) \tag{6-67}$$

(3) 更新粒子位置。找到 P_{best}、g_{best} 这两个最优值时，粒子根据式 (6-68) 和式 (6-69) 更新自己的速度和位置：

$$V_{id} = \omega V_{id} + c_1 r_1 (P_{id} - \boldsymbol{X}_{id}) + c_2 r_2 (P_{gd} - \boldsymbol{X}_{id}) \tag{6-68}$$

$$\boldsymbol{X}_{id} = \boldsymbol{X}_{id} + V_{id} \tag{6-69}$$

其中，c_1 和 c_2 为学习因子，也称加速常数；ω 为惯性因子；r_1 和 r_2 为 [0，1] 范围内的均匀随机数。

(4) 对于每一个样本数据，按照聚类中心最邻近法则确定对应聚类划分。

(5) 重新计算得到每个类型的聚类中心，重新计算粒子的适应度值。

(6) 判断是否达到结束条件，以聚类中心不再变化为算法停止准则，若满足，停止迭代并输出全局最优解，否则返回步骤 (2)，继续执行，直到满足结束条件。计算误差平方和：

$$E = \sum_{j=1}^{K} \sum_{\boldsymbol{x}_i \in C_j} \left| \boldsymbol{x}_i - C_j \right|^2 \tag{6-70}$$

通常将误差平方和作为聚类准则函数，用来评价聚类结果的好坏。

6.6.3　社区电梯故障小样本数据预测

小样本数据的预测学习一直是人工智能技术中的难点。由于社区电梯故障数据样本数量太少,学习算法的鲁棒性和收敛性往往很难保证。与神经网络等理论相比,集成学习算法在小样本学习方面具有更好的表现。针对社区电梯故障外部因素较多且隐含关系复杂等问题,本节给出集成学习的预测算法,利用上述聚类算法得到的社区故障电梯数据群分别进行集成学习故障预测训练,从而利用所有社区电梯故障小样本数据达到较好的社区电梯故障预测效果。

集成学习方法与自主监督或无监督的学习方法有异,其模型训练和学习方法通过创建和融合多个用于训练学习的基本模型来完成预测训练任务,大致分为两类:一是用于融合的多个基本模型学习器需要以串行生成的规则进行集成学习,多个基本模型学习器之间关系强依赖,其中的代表是 Boosting 集成学习训练方法;二是用于融合的多个基本模型学习器不需要以串行生成的规则来进行集成学习,多个基本模型学习器之间的关系不存在强依赖,这类方法以并行的、同时生成方式来训练学习器,其中比较常用的是 Bagging 和随机森林训练方法。

考虑到本节中电梯所处社区环境外界因素复杂,训练预测模型时数据样本各项特征属性值之间隐含关系多,单一并行不调整样本权重的学习训练方式可能会降低故障预测模型的准确率。为合理利用社区电梯故障数据集,在此选择调整精度更高、训练学习器会随预测错误率调整的 Boosting 中的不同回归算法。为了对比和参照,在预测模型方面,还选取了有关 Bagging 集成学习的一类基学习器。

考虑到社区外部环境的复杂与多样性,针对受外部因素影响的社区电梯故障预测,本节采用多种不同的基学习器进行集成回归学习,基学习器类型如表 6-25 所示。

表 6-25　基学习器选择表

基学习器类型			
1	线性回归	线性核函数	径向基核函数	多项式核函数
2	k 近邻回归	决策树回归	逻辑回归	自适应 Boosting
3	随机森林	极端森林	提升树	

如表所示,针对融合聚类算法分类的几种不同的社区电梯群故障数据,选取对应表中不同类型的基学习器,完成对社区电梯故障预测集成学习算法的实现。

首先处理聚类完成的社区电梯故障数据群,即特征工程。需要注意的是社区电梯数据中所在的小区地址,不能反映出样本的共性特征,故此特征在预测前被判定清洗。打印出数据的信息摘要,处理电梯群中因为聚类算法遗漏的特征值是 nan 的数据串,删除这些数据的值,用 pandas 自带的 dropna() 函数删去值为 nan 的样本;接着把电梯群数据样本中特征为“地区”的值进行离散化,划分为训练集和测试集,训练集占总样本的 3/4，测试集占 1/4，并将数据的最后一列作为样本的回归值，前面的数据信息作为特征值，将特征值进行预测数据标准化处理，从而消除奇异样本数据导致的不良影响。

为了消除欠拟合与过拟合的影响，创建需要的 Boosting 回归模型，设定 n_estimators 初始化训练值为 50。将训练集数据输入到模型中，进行模型训练，利用训练好的模型进行社区电梯故障测试集预测，通过评价函数评估模型的好坏。

在本节社区电梯故障预测的模型中，通过集成学习的方式，在不同样本电梯群中选取不同的样本弱回归器，完成对不同因素下电梯群的故障预测。

(1) 初始化样本集权重为

$$D(1) = (\omega_{11}, \omega_{12}, \cdots, \omega_{1m}), \quad \omega_{1i} = \frac{1}{m}, \quad i = 1, 2, \cdots, m \tag{6-71}$$

(2) 对于 $k = 1, 2, \cdots, K$；

① 使用具有权重 D_k 的样本集来训练数据，得到弱学习器 $G_k(x)$。

② 计算训练集上的最大误差；

$$E_k = \max \left| y_i - G_k(x_i) \right|, \quad i = 1, 2, \cdots, m \tag{6-72}$$

③ 计算每个样本的相对误差：

如果是线性误差，则为

$$e_{ki} = \frac{\left| y_i - G_k(x_i) \right|}{E_k} \tag{6-73}$$

如果是平方误差，则为

$$e_{ki} = \frac{(y_i - G_k(x_i))^2}{E_k^2} \tag{6-74}$$

如果是指数误差，则为

$$e_{ki} = 1 - \exp\left(\frac{-\left| y_i - G_k(x_i) \right|}{E_k} \right) \tag{6-75}$$

④ 计算回归误差率，如式 (6-76) 所示：

$$e_k = \sum_{i=1}^{m} \omega_{ki} e_{ki} \tag{6-76}$$

⑤ 计算弱学习器的系数，如式 (6-77) 所示：

$$\alpha_k = \frac{e_k}{1 - e_k} \tag{6-77}$$

⑥ 更新样本集的权重分布，如式 (6-78) 所示：

$$\omega_{k+1,i} = \frac{\omega_{ki}}{Z_k} \alpha_k^{1-e_{ki}} \tag{6-78}$$

其中，这里 Z_k 是规范化因子，如式(6-79)所示：

$$Z_k = \sum_{i=1}^{m} \omega_{ki} \alpha_k^{1-e_{ki}} \tag{6-79}$$

(3)构建最终强学习器，如式(6-80)所示：

$$f(x) = G_k(x) \tag{6-80}$$

其中，$G_k(x)$ 是所有 $\ln\dfrac{1}{\alpha_k}(k=1,2,\cdots,K)$ 的中位数值和序号 k 对应的弱学习器。

均方误差(mean squared error, MSE)是回归预测学习中一个重要的参数指标，指的是预估参数值与真实值之差的平方的期望值，可用来评价数据的变化程度。若均方误差越小，说明预测模型描述预测实验数据具有更好的精度表现，具体计算公式如式(6-81)所示：

$$\mathrm{MSE} = \frac{1}{N}\sum_{t=1}^{N}(\mathrm{observed}d_t - \mathrm{predict}d_t)^2 \tag{6-81}$$

其中，N 为样本个数。

平均绝对误差(mean absolute error, MAE)同样作为回归预测学习的参数指标，指的是绝对误差的平均值，虽然计算简单但却能准确直观地反映评价情况，具体计算公式为

$$\mathrm{MAE} = \frac{1}{N}\sum_{i=1}^{N}|(f_i - y_i)| \tag{6-82}$$

其中，f_i 表示为预估量，y_i 表示为真实量，N 为样本个数。

回归的决定系数，也称为 R^2，用来判定测量回归直线对样本数据的拟合程度，通常范围在 $[0,1]$ 之间，R^2 的取值越靠近 1，说明模型的拟合效果越好，若 $R^2=1$，则说明回归直线对于因变量的变化具有完全描述。

有关 R^2 的计算可由式(6-83)和式(6-84)表示：

$$y = \frac{1}{n}\sum_{i=1}^{n} y_i \tag{6-83}$$

$$\begin{cases} SS_{\mathrm{tot}} = \sum_i (y_i - y)^2 \\ SS_{\mathrm{reg}} = \sum_i (f_i - y)^2 \\ SS_{\mathrm{res}} = \sum_i (y_i - f_i)^2 = \sum_i e_i^2 \\ R^2 = 1 - \dfrac{SS_{\mathrm{res}}}{SS_{\mathrm{tot}}} = \dfrac{SS_{\mathrm{reg}}}{SS_{\mathrm{tot}}} \end{cases} \tag{6-84}$$

其中，f_i 表示故障预估量，y_i 表示故障真实量，i 为样本个数，y 表示电梯故障样本平均量，SS_{reg} 表示回归平方和，SS_{tot} 表示总离差平方和，SS_{res} 表示残差平方和。

在社区电梯故障预测模型中，由于影响电梯故障的外部因素不定而且复杂，需要通过多个评价指标综合评价不同基学习器预测模型的预测效果，故选用 SS_{reg}、SS_{tot}、SS_{res} 三个预测评价计算指标对最后不同电梯数据群的故障预测评价模型做出评价，并将评价结果以得分形式直观展示。

对三类群样本处理后得到的电梯群样本分别建立弱回归学习器，分别为：线性核函数回归器、多项式核函数回归器、K 近邻回归器等。将各个弱回归学习器的预测结果输入 Boosting 和 Bagging 集成回归模型，得到最终电梯故障预测结果。利用评价函数，得到不同集成学习预测结果的评价指标。评价较好的预测结果以及比较如下所示。

社区电梯群样本数据 1 的预测与评价结果如图 6-33 所示。社区电梯群样本数据 2 的预测与评价结果如图 6-34 所示。

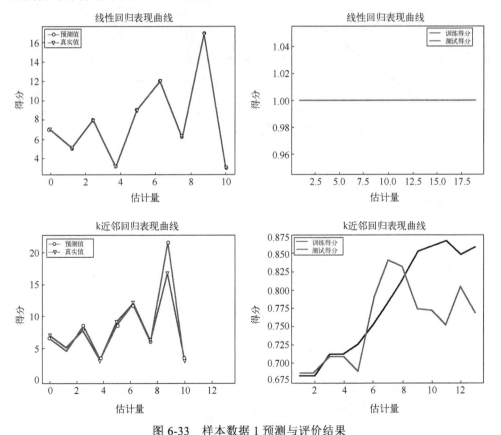

图 6-33　样本数据 1 预测与评价结果

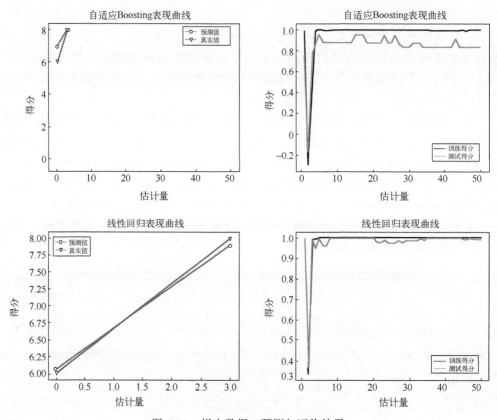

图 6-34　样本数据 2 预测与评价结果

社区电梯群样本数据 3 的预测与评价结果如图 6-35 所示。

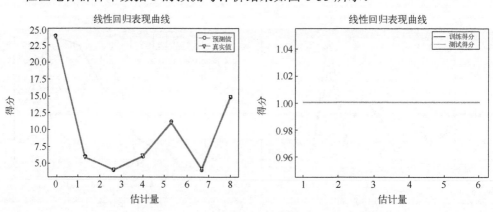

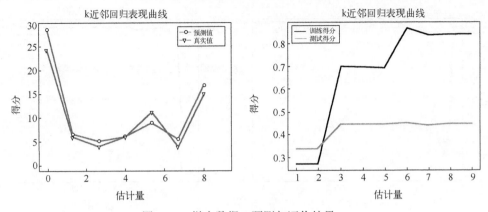

图 6-35　样本数据 3 预测与评价结果

各电梯群样本数据 Bagging 算法预测比较如图 6-36～图 6-38 所示。

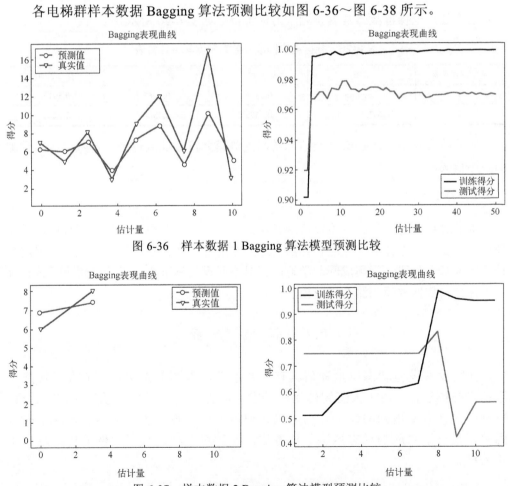

图 6-36　样本数据 1 Bagging 算法模型预测比较

图 6-37　样本数据 2 Bagging 算法模型预测比较

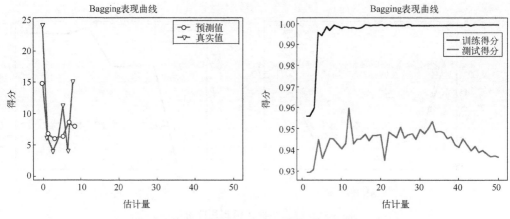

图 6-38　样本数据 3 Bagging 算法模型预测比较

三个社区电梯群故障数据预测学习评价得分如表 6-26 所示。

表 6-26　社区电梯群故障数据预测学习评价表

基学习器名称	类型	样本群 1	样本群 2	样本群 3
1	Bagging	0.8256	0.0265	0.5915
2	自适应 Boosting	0.9399	0.4356	0.7201

实验结果表明，Boosting 类训练学习预测模型符合社区电梯样本数据故障预测的实际情况。

6.6.4　结论

本节对社区电梯故障风险评估展开讨论，给出了社区电梯故障外因分析与数据处理，以及社区电梯群聚类融合算法，最后在小样本数据预测基本原理下，采用多种不同的基学习器进行集成回归学习，并对不同误差标准进行讨论，得出了符合社区电梯样本数据故障预测的学习模型。

6.7　本 章 小 结

社区设备设施动态风险评估具有重要意义。本章首先结合当前人工智能先进技术与方法，阐述了人工智能用于动态风险评估的可行性及现有技术。之后，分别针对社区配电网系统、户内燃气、户内人因、户内燃气泄漏、社区电梯故障等，给出了对应的动态风险评估方法，并针对性地进行了案例分析，给出了相关结论。

参 考 文 献

[1] Kaplan S, Garrick B J. On the quantitative definition of risk[J]. Risk Analysis, 1981, 1(1): 11-27.

[2] Villa V, Paltrinieri N, Khan F, et al. Towards dynamic risk analysis: A review of the risk assessment approach and its limitations in the chemical process industry[J]. Safety Science, 2016, 89: 77-93.

[3] Paltrinieri N, Dechy N, Salzano E, et al. Lessons learned from Toulouse and Buncefield disasters: From risk analysis failures to the identification of a typical scenarios through a better knowledge management[J]. Risk Analysis, 2012, 32(8): 1404-1419.

[4] Paltrinieri N. Dynamic Risk Analysis in the Chemical and Petroleum Industry : Evolution and Interaction with Parallel Disciplines in the Perspective of Industrial Application[M]. Oxford: Butterworth-Heinemann, 2016.

[5] Paltrinieri N, Tugnoli A, Buston J, et al. Dynamic procedure for atypical scenarios identification (DyPASI): A new systematic HAZID tool[J]. Journal of Loss Prevention in the Process Industries, 2013, 26(4): 683-695.

[6] Paltrinieri N, Øien K, Cozzani V. Assessment and comparison of two early warning indicator methods in the perspective of prevention of atypical accident scenarios[J]. Reliability Engineering and System Safety, 2012, 108: 21-31.

[7] Aven T, Krohn B S. A new perspective on how to understand, assess and manage risk and the unforeseen[J]. Reliability Engineering and System Safety, 2014, 121(1): 1-10.

[8] Kauffman S. The Origins of Order: Self-Organization and Selection in Evolution[M]. New York: Oxford University Press, 1993.

[9] Comfort L K. The Dynamics of Risk: Changing Technologies and Collective Action in Seismic Events[M]. Princeton: Princeton University Press, 2019.

[10] Paltrinieri N, Khan F, Amyotte P, et al. Dynamic approach to risk management: Application to the Hoeganaes metal dust accidents[J]. Process Safety & Environmental Protection, 2014, 92(6): 669-679.

[11] Taleb N. The Black Swan: The Impact of the Highly Improbable[M]. New York: Random House, 2007.

[12] Haugen S, Vinnem J E. Perspectives on risk and the unforeseen[J]. Reliability Engineering & System Safety, 2015, 137: 1-5.

[13] Yang X, Haugen S. Classification of risk to support decision-making in hazardous processes[J]. Safety Science, 2015, 80: 115-126.

[14] Paltrinieri N, Comfort L, Reniers G. Learning about risk: Machine learning for risk assessment[J].

Safety Science, 2019, 118: 475-486.

[15] Goodfellow I J, Bengio Y, Courville A. Deep Learning[M]. Cambridge: MIT Press, 2016.

[16] Hastie T, Tibshirani R, Friedman J. The Elements of Statistical Learning[M]. NewYork: Springer, 2009.

[17] Christian B, Griffiths T. Algorithms to Live By: The Computer Science of Human Decisions[M]. Macmillan: Henry Holt and Company, 2016.

[18] Cheng H T, Koc L, Harmsen J, et al. Wide & deep learning for recommender systems[C]// Proceedings of the 1st Workshop on Deep Learning for Recommender Systems, 2016: 7-10.

[19] Gabriele L, Nicola P, et al. A methodology for frequency tailorization dedicated to the oil & gas sector[J]. Transactions of The Institution of Chemical Engineers. Process Safety and Environmental Protection, Part B, 2016, 104: 123-141.

[20] Venkatesan R, Er M J. A novel progressive learning technique for multi-class classification[J]. Neurocomputing, 2016, 207(26): 310-321.

[21] Khakzad N, Khan F, Amyotte P. Quantitative risk analysis of offshore drilling operations: A Bayesian approach[J]. Safety Science, 2013, 57: 108-117.

[22] Kaduru R, Gondlala N S. Distribution system reliability with distributed generation based on customer scattering[J]. Advances in Electrical and Electronic Engineering, 2015, 13(2): 64-73.

[23] 向思阳, 蔡泽祥, 刘平, 等. 基于 AHP-反熵权法的配电网低碳运行模糊综合评价[J]. 电力科学与技术学报, 2019, 34(4): 69-76.

[24] 丁明, 肖遥, 张晶晶, 等. 基于事故链及动态故障树的电网连锁故障风险评估模型[J]. 中国电机工程学报, 2015, 25(4): 821-829.

[25] Chen T T, Leu S S. Fall risk assessment of cantilever bridge projects using Bayesian network[J]. Safety Science, 2014, 70: 161-171.

[26] Medkour M, Khochmane L, Bouzaouit A, et al. Transformation of fault tree into Bayesian networks methodology for fault diagnosis[J]. Mechanika, 2017, 23(6): 891-899.

[27] 宫运华, 徐越. 基于动态故障树的化工系统动态风险评价[J]. 安全与环境工程, 2015, 22(2): 134-138.

[28] 房爱东, 谢士春. MCMC 采样技术及其在贝叶斯推断上的应用[J]. 长沙大学学报, 2019, 33(2): 1-5.

[29] Fotuhi-Firuzabad M, Rajabi-Ghahnavie A. An analytical method to consider DG impacts on distribution system reliability[C]// Transmission & Distribution Conference & Exhibition: Asia & Pacific, 2005: 1-6.

[30] Diao Y, Liu K Y, Hu L, et al. Classification of massive user load characteristics in distribution network based on agglomerative hierarchical algorithm[C]//2016 International Conference on Cyber-enabled Distributed Computing & Knowledge Discovery, 2017: 169-172.

[31] 吕淼. 户内燃气事故剖析与安全体系建设[J]. 中国勘察设计, 2008, (12): 63-65.

[32] Guo Y, Meng X, Meng T, et al. A novel method of risk assessment based on cloud inference for natural gas pipelines[J]. Journal of Natural Gas Science and Engineering, 2016, (30): 421-429.

[33] 袁婷婷. 天然气居民用户户内安全保障难点及应对措施[J]. 中小企业管理与科技(中旬刊), 2017, (1): 121-122.

[34] Guan N, Song D, Liao L. Knowledge graph embedding with concepts[J]. Knowledge-Based Systems, 2019, 164: 38-44.

[35] 中华人民共和国住房和城乡建设部. 城镇燃气设计规范: GB 50028—2006(2020版)[S]. 北京: 中国建筑工业出版社, 2020.

[36] Zhou J, Cui G Q, Zhang Z Y, et al. Graph neural networks: A review of methods and applications[J/OL]. AI Open, 2020, 1: 57-81.

[37] Wang X, Ji H Y, Shi C, et al. Heterogeneous graph attention network[C]//Proceedings of the World Wide Web Conference. New York, USA: Association for Computing Machinery, 2019: 2022-2032.

[38] Velickovic P, Cucurull G, Casanova A, et al. Graph attention networks[C]//International Conference on Learning Representations. Vancouver, 2018: 1-12.

[39] Kingma D P, Ba J L. Adam: A method for stochastic optimization[C]//International Conference on Learning Representations. San Diego, 2015: 1-15.

[40] 乔亮, 任鹏. 基于 RF-AHP 的社区户内燃气人因风险评价[J]. 工业控制计算机, 2021, 34(4): 70-74.

[41] Liu R, Cheng W, Yu Y, et.al. Human factors analysis of major coal mine accidents in China based on the HFACS-CM model and AHP method[J]. International Journal of Industrial Ergonomics, 2018, 68: 270-279.

[42] 兰建义, 周英. 基于层次分析–模糊综合评价的煤矿人因失误安全评价[J]. 煤矿安全, 2013, 44(10): 222-225.

[43] 李洪涛, 聂晓飞, 刘祥龙. 基于累积 Logistic 回归模型的人因风险预测研究[J]. 现代矿业, 2020, 36(2): 113-115.

[44] 张方风, 倪然. 基于 SMOTE 平衡的在线用户消费预测模型研究[J]. 数学的实践与认识, 2020, 50(15): 49-59.

[45] 陈毓飞. 燃气管道风险预测方法的研究与实现[D]. 北京: 北京邮电大学, 2019.

[46] 刘克会. 燃气管线运行风险评估与预警决策方法研究[D]. 北京: 北京理工大学, 2017.

[47] Zhang C, Fu Y, Deng F, et al. Methane gas density monitoring and predicting based on RFID sensor tag and CNN algorithm[J]. Electronics, 2018, 7(5): 69.

[48] Liu G, Jiang Z, Wang Q. Analysis of gas leakage early warning system based on Kalman filter and optimized BP neural network[J]. IEEE Access, 2020, 8: 175180-175193.

[49] Li S, Cheng C, Pu G, et al. QRA-grid:Quantitative risk analysis and grid-based pre-warning model for urban natural gas pipeline[J]. ISPRS International Journal of Geo-Information, 2019, 8(3): 122.

[50] 黄平, 吴子谦, 袁梦琦, 等. 基于实时监测数据的城镇窨井可燃气体泄漏特性分析[J]. 安全与环境学报, 2019, 19(2): 569-575.

[51] Davarikhah Q, Jafari D, Esfandyari M, et al. Prediction of a wellhead separator efficiency and risk assessment in a gas condensate reservoir[J]. Chemometrics and Intelligent Laboratory Systems, 2020, 204: 104084.

[52] Abdulla M, Herzallah R. Probabilistic multiple model neural network based leak detection system: Experimental study[J]. Journal of Loss Prevention in the Process Industries, 2015, 36: 30-38.

[53] 王智勇, 缑俊, 郭勇, 等. 燃气管道泄漏引发的温度变化研究[J]. 电子科技大学学报, 2015, 44(2): 306-310.

第7章　基于"端-边-云"的社区设备设施风险监测系统

随着物联网、区块链边缘计算和云计算等技术的迅速发展[1]，为社区设备设施风险的监测监控、预测预警及智能防范带来了新的解决方案。本章主要针对社区人员的不安全行为、设备设施的不安全状态，以及管理上的缺陷引发的设备设施风险问题，提出一种基于"端-边-云"的社区设备设施风险监测系统，并对社区设备设施风险治理提供创新思路。另外，对社区重点设备设施进行实时监测监控还可以延长设备设施的使用寿命，降低设备设施无益损耗，提升社区科学化、精细化和智能化的综合治理水平，能够进一步完善城区治理体系，提高城区治理能力，是满足人民日益增长的美好生活需要的重要一环。

社区设备设施风险监测与智能化综合治理服务的支撑需要构建海量异构社区设备设施数据采集与融合"端-边-云"计算框架，从而实现社区设备设施数据统一接入、存储、共享与应用。

围绕跨网域、多样化数据源的采集任务以及高并发海量吞吐率的数据传输问题，在基于现有信息化系统和生产厂家不统一、数据标准不同、应用模式各异的各类前端感知设备设施的基础上设计数据采集与融合"端-边-云"计算框架，如图7-1所示。

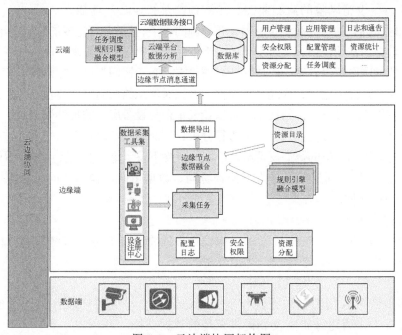

图 7-1　云边端协同架构图

数据端：数据源包括各类物联网设备、数据库信息平台、公开采集 API 接口等多种设备。通过边缘采集平台，由统一的云端服务调度管理，完成数据采集工作。

边缘端：依据边缘计算通用模型，设备注册中心来与不同的数据端连接，通过通用平台管理模块，获取云端服务定制的采集任务及其规则引擎自动启动采集任务，将采集数据经过初步数据清理和融合后，通过数据导出上传给云端的数据库。

云端：云端服务提供完善的平台管理和数据分析模块。平台管理可以为云边协同提供基于资源管理、应用管理等多项业务的数据协同，云端服务提供可以自定制的任务调度/规则引擎/融合模型，为不同的边缘节点提供任务管理和过滤规则支持，也为云端数据融合提供模型。云端统一提供对外的融合数据导出服务，为上层应用提供数据。

7.1　总体架构

在基于"端-边-云"的社区设备设施风险监测系统架构中，终端层主要包括社区内各设备设施系统及采用无线传感网络技术的监测装备。边缘层的智能边缘网关一方面支持通过多协议转换方法接入各设备设施系统的运行状态数据，并利用 NB-IoT、4G 和 5G 等多种通讯方式传输数据；另一方面基于区块链技术可以解决数据信任和社区设备设施的风险问题溯源[2]。云层主要为设备设施一体化风险防控软件，具备设备设施风险的监测监控、预测预警及智能防范功能。

在社区所拥有的各类智能传感器设备设施的种类、数量及其生成的数据量迅猛增长，且采集的数据通常处在快速实时变化的趋势下，物联感知数据处理不应该仅依靠于单一的基于云的物联网解决方案。而边缘计算的"端-边-云协同"这一特点可以有效加快数据分析的速度、减少延迟、提高可扩展性、增强对信息的访问量，并使业务开发变得更加敏捷。使用"端-边-云协同技术"可以让云平台与设备层中的传感器一起工作，以实现实时交互。让数据最终在云平台上进行分析、预测和决策。根据云平台的数据训练算法模型，将训练和分析的数据反馈给边缘端，最终下发至每个设备实现操作智能化。

"端-边-云"协同具体可分为：架构协同、数据协同、模型协同、资源协同、管理协同、应用协同。

1) 架构协同

基于"端-边-云"进行统一的架构设计，即将云端服务、边缘资源、终端能力进行通盘考虑，对架构进行统一体系支撑。

2) 数据协同

对多源跨域异构数据进行深度安全可信的融合，进而打破各类约束条件下的"数据孤岛"，为边缘智能发展提供充足的数据支撑。

3) 模型协同

面向"端-边-云"一体化架构在分布式、集中式、混合式部署模式下的具体化呈现，实现高性能人工智能推理和训练。

4) 资源协同

整合"端-边-云"所涉及网络通信、计算、存储等资源的重要途径，是促进边缘智能高效落地应用的重要保障。资源协同包括边缘节点所需的计算、存储、网络和虚拟化等基础设施资源的协同，以及边缘节点设备自身的生命周期管理协同。资源协同是指系统可自动对云计算中心和边缘节点的资源进行全局性的动态调整，为每个边缘设备准确高效地分配其智能分析所需要的计算、存储、网络、虚拟化资源，实现系统整体资源的最优匹配和负载均衡。当边缘节点接收到来自前端感知设备高并发的数据计算请求或者是处于高优先级的业务场景时，资源协同可以更好地发挥系统整体性能，有效提高社区安防业务场景分析的实时性和资源利用率。资源协同首先采用软件定义网络(software defined network，SDN)、网络功能虚拟化(network functions virtualization，NFV)技术和 Docker 等轻量化容器技术对各类虚拟化资源进行端到端的逻辑拆分和封装，然后将不同运营场景下的业务需求映射为资源的性能指标，如将流畅的高清监控视频、清晰的人脸图像、实时的人员行为分析等需求映射为网络资源的平均峰值带宽、时延，计算资源的计算节点数量等指标，过程中利用深度报文检测(deep packet inspection，DPI)技术建立资源需求预测模型，当再次遇到类似的业务场景分析需求后，可以更加快速精准地匹配资源，资源协同技术主要包括蚁群算法、粒子群算法、多目标优化方法等。

5) 管理协同

(1) 应用管理协同。

边缘节点自身具备一定的应用管理能力，能够进行多个应用的生命周期管理调度，而云端可以管理、调度整个网络的应用进程与生命周期，并提供应用开发和测试环境。

应用管理协同可通过智能分析算法实现应用场景的自动识别和预警，传统的应用服务主要是在中心服务器对采集到的原始数据进行集中分析，分析出结果后在后台进行信息显示、处理或报警提示，边缘节点设备不具备或仅具备简单的分析能力，易受监控角度、光线、环境干扰，准确率不高，反应较慢。应用管理协同是指将包括人脸识别分析、轨迹跟踪、行为识别等各类针对社区安防的智能分析算法模型以及不同厂家针对同一场景的智能分析算法集成到云计算中心的平台进行统一管理，根据边缘节点本身性能限制和应用需求，周期性选取最优的分析模型以功能函数、容器镜像、微服务、应用程序的形式部署至边缘节点。在日常工作中，云中心根据实际管控应用效果通过深度神经网络、专家系统、机器学习等人工智能技术对应用模型进行闭环反馈和迭代训练升级，通过这种自学习使系统对于各类业务场景的适应性和智能分析能力不断提升，边缘节点设备也同时具备了较强的智能分析能力和较快的输出响应能力，当中心服务器出现宕机或者网络传输出现中断时，不会影响系统的智能分析和异常事件报警等功能的正常使用，有效保证了社区工作人员对各个区域的不间断监测，防止突发事件或关键信息的遗漏，辅助社区工作人员对突发事件和风险事件做出应急响应。

(2)业务管理协同。

边缘节点提供模块化、微服务化的应用/数字孪生/网络等应用实例；云端主要提供按照客户需求实现应用/数字孪生/网络等的业务编排能力。

通过云边协同技术在业务方面的应用，一方面提升了系统的智能分析水平和业务支撑能力，另一方面加强了系统与其他安防子系统的协同联动能力，同时提高了工作人员的业务管理效率。在业务场景设计方面，可以根据不同的业务场景定义各类异常事件，不需要通过云中心的计算分析，可直接在边缘节点处通过软硬件手段实现需求较为迫切、实时性要求较高的应用功能，同时可提供一些常用的智能分析服务，有效缩短了异常事件的系统响应时间。在业务协同方面，通过云边协同技术的应用可以使系统更好地发挥整体效能，能够加快实现系统与其他第三方系统的报警协同联动控制，当接收到其他系统反馈的异常信息或报警信号时，系统可以联动做出反应，及时提醒工作人员进行处理。在业务管理方面，云边协同技术的应用不仅可以实现系统对业务场景的快速分级预判及流程处置报警，还可使云中心更加快速、全面地分析社区整体的不同前端系统、设备，并将重要业务场景、关键数据自动进行关联分析，实现关键信息的高效检索和浏览，极大地提高了工作人员对社区整体的把控能力和对社区重要事件的检索浏览效率。

(3)安全管理协同。

基于合适的物理层和跨层技术(如动态链路自适应和自适应媒体访问调度)增强协作系统中的数据流安全性，并且云计算中心可以利用可用的历史信息和全网智能来指导边缘节点。

6)应用协同

(1)数据协同。

数据协同场景中，各类视频、音频、图像等数据的采集工作主要由边缘节点完成，按照规则或数据模型对数据进行初步处理与分析。云端接收到边缘处理完成的数据后利用云端的海量存储、计算资源进行进一步的数据分析和数据挖掘，然后再将结果反馈至终端，实现数据在终端、边缘侧、云端侧之间的可控有序流动，形成完整的数据流转路径，实现边缘侧和云端侧数据处理的优势互补。

系统在云边协同技术应用过程中会产生大量的人员信息、视频图像、系统数据等各类结构化、非结构化数据，传统的云中心数据存储模式对重复性场景数据无差别存储，因而在云中心积累了大量冗余无效数据，不仅浪费系统存储资源，也增加了系统对数据处理的复杂性和计算量。数据协同是指边缘节点负责数据采集并对采集的各类数据进行本地化存储后,按照规则或数据模型进行数据预处理、特征识别、关键信息提取和处理,从处理好的数据中准确筛选出与业务场景功能有关的关键信息(尤其是异常信息、报警信息等)上传至云中心,由云中心进行后续的模型持续训练、优化以及大数据分析等,从而减少云中心存储和传输大量重复无用的原始数据,提高系统的整体资源利用率,降低云中心的建设规模,在云中心需要接收未处理的原始数据时,才会将指定的设备原始信息采集并上传。因此,在云中心有利于开展多维时空数据融合及协同分析。当出现传输网络不稳定的情况时,边缘节点还可以对待上传的关键数据进行缓存,等待网络稳定后再将缓存数据输出至云中心,同时对于关键数据和高优先级场景的数据可在边缘端实时存储,并在云中心备份,这种原始数据本地化存储、关键数据云中心备份的方式,一方面可提升关键业务数据的安全性,另一方面有利于感知数据的实时处理和分析,使系统后期在需要时进行关联检索,常用的数据筛选方法包括基于目标特征的图像分析方法、数据聚类分析方法、多特征融合方法等。数据协同的传输方式可以采用包括物联网、互联网、无线局域网、5G、长期演进技术(long term evolution,LTE)等,使用时需考虑系统平台的带宽、功率、互操作性、安全性和可靠性等需求。数据协同场景如图 7-2 所示。

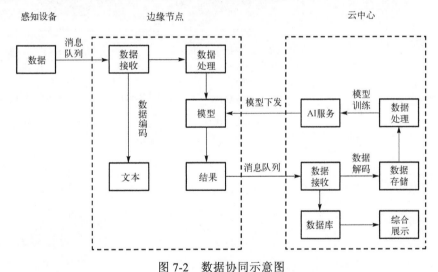

图 7-2　数据协同示意图

(2) 智能协同。

云计算中心可根据不同类型海量数据的大数据分析完成 AI 的集中式模型训练,完成云计算中心的智能化,并可将 AI 模型和数据下发至边缘节点,同时部分边缘节点也可以完成简单的模型训练,并将结果反馈至云计算中心。

(3) 服务协同。

系统能够提供一定的服务协同管理功能,传统的软件系统在应用时对各类业务场景缺少分级识别和业务编排服务，灵活性不足，也导致了在应对突发事件和风险事件时的应急响应及时性不够、处置方式合理性不足。服务协同主要是实现应用场景分级、业务编排、任务管理等方面的协同，也同时预留与其他专业服务协同接口以及本身业务新功能的拓展接口，为社区工作人员提供定制化、流程化、智能化的管理服务，帮助工作人员及时掌握和应对影响社区安全的各类事件。业务编排设计可以根据社区工作人员的实际工作需求对社区突发公共安全事件和风险进行场景分级和相应的业务流程编排，发生风险事件时，对于高安全风险级别的业务场景可利用云边协同计算的优势进行自动匹配，同时给出提示预警信息供工作人员进行确认及应对，对于一般风险等级的业务场景直接在边缘节点或云中心进行处理分析。风险分析后，云中心根据各类关键数据进行关联分析，实现跨区域、跨系统的服务协同，提升社区安防整体管理水平。

　　云边协同应用场景如图 7-3 所示，实现云边协同不仅需要对云边协同网络中的各类资源进行统一的调度管理，在业务编排与服务调度等方面也需要实现集中控制和灵活管理，因此，云边协同的最大挑战在于基于云计算技术核心和边缘计算能力，构筑在基础设施之上的集中控制管理平台，形成云边协同计算服务架构。

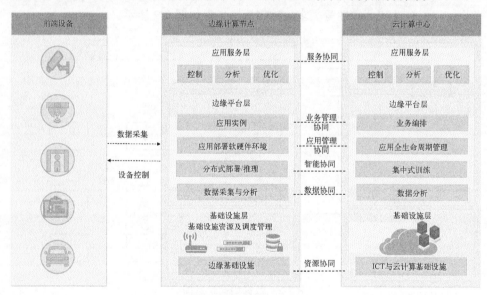

图 7-3　云边协同应用场景

7.2　基于"端"的社区设备设施监测

7.2.1　社区设备设施风险监测系统功能

　　基于"端-边-云"的社区设备设施风险监测系统功能设计主要分为终端层、边缘层以及云层的功能设计。本章主要介绍终端层，边缘层和云层详见 7.3 节和 7.4 节。

7.2.2　终端层功能

　　终端层是指社区设备设施系统的实物资产。社区的设备设施系统主要包括供配电、给排水、燃气、消防、供暖、电梯等。这些操作系统通常由各种传感器、执行器和设备组成。显然，这些设备资产的数据格式和通信协议比较复杂，难以统一访问。因此，对于基于物联网的设备设施进行风险监控，终端层需要能够实现对不同通信协议的设备进行数据采集。此外，社区内设备设施系统一般都已部署多年，部分资产可以通过无线传感网络技术进行数据采集。

　　针对社区供配电、给排水、燃气、消防、供暖、电梯等重点设备设施，利用物联网技术实现社区各类型设备设施的监控与管理。首先，通过构建社区设备设施的低延时、低功耗、本质安全的无线传感网络(如 6LoWPAN 和 LoRa 无线传感网络)实现设备设施运行环境数据采集，同时支持 RS485 串行通讯、4～20mA/0～5V 模拟量与数字量等传感器数据接入；对于社区内的有线物理资产，设备设施供应商通常使用现场总线协议，如表 7-1 所示，社区一般包括 Modbus、OPC UA、BACnet、KNX、M-Bus、S7、CAN-Bus 等通信协议设备设施。

表 7-1　社区设备设施的主要通信协议

通信协议	介绍	应用场景
Modbus	Modbus 是一种工业串行通信协议	Modbus 协议是工业电子设备之间的常用连接方式
OPC UA	OPCUA 是一个平台无关、面向服务的体系结构规范	OPC UA 应用于工业自动化、楼宇自动化等
BACnet	BACnet 是一种智能建筑通信协议	采暖、通风空调(高压空调)系统、照明控制、门禁系统、火灾探测系统等
KNX	KNX 是全球唯一的住宅和建筑控制标准	安防系统、能源管理、暖通空调系统、信号及监控系统、楼宇控制系统、计量、影音控制、大型家用电器等
M-Bus	M-bus 是一种欧洲标准的二线总线	M-bus 主要用于热量表、水表系列等能耗计量仪表
S7	西门子 PLC 通信协议	适用于 S7-300、S7-400、S7-1200、S7-1500 系列 PLC
CAN-Bus	CAN(controller area network)总线是 ISO 国际标准的串行通信协议	CAN 总线广泛应用于智能建筑、电力系统等领域

7.2.3　基于 6LoWPAN 的社区设备设施监测技术

1. 社区设备设施无线传感节点软硬件设计

6LoWPAN 传感节点的硬件设计如下。

图 7-4 所示为 6LoWPAN 传感节点硬件研发架构图，6LoWPAN 数据节点由微处理器单元、射频单元、多传感器板、扩展接口板和电源单元组成。

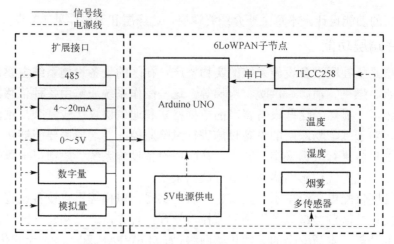

图 7-4　6LoWPAN 传感节点硬件研发架构图

如图 7-5 所示，微处理器单元为开源硬件 Arduino UNO，它有 14 个数字输入/输出接口和 6 个模拟输入通道。

如图 7-6 所示，射频单元的功能由符合 IEEE 802.15.4 标准的 TI-CC2538 射频模块提供，传输频率为 2.4GHz，传输速率高达 250kbps。

图 7-5　Arduino UNO 核心板

图 7-6　TI-CC538 射频模块

在 6LoWPAN 传感节点上设计了扩展接口板，用于实现和社区内标准的 RS485、4~20mA、0~5V、DI/AI 等通信接口的传感器对接。

6LoWPAN 传感节点软件设计：6LoWPAN 传感节点采用 Contiki 操作系统。Contiki 系统完全采用 C 语言开发，并且基于事件驱动，具有可移植性好、对硬件要求低等优点，被广泛应用于 6LoWPAN 传感网络。

2. 社区设备设施边界网关软硬件设计

6LoWPAN 传感节点硬件控制板如图 7-7 所示，边界网关硬件包括微处理器单元、6LoWPAN 边界路由单元、NB-IoT/4G 通信扩展板、外置时钟电路，以及 9~24V

供电单元。6LoWPAN 边界路由单元由微处理器单元和射频单元组成，并通过串口连接进行数据交互。外置时钟电路的主控芯片选择 DS1302 并采用纽扣电池供电。云网关采用 9～24V 电源供电。

边界网关软件设计：边界网关的软件设计采用 Contiki 操作系统，而且能够连接基于 6LoWPAN 的无线传感器网络和基于以太网的现有 IP 有线网络。

图 7-7 6LoWPAN 传感节点硬件控制板

3. 分布式无线传感网络信息采集及上云验证

6LoWPAN 传感节点启动后，初始化系统并启动消息队列遥测传输(message queuing telemetry transport，MQTT)线程，然后将连接请求发送到边界路由中的 MQTT 代理服务器。当来自边界路由的认证成功后，6LoWPAN 传感节点订阅相关主题，并通过发送心跳包来保持长 TCP 连接。边界路由的 MQTT 代理服务器定期收集数据。当发生断开连接事件时，数据节点会立即尝试重新连接 MQTT 代理服务器。数据上传流程如图 7-8 所示。

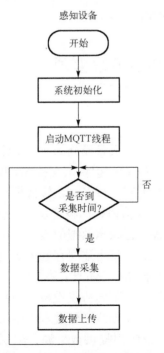

图 7-8 6LoWPAN 传感节点数据上传流程

社区电气设备复杂多样，电气设备火灾风险监测与预警对社区安全具有重要意义。通过构建社区电气火灾场景，对无线传感网络分布式数据采集及数据上云传输功能进行测试。电气设备的感知包括 Modbus 协议的智能电表和环境感知的 6LoWPAN 传感节点。智能电表通过硬件接口连接到边界网关，边界网关使用前文中的多协议转换方法分析电表数据，包括电压、电流、频率和线路温升。同时，边界网关中的 6LoWPAN 边界路由器通过 MQTT 协议汇聚 6LoWPAN 传感节点数据，包括烟雾、CO、CO_2、温度、湿度和声音等，以实现电气设备运行环境的全面感知。分布式数据采集网络结构如图 7-9 所示。

边界网关汇聚数据通过 Node-RED 聚合数据，并将其预处理为标准 JSON 格式。同时，利用 MQTT-NB-IoT 和 MQTT-4G 节点将数据转换为 MQTT 协议数据，并通过 NB-IoT/4G 通信网络将数据发送到云平台。

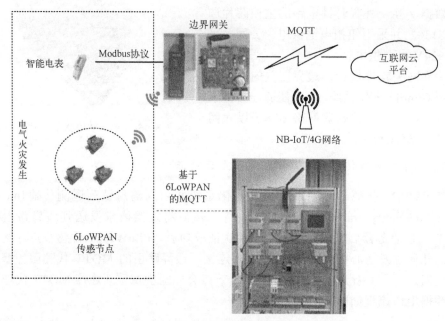

图 7-9　分布式数据采集网络结构

7.3　基于"边"的社区设备设施互联互通

7.3.1　边缘层功能

边缘层的主要功能是智能边缘网关。该边缘网关负责设备设施的数据采集和数据传输任务[3]。首先，边缘网关集成了 6LoWPAN/LoRa 通信模块，支持 6LoWPAN 和 LoRa 传感节点的数据汇聚和处理。其次，边缘网关有一种多协议转换模型。如图 7-10 所示，边缘网关通过数据接口接入终端层不同通信协议的设备设施，通过协议解析单元解析并读取设备设施数据，实现底层设备运行状态数据的接入，并将设备设施多协议数据放入异步缓存区等待协议转换。最后，将上述缓存区多协议数据转化为具有物联网标准的消息队列遥测传输协议的数据格式（MQTT 协议）。

边缘网关具有多协议转换和传输功能，即支持将多种不同协议设备设施数据转换为统一的 MQTT 协议数据，并支持利用 NB-IoT/4G/5G 无线通信技术将多协议设备设施数据传送到云平台，为云层的数据分析与场景应用提供数据源，云层通过 MQTT 协议实现多协议数据的接入和统一。

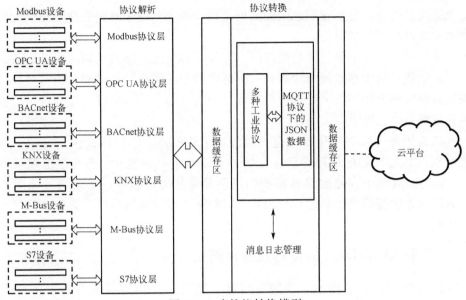

图 7-10　多协议转换模型

此外，为了解决数据信任和社区设备设施的风险问题溯源，在边缘网关利用区块链技术构建了一种安全机制[4]。如图 7-11 所示，同一局域网下的多个边缘网关形

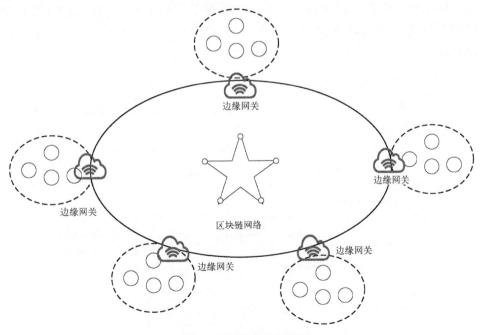

图 7-11　区块链网络结构

成一个区块链网络，用于它们之间的数据交换。考虑到边缘网关的性能限制对安全机制的实现过程进行了简化。

安全机制的实现主要是在边缘网关上开发并部署区块链钱包和区块链服务。其中，区块链钱包用于存储每个边缘网关的区块链服务生成的公钥和私钥。区块链服务提供前端管理页面，社区管理员可以通过前端页面上传社区燃气设施维护信息、设备异常警报信息等[5]。

区块链服务可以实现交易创建和验证，区块创建、验证以及区块共识，最终完成区块共识过程的区块被存储在边缘网关本地的区块链中。当设备出现风险问题时，利用区块链中存储的设备维护信息和异常状态信息可以实现风险问题的溯源。通过风险溯源数据信息的长期积累，对社区设备设施风险隐患采取有针对性的预防措施。

7.3.2　基于 NB-IoT/4G 的多协议转换网关

社区内供配电、给排水、供暖、电梯、燃气、消防等系统设备设施种类繁多、协议复杂，大都相互独立，各系统间无法进行信息交互和共享。为了实现社区多种协议设备设施的数据采集，需要基于 NB-IoT/4G 的多协议转换网关，该网关支持社区多种协议的设备数据接入，包括：IEC61850 协议、Modbus 协议、OPC UA 协议、BACnet 协议、KNX 协议、M-Bus 协议以及 S7 协议等，同时将多种协议数据转换为统一的 MQTT 协议数据，并利用 NB-IoT/4G 将数据发送至云端。

1.　网关硬件结构

如图 7-12 所示，网关的硬件组成包括微处理器单元、NB-IoT 通信扩展板或 4G 通信扩展板、外置时钟电路以及 9～24V 供电单元。

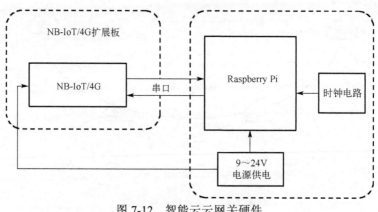

图 7-12　智能云云网关硬件

其中,微处理器单元选用 Raspberry Pi 3B。NB-IoT 通信扩展板的通信模组为高新兴物联公司提供的 ME3616 模组。在 NB-IoT 模块可以提供最大 66Kbps 上行速率和 34Kbps 下行速率。4G 通信扩展板的通信模组为移远的 EC20 模组,最大下行速率为 150Mbps、最大上行速率为 50Mbps。NB-Io/4G 通信扩展板与 Raspberry Pi 微处理器通过串口进行数据交互,提供数据上云通信功能。

2. 网关多协议转化及数据上云方法

图 7-13 所示的多协议转换方法可以解析社区内数据类型各异、通信标准不统一的多协议设备,并且能够将解析的设备数据转换成统一的 MQTT 协议的数据上云。

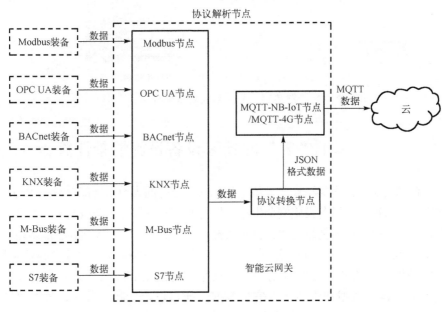

图 7-13 多协议转换实现方法

网关利用 Node-RED 已有多协议解析节点(如 BACnet、KNX、OPC UA、Modbus、S7 等协议)和自定义开发的 MQTT-NB-IoT、MQTT-4G 节点,实现社区多协议设备数据解析并转换为统一的 MQTT 协议数据,并通过 NB-IoT/4G 无线网络实现数据上云。

3. 网关数据采集及数据上云

基于 Wireless Hart 无线传感网络,可以采集水箱液位、压力、流量、温度等数据并通过 Hart 接入点网关将数据转换为有线的 Modbus TCP 协议和 OPC UA 协议。如图 7-14 所示,多协议转换网关分别接入 Modbus TCP 协议、西门子 S7 协议和 OPC UA 协议实现设备的数据接入,云网关通过 MQTT 协议将数据发布到云平台。

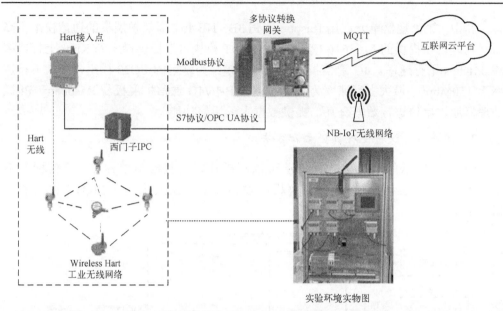

图 7-14　网关功能场景架构

7.4　基于"云"的社区设备设施情景计算

　　云平台部署了社区多类型设备设施一体化安全运行的大数据智能分析技术与风险防控软件系统。通过开发设备设施安全生命周期的监控管理软件并集成封装,实现社区多类型设备设施实时运行的在线监测、自动报警、故障诊断、风险评估和智能防范。

　　其中,物联网接入平台可以实现社区设备设施的数据接入和设备设施信息注册、设备设施的增删改查等设备管理功能;数据平台通过 Kafka 消息队列灵活地转发和处理设备设施运行数据和设备接入信息数据,通过设定规则,对设备数据筛选、变形(物解析)、转发,将数据无缝转发至 MySQL 数据库中的数据表中,以便利用这些数据进行设备设施的风险分析。

　　业务管理层主要实现了社区设备设施一体化风险防控软件的主要功能。具体包括:支持设备设施运行状态的实时监控、可视化展示及异常状态预警报警功能;支持基于建筑信息模型(building information modeling,BIM)和地理信息系统(geographic information system, GIS)三维可视化的设备设施全生命周期风险监控;构建基于知识图谱的社区设备设施安全运行专家规则库、事故案例库的智能问答系统,推动社区设备设施风险分析的专业化和智能化水平。

　　基于设备设施实时运行数据,利用主成分分析、BP 神经网络和支持向量机等方法建立数据驱动型的故障诊断模型,实现设备设施故障实时诊断及故障预警。

通过构建社区各设备设施系统的动静态风险评估指标体系。一方面，基于专家打分法、层次分析法、故障树分析、事件树和蝶形图分析(bow-tie)等建立设备设施静态风险评估模型；另一方面，基于设备设施实时运行数据，利用贝叶斯网络、图神经网络、关联规则算法(apriori algorithm)以及模糊-随机森林等方法建立了设备设施动态风险评估模型，实现社区设备设施的动静态风险评估和风险预警。

7.4.1　设计目标与技术难点分析

社区设备设施一体化运行的全生命周期监控管理软件系统的设计目标是实现社区多类型设备设施实时运行的在线监测、自动报警、主动容错、动态调控和智能防范。这主要面临着如下难点和问题。

(1)社区多类型设备设施接入云平台，大量多类型设备实时状态信息并发请求过程中，要解决设备信息传输协议转换、消息队列请求、设备认证接入、规则筛选等一系列物联网接入相关的主要技术难点和问题。

(2)社区多类型设备设施状态数据进入云平台，需要状态信息的存储，由于数据和时间关联性大，涉及时序数据库相关的主要技术难点和问题。

(3)实现社区多类型设备设施实时运行的在线监测、自动报警、主动容错、动态调控和智能防范模块，要集成封装其他专题模块。面对大量的设备数据请求，各专题模块需要多节点部署，平台要解决分布式服务治理相关的主要技术难点和问题。

7.4.2　一体化平台技术路线设计

物联网的快速发展带动了智慧社区的发展，使得更多的新理念和新技术有效地应用到智慧社区中，并且呈现出日益完善的状态，物联网技术已经成为构建智慧社区的核心。智慧社区的本质是通过现代化的网络通信技术，科学地将传感器、控制器、机器、人和物等通过新的方式连在一起，有效地改善社区服务质量，提高社区智能化程度。智慧社区涉及的内容众多，但主要都是以居民、商户和社区机构为主体，通过应用平台为管理工具，依托物联网技术，实现及时高效的社区监督和管理工作。物联网是一个巨大的网络体系，运用在智慧社区中，主要有感知层、网络层、应用层和中间件，通过底层准确地感知数据，再及时传递到网络层进行处理并传输至应用层，最后由应用层有效地结合实际要求，完成人们的各种智能化需求。

1. 感知层

感知层主要是感知社区环境中的各种项目参数，及时高效地收集相关项目数据的传感网络系统，它是物联网技术发展和应用的基础部分，为物联网技术的高质量应用提供保障。感知层通过对多种物理参数的采集，如速度、温度、光照等，实现物理参数与特定的物体间的相关对应，从而更好地服务于社区的监控系统。

2. 网络层

网络层是实现感知层感知功能的基础，是提高智慧社区建筑质量的重要部分。网络层准确地接入网络和传输数据，是智慧社区的通信核心，能有效地协调不同的通信硬件设备间的关系，实现庞大数据的准确汇总和分析。目前，较为成熟的网络技术能实现"物物相连"的发展需求，能有效地融合 4G、5G 和 WLAN。传感网络支持多种类多形式的通信技术，如 WLAN、以太网等，网络层能将不同硬件具有的不同通信协议处理成标准的数据参数格式，提高管理层的工作质量。感知网络支持多接口接入，将物联网作为其接入层，能实现统一管理整个传感网络。由此可见，在物联网技术中，网络层是提升社区智能化的重点。

3. 应用层

应用层统一协调和控制整个智慧社区系统，所以也叫控制层。应用层能准确地处理感知层收集的各项数据参数，使软件系统具有重构机能，从而保证整体系统的运行具有更高的安全性和可行性。物联网的宗旨是将感知层提供的信息做出科学的分析和处理，再通过各种应用平台的介入，实现管理和服务的智能化。在应用层中，及时高效地处理网络层上传的各项数据，是物联网应用层的技术关键，也是实现智慧社区中的智能管理平台、社区物联网管理平台和社区网络服务平台等多个应用平台提升服务和管理智能化的重要因素。

4. 中间件

中间件介于感知层与网络层或者网络层与应用层之间。在整个物联网体系中，中间件具有举足轻重的作用。物联网技术采用中间件技术，达到资源和信息的优化配置，实现不同系统不同技术的共享，更好地服务于物联网系统。

社区设备设施一体化运行的全生命周期监控管理系统主要分为三层，第一层为数据接入层，第二层为核心服务层，第三层为业务应用层，如图 7-15 所示。

第一层是数据接入层，主要接入社区重点设备设施，包括配电、给排水、供暖、电梯、燃气、消防等六类设备设施，采集设备状态信息，通过数据清洗、函数计算、数据融合、数据存储及预处理完成数据采集。

第二层是核心服务层，在采集到的设备设施状态数据的基础上，进行大数据 AI 建模、机器学习、数据分析，提供故障诊断与预测服务、健康监控服务。

第三层是业务应用层，在核心服务层的基础上构建具体业务应用场景，如设备设施的实时监测、自动报警、主动容错和动态调控。

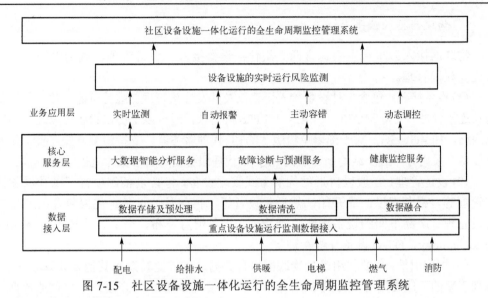

图 7-15　社区设备设施一体化运行的全生命周期监控管理系统

7.4.3　管理系统软件架构设计

社区设备设施一体化运行的全生命周期监控管理系统主要由物联网接入云平台、云计算平台、物联网应用管理平台三部分组成，如图 7-16 所示。

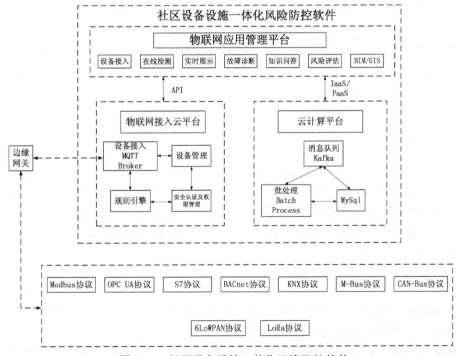

图 7-16　社区设备设施一体化风险防控软件

1. 物联网接入云平台

物联网接入云平台主要包含四大组件：设备接入、设备管理、规则引擎、安全认证及权限管理。

(1)设备接入：包含多种设备接入协议以及并发连接管理，维持可能是数十亿设备的长连接管理。支持 MQTT、CoAP、HTTPS 等协议，通过以上协议设备可以连接到信息网络，如 4G、5G。对于部署单机版 MQTT 代理服务器，支持最多并发连接十几万台设备，采用分布式负载均衡部署的 MQTT 代理服务器可管理数十亿的连接。

(2)设备管理：一般以树形结构的方式管理设备，包含设备创建管理以及设备状态管理等。根节点以产品开始，然后是设备组，再到具体设备。主要包含：产品注册及管理、产品下面的设备增删改查管理、设备消息发布、空中下载技术(over-the-air technology，OTA)设备升级管理等。

(3)规则引擎：主要作用是把物联网平台数据通过过滤转发到其他云计算服务上。规则引擎的一般使用方式为类 SQL 语言，通过编写 SQL 语言，用户可以过滤数据、处理数据，并把数据发到其他云计算服务。它有 3 个主要组成部分：①消息——任何传入事件，它可以是来自设备、设备生命周期事件、REST API 事件、RPC 请求等的传入数据；②规则节点——对传入消息执行的功能，有许多不同的节点类型可以过滤，转换或对传入消息执行某些操作；③规则链——节点之间通过关系相互连接，因此来自规则节点的出站消息将发送到下一个连接的规则节点。

(4)安全认证及权限管理：物联网云平台为每个设备颁发唯一的证书，需要证书通过后才能允许设备接入到云平台。云平台最小授权粒度一般是做到设备级。证书一般分为 2 种：一种是产品级证书，一种是设备级证书。产品级证书拥有最大的权限，可以对产品下所有的设备进行操作。设备级证书只能对自己所属的设备进行操作，无法对其他设备进行操作。

2. 云计算平台

通过物联网云平台对接社区设备设施，完成对社区设备设施的接入。实时采集设备遥测数据，然后通过规则引擎灵活地转发和处理设备消息，用户可通过设定规则，对消息数据筛选、变形、转发，根据不同场景将数据无缝转发至不同的数据目的地，如时序数据库、物接入主题、机器学习、流式处理、对象存储和关系型存储等。

3. 物联网应用管理平台

物联网应用管理平台是在物联网接入云平台及云计算平台的基础上搭建的面向实际应用场景、准确地处理感知层收集的各项数据参数、统一协调和控制管理整个社区系统、实现管理和服务智能化的平台。

物联网应用平台是基于分布式微服务架构开发的开放平台，提供用户管理、机构管理、菜单管理等基础功能，以及产品管理、设备管理等通用功能。在实际业务场景中，结合基础功能、通用功能、公共组件，根据具体需求再灵活定制。

7.4.4　云计算 PaaS 技术集成风险评估模型 API

云计算(cloud computing)作为一个新兴领域，它是多种技术混合演进的结果，在许多大公司和初创企业的共同推动下，发展极为迅速并且持续火热，带来了新一轮的 IT 变革。我们所有人都正处于云计算大潮中。

业界根据云计算提供服务资源的类型将其划分为三大类：基础设施即服务(infrastructure-as-a-service，IaaS)、平台即服务(platform-as-a-service，PaaS)和软件即服务(software-as-a-service，SaaS)。

(1)基础设施即服务。

IaaS 通过虚拟化和分布式存储等技术，实现了对包括服务器、存储设备、网络设备等各种物理资源的抽象，从而形成了一个可扩展、可按需分配的虚拟资源池。

(2)平台即服务。

PaaS 为开发者提供了应用的开发环境和运行环境，将开发者从烦琐的 IT 环境管理中解放出来。自动化应用的部署和运维，使开发者能够集中精力于应用业务开发，极大地提升了应用的开发效率。

(3)软件即服务。

SaaS 主要面向使用软件的终端用户。SaaS 将软件功能以特定的接口形式发布，终端用户只需关注软件业务的使用，除此之外的工作，如软件的升级和云端实现，对终端用户来说都是透明的。

PaaS 面向软件开发与部署，一体化社区设备设施风险防范平台使用到了 PaaS 云计算的相关技术。目前云计算 PaaS 技术主要包含的技术有 Docker 及 Kubernetes。

Docker 是一种 Linux 容器工具集，它是为构建、交付和运行分布式应用而设计的。Docker 容器技术的优势有以下几点。

(1)一次构建，到处运行。

构建出来的镜像打包了应用运行所需的程序、依赖和运行环境，可以快速地加载到任何环境中部署运行。

(2)快速轻量。

Docker 容器的启动、停止和销毁都是以秒或毫秒为单位的，相比传统的虚拟化技术，Docker 容器在 CPU、内存、网络 I/O 等资源上的性能损耗都有同样水平甚至更优的表现。

Kubernetes 是云计算 PaaS 层的关键技术之一。Kubernetes 是 Google 开源的容器集群管理系统，它构建在 Docker 技术之上，为容器化的应用提供资源调度、部署运行、服务发现、扩容缩容等一整套功能。

Kubernetes 具有如下优势。

(1)全面拥抱微服务架构。

微服务架构的核心是将一个巨大的单体应用分解为很多小的互相连接的微服务，微服务架构使得每个服务都可以由专门的开发团队来开发，开发者可以自由选择开发技术，这对于大规模团队来说很有价值，另外每个微服务独立开发、升级、扩展，因此系统具备很高的稳定性和快速进化能力。Kubernetes 解决方案中，让使用者有机会直接应用微服务架构解决复杂业务系统的架构问题。

(2)降低开发与运维难度。

遵循了 Kubernetes 设计思想软件，传统系统架构中那些和业务没有多大关系的底层代码或功能模块都可以省略，从而节省开发成本，使开发人员将精力更加集中于业务本身。Kubernetes 提供强大的自动化机制，使系统后期的运维难度和成本大幅降低。

风险评估模型经 Web 框架如 Python Flask、Java Spring Boot 发布为 Restful 形式的 API 程序。开发的风险评估模型 API 将采用 Docker 作为打包工具封装成一个 Docker 镜像，打包后的模型 API 镜像将存储在镜像仓库中，供后续调用。

Kubernetes 中部署风险评估模型 API 是指在 Kubernetes 中部署之前开发的模型算法 API 的 Docker 镜像。在 Kubernetes 中 Pod 是能够创建和部署的最小单元，其内包含风险评估模型 API 容器应用。在 Kubernetes 中通过控制器来操作 Pod，控制器有多种，采用 Deployment 来管理无状态应用，如 Web、API。Deployment 主要提供维持设定 Pod 副本数量、滚动更新等功能。

在 Kubernetes 中发布应用依赖 Service 资源。Kubernetes 中一个应用往往会有多个 Pod 来关联，各个 Pod 的 IP 地址在 Pod 的动态创建与销毁后会发生改变从而对服务运行产生影响，为了防止这种现象的发生需要创建 Service 这个资源对象。Service 会提供一个不变的 IP 并且通过标签及标签选择器来关联一组 Pod，Kubernetes 负责维护这种映射关系，从而保证服务的健壮性。另外，Service 会为所关联的 Pod 副本之间提供负载均衡机制，默认的负载均衡策略是轮询(round robin)。Service 有多种类型，常见的类型有 ClusterIP 及 NodePort，ClusterIP 是默认的设置，主要用于集群内部的访问，NodePort 主要用于集群外部的访问。当设置类型为 NodePort 时，集群外部可以通过访问集群任意节点的 IP 及端口来实现对应用的访问。

风险模型 API 部署应用及发布的流程如图 7-17 所示。

Kubernetes 中部署资源的方式常见的有通过命令行附加参数部署及通过 YAML 格式定义的资源定义文件来部署，二者都是向 Master 节点的 API-server 发送控制指令。不同的是使用资源定义文件部署资源具有可重复性、便捷性、可维护性。

在 Kubernetes 中部署一个应用往往涉及多个资源的共同协作，如 Deployment、Service 资源定义文件，过多的资源定义文件往往会带来使用上的困难。Helm 是 Kubernetes 的包管理器，主要用来管理 Chart。Helm Chart 包含了 Kubernetes 应用程序用到的一系列 YAML 文件，用户可以方便地以一条命令部署 Chart 内的所有资源。

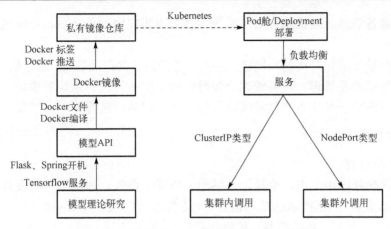

图 7-17　风险模型 API 部署应用及发布的流程

7.4.5　管理平台各模块功能介绍

社区设备设施安全运行风险检测与防控系统是建立在物联网接入系统和云计算平台基础上的应用平台。通过对收集的数据信息进行科学的分析和处理,借助专家经验及时发现社区风险,整体提高社区的安全性,实现管理和服务的智能化。功能结构如图 7-18 所示。

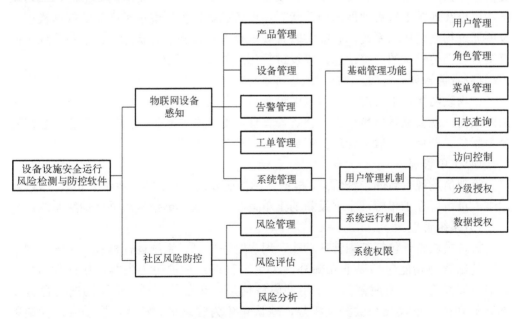

图 7-18　风险检测与防控系统功能结构图

　　社区设备设施风险检测与防控系统主要分为物联网设备感知和社区风险防控两部分。

　　物联网设备感知对接物联网接入系统，维护设备的产品信息、基本情况等信息。主要功能包括产品管理、设备管理、告警管理、工单管理、系统管理。

　　社区风险防控模块主要包括风险管理、风险评估、风险分析三部分。

　　1. 物联网设备感知

　　(1)产品管理。

　　主要管理社区中配电、给排水、供暖、电梯、燃气、消防等六类设备设施采集装备的产品信息，包括产品的基本信息(产品名称、设备数量、节点类型、产品描述)、扩展信息(模组类型、模组型号、模组厂商等)、产品数据模型、产品通用属性设置、动作管理。

　　(2)设备管理。

　　设备管理是对线下采集装备的管理，线上设备是线下采集装备的影子，通过对接物联网接入平台来实现采集装备的接入。设备管理主要包括对设备基本信息的管理，基本信息包括：设备ID、设备名称、设备状态、所属机构、产品名称、固件版本、节点类型、网关、访问令牌、地理位置、激活信息、添加日期、上报日期。扩展信息包括：模组类型、模组型号、模组厂商。通过维护设备的基本信息，最终设备就可以在地图上直观地展示当前状态。设备的数据模型继承于产品的数据模型，设备通过物联网接入系统，就能实时直观地查看设备当前的状态，在设备管理页面直接查看当前设备的告警信息，以及进行相应的动作维护。

　　(3)告警管理。

　　在物联网接入平台的规则引擎中设置设备的告警阈值，一旦设备状态不在设定的规则内，就会触发告警事件，在告警管理界面就会显示告警信息，告警信息级别分为紧急、严重、一般，管理员根据情况进行相应处置。

　　(4)工单管理。

　　管理员发现有新的告警信息，根据实际情况发起工单，指派运维人员前去维修。运维人员可以在工单管理中下发新的工单信息，完成工单任务后再反馈给系统。

　　(5)系统管理。

　　管理模块设计包括基础管理功能、用户管理机制、系统运行机制、系统权限。

　　基础管理功能包括以下几部分。①用户管理：维护用户资料，如证件号码、姓名、联系方式、所属部门、使用期限等信息；②角色管理：给不同的角色分配不同的功能菜单权限和数据项权限，默认角色为管理员、社区、居委会；③菜单管理：可授权功能显示为一个树形列表，对属性列表进行操作授权，数据项配置为关联系统画面及标准的数据项，对标准的数据项进行维护；④日志查询：用表格的形式显示用户操作系统的日志记录,对用户行为进行回溯,以确保数据使用的规范性。

用户管理机制包括:①访问控制:用户需要填写用户申请表及信息安全承诺书,登录系统时需要通过密钥设备和工作电脑 IP 地址双认证,并配有密钥审核更新机制以及账户有效期限制;②分级授权:用户访问信息系统之前必须根据每类信息资源的属性在系统中注册;③数据授权:细化系统授权,严格控制信息流向,分类系统根据角色设定所能看到的数据范围,并可将数据范围精确控制到数据项。

系统运行机制是针对信息数据库的所有操作,都会以系统运行日志的形式在后台记录,包括操作时间、操作人员、操作内容等,以防止对系统数据的违规查询,同时也能考核相关人员的工作。

系统权限设计的主要目标是保证信息的保密性与完整性,主要依赖数字签名和电脑 IP 绑定等安全服务来完成。结合现有用户授权体系功能,基于功能和数据两个层面扩展授权功能:用户授权体系涵盖现有智慧社区系统主要信息系统的授权功能,在功能逻辑上实现系统的统一。用户授权体系基于功能层面,采用传统的"用户-角色-菜单-功能"按钮的控制方式,增加用户对应用系统数据的访问控制。

2. 社区风险防控

系统将首先对社区进行风险评估,确定其空间的风险等级分布,在此基础上进行传感器的优化布设。对有不同风险等级的桥梁、管网和地下空间进行分级监测。系统根据监测的结果,对城市生命线的风险进行划分,并通过计算定位风险的位置、等级和分析风险的发展态势,及时反映风险地图和预警信息。

社区风险防控主要通过风险分析、风险源日常监测、预测预警三部分来完成。风险分析首先通过风险评估分析社区风险分布等级,优化传感器布设,标记风险源。风险源日常监测:就是对社区设备状态信息的监测,根据监测结果计算当前分析评估等级,一旦超出风险阈值,及时预警。预测预警:可以通过风险雷达、风险地图、态势感知,发现风险趋势,及时预测预警,尽早发现风险、确定损伤定位。

社区风险防控网络主要包括公共网、社会资源接入网、视频专网、公安信息网、政务专网五部分。

(1)公共网:社区级网络主要部署在公共网上,社区级平台可以在满足接入要求的基础上进行扩建,可充分利用社区局域网、互联网等网络。条件允许的社区,也可由社区所在辖区公安统一建设管理,自建社区系统可接入本级或市级社会资源接入网,公安自建社区系统可直接接入本级视频专网。

(2)社会资源接入网:原则上社会资源接入网的功能模块只包括网络安全隔离、数据安全防护及数据的转发,不负责数据的存储及计算。社会资源接入区是公共网络与专用网络互联的过渡区域,通过安全隔离设备实现公共网与社会资源接入区的安全隔离；通过防火墙实现与其他网络之间的安全连接和访问控制，通过入侵检测类设备实现对网络入侵行为的有效防范；通过安全审计类设备实现对链路中网络流量信息、设备日志信息及业务应用信息的全面审计，并防止敏感信息泄露；有条件的话，可利用探针类设备实现数据检测。

（3）视频专网：视频专网主要负责对社会资源接入网的各类数据及公安自建社区系统上传的各类数据进行清洗、分析，为视频图像、风险监测、预警分析等提供基础数据，并将数据共享至公安信息网。视频专网与社会资源接入网之间的视频资源通过视频边界传输，数据资源通过数据边界传输。

（4）公安信息网：公安信息网部署的数据库、人像分析、车辆管控等智能系统可利用视频专网共享的各类视频、图像数据进行比对分析融合，开展实战应用。

（5）政务专网：政务专网主要由专线与局域网组成，构建一个本部门封闭的政务业务体系，只为本单位的应用系统服务，相对独立，其应用系统的安全保障和责任主体均为业务需求单位自己。政务部门通过政务专网获得业务数据，行使社会管理职能，通过政务外网获得跨部门跨地区的政务共享与交换数据，更好地实现一体化在线政务服务和跨部门的业务协同、应急处置及社会管理。

系统部署架构示意如图 7-19 所示。

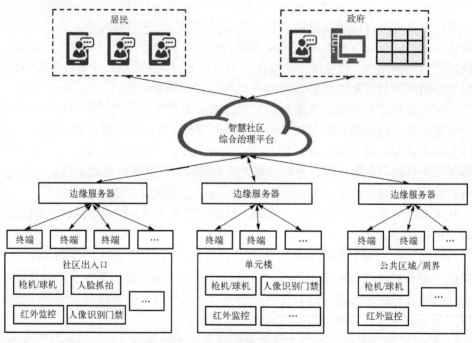

图 7-19　系统部署架构示意图

本方案系统逻辑架构示意如图 7-20 所示。

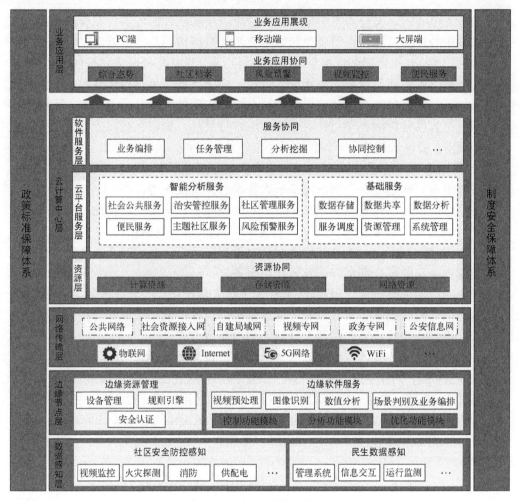

图 7-20　系统逻辑架构图

在数据感知层,主要接入社区安全防控感知设备(如视频监控、火灾探测、消防、供配电等)和民生数据感知设备(涵盖社区已建的能够提供社区居民日常生活的各类智能设备或信息化系统)。

在边缘节点层,通过边缘资源管理对前端各类感知设备实现资源的管理以及支持云中心对前端资源的调用,包括设备管理、规则引擎与安全认证[6]。边缘软件服务依托边缘服务器、边缘设备提供基础性的智能服务,如视频的简单预处理、图像识别、数值简单分析以及一些简单业务场景判别和业务编排工作。

在网络传输层,主要涉及社区的各类网络,包括公共网络、社会资源接入网络、社区自建局域网以及支持业务工作开展所需的视频专网、公安信息网、政务专网等。网络传输层是云中心和前端感知设备之间数据传输与控制的桥梁。

云计算中心层，又分为资源层、云平台服务层和软件服务层。在资源层里，统一完成云中心计算资源、存储资源和网络资源的资源协同与统一管理，最大限度提升资源利用率。云平台服务层提供各类支撑性服务，包括基础服务和智能分析服务，其中，基础服务主要实现数据的管理，针对结构化数据、半结构化数据和非结构化数据采用不同的存储方式，并建立面向社会安防应用的智慧社区专题库，支撑上层应用服务；智能分析服务专门针对示范应用进行设计，提供包括社会公共服务、治安管控服务、社区管理服务、便民服务、主题社区服务、风险预警服务等特色服务，用以支撑上层应用。软件服务层主要负责各类的服务协同操作，包括服务协同控制、任务管理调度、应用业务编排以及基于大数据的分析挖掘等工作。

技术方面，云平台采用基于 Spring Cloud 微服务架构构建的快速开发技术，构建的平台数据管理主要支持目前主流的关系型数据（如 MySQL）、非关系型数据库（如 Redis）、缓存（Cache）、非结构化文件。采用基于 Spring Cloud 服务治理框架，开发高弹性、高并发、高可靠的管理应用服务。

业务应用层主要负责应用协同，为社区工作人员提供分类分级的各类应用功能，如综合态势、社区档案、风险预警、视频监控以及各类便民服务等。根据不同的使用需求，提供移动端、客户端和大屏等不同的展现方式。

面向治理对象的社区智慧管理应用示范架构设计需要以统一的标准规范、统一的运维体系和统一的安全规范作为保障，以便于项目单位的统一管理和集成对接。统一的标准规范包括统一的编码要求、联网标准以及接口标准；统一的运维体系是指在满足自身功能稳定的前提下，能够按要求接入项目组统一的运维管理体系（若有）；统一的安全规范是指以网络基础设施为依托，为用户及数据提供安全可靠的运行条件和防范措施。

7.5　案例：社区消防系统实时监控

由于多种原因，在城镇化发展过程中，社区消防设备设施缺乏开放性、兼容性和互联性，统一的技术标准尚未形成，产品功能单一，不具备物联感知等功能。目前的社区消防安全风险监管服务无法实现全面智能化，已经不能满足人类对居住环境的要求。建立完善社区消防数据智能采集、风险智能预警功能意义重大。

物联网技术能够解决目前社区消防系统建设存在的问题，为社区的全面智能化发展提供技术支撑。物联网是实现物-物相连的互联网络，将用户端延伸到任何物品和物品之间，完成信息交换和通信，提供更加全面、丰富的信息，实现智能化控制与决策。物联网的融入为实现全面感知、互通互联、开放兼容的智慧化社区奠定了良好的基础，智慧社区已经成为未来社区发展的重要方向，但是目前还没有一个可用的解决方案能够实现不同技术的无缝集成，缺乏系统性的物联网架构研究成果以指导安全社区的全面建设。

社区消防系统实时监控软件主要分为三层，第一层为数据接入层，第二层为数据存储层，第三层为业务应用层。

数据接入层主要实现智能云网关设备接入，通过智能云网关接入社区 Modbus 协议、OPC UA 协议、BACnet 协议、S7 协议、KNX 协议、M-Bus 协议以及 6LoWPAN 协议的消防设备、运行环境等数据[7]。

数据存储层在采集到的设备设施状态数据的基础上，将接入设备数据和智能云网关的所有信息数据利用 Kafka 消息队列将数据存入 MySQL 数据库。

业务应用层在前两层的基础上构建消防业务应用场景，包括设备接入状态、系统运行日志、权限管理、消防设备历史数据和实时数据查询、展示功能。

1. 物联网接入云平台

物联网接入云平台系统架构主要包含：设备接入和设备管理。

设备接入：主要接入智能云网关的 MQTT 协议数据。

设备管理：包含设备创建管理以及设备状态管理信息等，主要实现社区多协议消防设备、社区消防 6LoWPAN 传感网络设备和 NB-IoT/4G 智能云网关的设备接入状态信息。

物联网接入云平台主要包含如下管理：产品注册及管理和消防设备的增删改查管理。

2. 数据平台

通过物联网接入云平台对接社区消防系统多协议设备，完成消防设备的接入，然后通过 Kafka 消息队列灵活地转发和处理设备运行数据和设备接入信息数据，通过设定规则，对设备数据筛选、变形、转发，将数据无缝转发至 MySQL 数据库不同的数据库和数据表中。

3. 消防业务管理平台

消防业务管理平台是在物联网接入云平台及数据平台基础上搭建的面向消防应用场景准确地处理感知层收集的消防设备的各项数据参数，统一协调和管理整个社区消防系统设备，实现消防设备的管理和服务智能化。

消防业务管理平台是基于分布式 Spring Cloud 微服务框架开发的开放平台，消防业务管理平台结合物联网接入云平台的社区消防系统多协议设备运行数据和数据平台 MySQL 数据库的设备相关信息、用户信息等数据信息，提供消防设备接入状态、系统运行日志、用户权限管理，以及产品历史数据和实时数据的查询展示，并提供 UI 交互界面。

7.6 本 章 小 结

本章构建了"端-边-云"社区设备设施的风险监测系统。以"端-边-云"为总体架构，利用边缘计算的云边协同特性，做到社区风险的实时监测预防。从终端层、边缘层、云层的视角分别进行展开。对终端层的设备设施监测，基于 6LoWPAN 设计并开发相应的软硬件系统。边缘层打通了终端层各个设备的通信，通过支持多协议的转换模型，扩充整个监测系统的兼容性。云层提供对设备数据资源的统一协同计算，对社区风险进行监控与预防。云层部署大量智能服务，用以实现智慧社区。本章用于社区案例的各种智能服务略见成果，"端-边-云"架构的系统做到资源协同利用，风险实时监测。

参 考 文 献

[1] 陈玉凤，林永，杜锋. 基于区块链的端-边-云协同模式的患者隐私保护研究[J]. 互联网周刊，2022，(16)：40-42.

[2] 白首圳，陈美娟. 面向工业互联网的区块链分层分片研究[J]. 计算机工程，2022.

[3] 崔美玉，李欣阳，武学义，等. 一种基于小型生产线设备的边缘网关与工业云设计[J]. 科学技术创新，2022，(13)：181-184.

[4] 王宝亮，代佳增. 6LoWPAN 网络中移动集群的边缘认证切换方法[J]. 计算机仿真，2022，39(3)：371-376.

[5] Pierluigi M. Blockchain technology: Challenges and opportunities for banks[J]. International Journal of Financial Innovation in Banking, 2019, 2(4): 314-333.

[6] Samer S, Mohammad A. Authentication and verification of social networking accounts using blockchain technology[J]. International Journal of Computer Science and Information Technology, 2019, 11(6): 1-13.

[7] 向浩，李堃，袁家斌. 基于6LoWPAN的IPv6无线传感器网络[J]. 南京理工大学学报(自然科学版)，2010，34(1)：56-60.

第8章 总结与展望

居住社区的水、电、气、热等基础设备设施系统安全问题既不单纯属于自然科学领域，也不单纯属于社会科学领域，而是具有很强的学科综合交叉性。若以控制科学视角观察社区设备设施系统自身的故障风险，使用故障诊断与容错控制方法加以分析也许是一种最佳选择。但此类控制理论方法的研究重点通常不在造成系统故障的诸多外部"干扰"上：一方面，如何处置和管控外部"干扰"并非控制科学的传统研究范畴；另一方面，以数学理论作为支撑的诸多自然科学方法并不适用于刻画这些具有明显社会属性的"干扰"对象。且在社区场景下，这些"干扰"的社会属性将更加显著。而如果不对事故孕育、发生、发展过程中起重要作用的此类"干扰"——即风险因素进行细致研究，就无法从危险源头上实现对社区设备设施系统全面、准确地监测与监控，事故的预测预警与提前防范更无从谈起。

因此，本书从社区设备设施系统常见故障事故出发，按照风险管理的一般流程，以较大篇幅详细阐述了社区水、电、气、热、消防、电梯设备设施系统的风险源辨识与风险指标体系建立过程，进而介绍了社区设备设施系统静态风险评估一般方法及其典型案例。然后列举了通过人工智能算法实现动态风险评估的代表性实例。最后从技术角度阐述了"端-边-云"风险监测及防范体系架构。本书的主要贡献如下。

(1)对当今社区水、电、气、热、消防、电梯设备设施系统风险进行了较为全面的阐述。首先对书中研究的"社区"与"设备设施系统"的概念进行了定义，明确了适用范围；概述了社区设备设施系统分类和主要功能，详细介绍了对社区安全至关重要的六大设备设施系统的功能组成及常见风险事故，归纳主要风险源，并建立风险评估指标体系。

(2)从社区安全角度对风险监测与防范理论进行了综合阐述。按照经典风险分析理论，概述了风险的基本概念、传统的风险测度与风险评估方法，同时介绍了风险规避模型预测控制以及基于博弈论与可达性的新型风险控制方法；讲述了风险管理在社区场景下的应用过程，划分为风险识别、风险分析、风险评价与风险防范四个步骤，详细说明了各步骤的实施过程。

(3)结合相关实例，详细介绍了当今较为常用的静态风险评估方法以及最新的动态风险评估研究成果。结合当前人工智能先进技术与方法，阐述了人工智能用于动态风险评估的可行性及现有技术。分别针对社区配电网系统、户内燃气、户内人因、户内燃气泄漏、社区电梯故障等，给出了对应的静、动态风险评估方法，并通过案例分析给出了相关结论。

　　(4)详细介绍了"端-边-云"社区设备设施系统风险监测与智能防范体系架构。首先给出终端层的设备设施监测技术解决方案,概要介绍了 6LoWPAN 设计思路。其次,阐述边缘层与终端层设备的通信方案,通过支持多协议转换模型,实现整个监测系统的兼容性扩展。最后给出云层对设备数据资源的统一协同计算模式,完成对社区设备设施系统风险的监控与防范。

　　当前以人工智能、物联网和智能制造、智能控制为主导的工业技术变革,正在深刻影响今后的全球工业产业布局。信息化、智能化、绿色化迅速向各学科领域渗透,形成多领域交叉融合的协同发展趋势。例如,安全控制技术正在由事故后治理向事故前风险评估和监测预警前移,而以往对设备设施系统的"周期检"和"巡回检"管理模式也在逐步向"风险检"和"智能检"转变。因此,应特别关注信息化、智能化、绿色化为创新驱动的新技术发展动态,这将极大提升风险监测水平以及智能防范能力。

　　此外,本书对于设备设施系统风险事故的研究大都局限在各个孤立的设备设施系统上,对不同设备设施系统之间共同作用导致的事故灾难的发生机理、发展规律及其预测预报、风险评估理论等方面的研究较少,尚缺乏系统的知识结构和完整的理论体系;同时在系统数据资源共享、信息融合,特别是大数据挖掘分析等方面的研究成果仍较少,尚缺乏实际案例支撑,有待进一步发展完善。

彩　　图

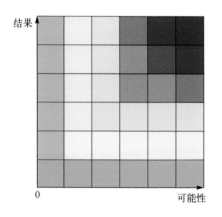

(a) 二维风险矩阵

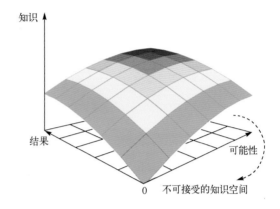

(b) 三维风险矩阵

图 6-1　风险矩阵

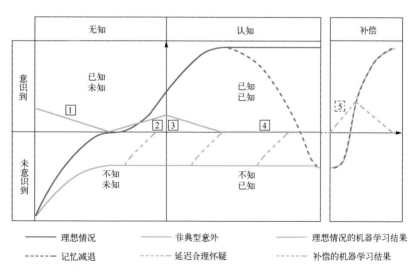

图 6-4　基于机器学习的已知/未知事件风险管理周期

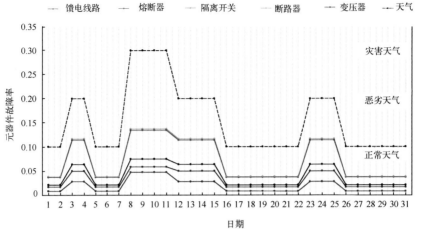

图 6-13 天气状况和物理元器件的故障率

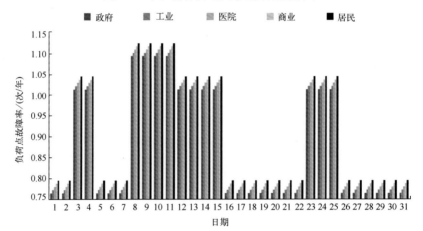

图 6-14 负荷点的故障率

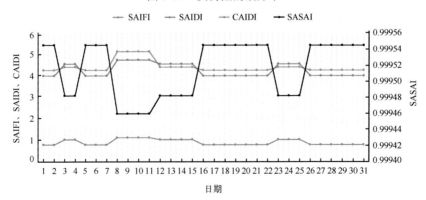

图 6-15 社区配电网的系统可靠性指标